全国高职高专“十三五”精品规划教材

AutoCAD计算机绘图基础（2016版）

主　编　于　波　王　飒

副主编　栾景坤　鞠　娜　张凤志

主　审　李晓宏

中国水利水电出版社
www.waterpub.com.cn
·北京·

内 容 提 要

本书以常规的章节方式进行编写，对 AutoCAD 2016 的功能进行了全面的讲解，从而规避了项目教学型教材中对知识讲解不全面和不深入的弊病。本书以由浅入深的方式，将软件的新特点和操作方法讲解得非常全面，可以使读者快速掌握 AutoCAD 2016 软件的操作技巧。书中附有练习题集部分，可以方便教师教学。学生也可以通过绘制大量的习题，全面掌握 AutoCAD 2016 的绘图技能，进而加深对制图知识的理解。

本书内容主要包括操作环境、常用绘图及图形编辑、绘图环境设置、图形显示控制、尺寸标注、图形输出、三维绘图等，并附有与 AutoCAD 2016 功能相匹配的练习题部分。

本书内容丰富、简明适用，既可以作为机械、建筑、电子、服装、电力、工业造型、图案设计等专业的高职高专教材，也可供从事计算机辅助设计的工程技术人员参考。

图书在版编目（CIP）数据

AutoCAD计算机绘图基础 : 2016版 / 于波，王飒主编. -- 北京 : 中国水利水电出版社，2017.1（2022.8重印）
全国高职高专“十三五”精品规划教材
ISBN 978-7-5170-4948-7

Ⅰ. ①A… Ⅱ. ①于… ②王… Ⅲ. ①AutoCAD软件－高等职业教育－教材 Ⅳ. ①TP391.72

中国版本图书馆CIP数据核字(2016)第302035号

书　　名	全国高职高专“十三五”精品规划教材 AutoCAD 计算机绘图基础（2016 版） AutoCAD JISUANJI HUITU JICHU
作　　者	主　编　于　波　王　飒 副主编　栾景坤　鞠　娜　张凤志 主　审　李晓宏
出版发行	中国水利水电出版社 （北京市海淀区玉渊潭南路 1 号 D 座　100038） 网址：www.waterpub.com.cn E-mail：zhiboshangshu@163.com 电话：（010）62572966-2205/2266/2201（营销中心）
经　　售	北京科水图书销售有限公司 电话：（010）68545874、63202643 全国各地新华书店和相关出版物销售网点
排　　版	北京智博尚书文化传媒有限公司
印　　刷	三河市龙大印装有限公司
规　　格	185mm×260mm　16 开本　16 印张　392 千字
版　　次	2017 年 1 月第 1 版　2022 年 8 月第 3 次印刷
印　　数	5001—6000 册
定　　价	32.00 元

前　　言

AutoCAD 是美国 Autodesk 公司开发的计算机辅助绘图软件，广泛应用于机械、建筑、电子、电力、工业造型、图案设计等领域。AutoCAD 2016 强大的功能，为用户提供了更方便快捷的工具、规范和标准。

本书的主编和主要参编者都是多年从事 AutoCAD 软件教学的一线教师，在编写过程中融入了大量的教学经验。全书共 13 章，从基础操作入手，全面讲解了 AutoCAD 2016 的功能和应用技巧，着重培养 AutoCAD 应用能力。每章都设有学习目标，突出重点。书中以简洁的文字、大量的图片，辅以详细的功能介绍，使初学者能够快速、准确地完成学习。

本书充分从基础入手，深入浅出地阐述 AutoCAD 2016 的基本功能和用法，内容丰富、简明适用，既可以作为机械、建筑、电子、服装、电力、工业造型、图案设计等专业的高职高专教材，也可供从事计算机辅助设计的工程技术人员参考。。

本书附有习题集部分，从而方便教师教学。学生也可以通过大量的习题，全面掌握 AutoCAD 的绘图技能，也可以加深对制图知识的理解。

本书特点：

（1）内容涵盖了 AutoCAD 2016 软件的基本功能。

（2）范例对软件的主要命令和功能进行了说明，使读者深入掌握知识重点。

（3）书中采用大量的图片，真实反映了软件的界面，使初学者能够快速、直观、准确地学习软件。

本书由于波、王飒任主编，栾景坤、鞠娜、张凤志任副主编，李晓宏任主审。教材的编写分工如下：第 1 章、第 2 章、第 3 章、第 4 章和第 5 章由黑龙江信息技术职业学院于波编写；第 6 章、第 7 章、第 8 章、第 9 章和第 10 章由黑龙江信息技术职业学院王飒编写；第 11 章由黑龙江交通职业技术学院张凤志编写；第 12 章和第 13 章由黑龙江信息技术职业学院鞠娜编写；附录图形练习部分由黑龙江建筑职业技术学院栾景坤编写。本书的最后审定工作由黑龙江信息技术职业学院李晓宏完成。

由于时间仓促加之作者水平所限，书中错误之处在所难免，恳请读者不吝赐教，以便日后修改。

编　者

2016 年 12 月

目　　录

第 1 章　初识 AutoCAD 2016

- 熟悉 AutoCAD 2016 安装、启动
- 熟练掌握工作界面的基本操作
- 熟练掌握数据的输入方法和文件操作命令

AutoCAD 是一款功能强大的绘图软件，主要用于电脑中的辅助设计领域，是目前使用最广泛的计算机辅助绘图和设计软件之一。极大地提高了设计水平及工作效率，而且能输出清晰的图纸。本章主要介绍 AutoCAD 2016 的安装、工作界面基本操作、数据的输入方法及其文件操作命令等。

1.1　安装和启动 AutoCAD 2016

1.1.1　安装 AutoCAD 2016

启动 Setup.exe，出现如图 1.1 所示的安装界面。

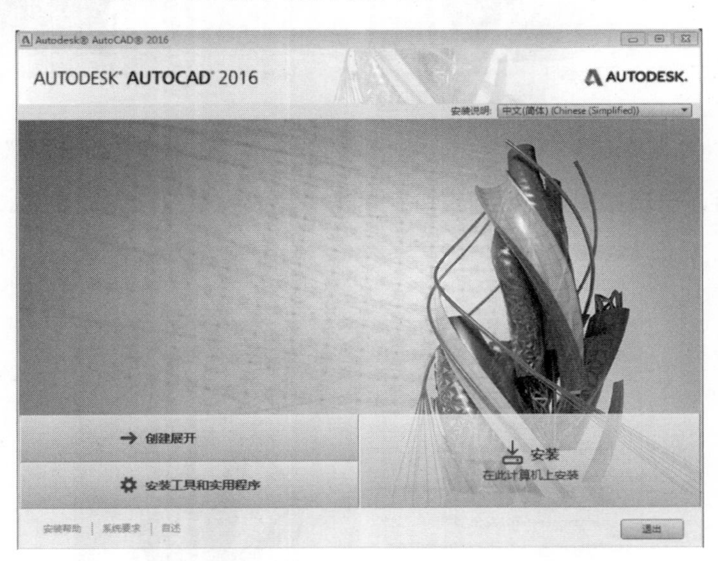

图 1.1　安装界面

单击“安装”按钮，进入 Autodesk 软件许可协议界面，选择“国家或地区 China”和底部“我接受”，如图 1.2 所示。

单击“下一步”按钮，在序列号窗口中，输入相应的序列号和产品密钥，如图 1.3 所示。

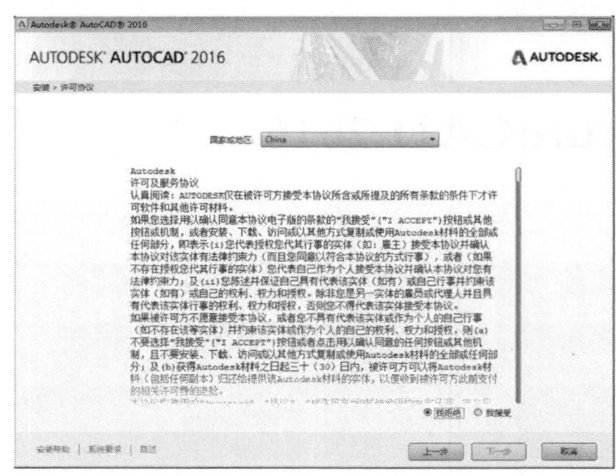

图 1.2　“软件许可协议”对话框

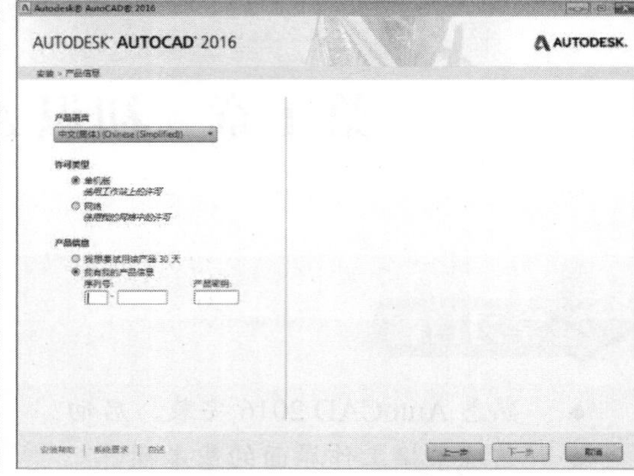

图 1.3　“序列号窗口”对话框

单击“下一步”按钮，选择“AutoCAD 2016”并设置“安装路径”，单击“安装”按钮，如图 1.4 所示。

单击“安装”按钮后，系统自动进行安装，如图 1.5 所示。

图 1.4　“安装选择”对话框　　　　图 1.5　“安装过程”界面

一段时间后，出现如图 1.6 所示窗口。单击“完成”按钮，完成安装。

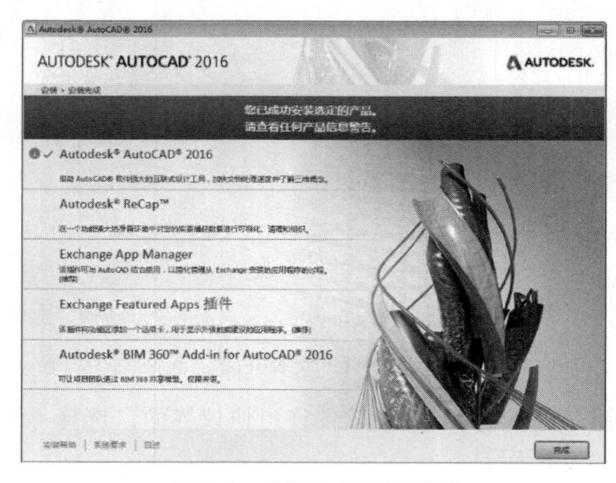

图 1.6　“安装完成”界面

1.1.2　启动 AutoCAD 2016

单击 AutoCAD 2016 快捷图标，自动打开该软件。或单击“开始”→“所有程序”，打开程序菜单，单击“Autodesk”下的“AutoCAD 2016”选项，打开该软件，如图 1.7 所示。

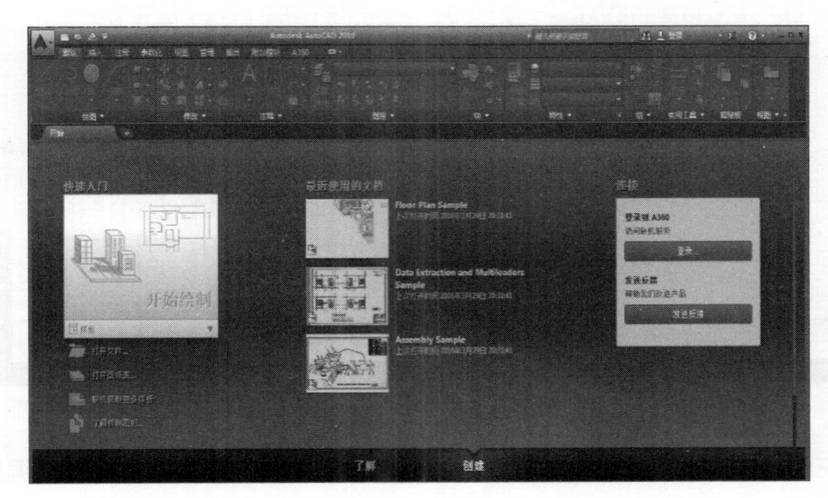

图 1.7　软件界面

软件界面中主要包括：

（1）了解：AutoCAD 2016 新特征概述、快速入门视频、功能视频、学习提示、联机资源等。

（2）创建：AutoCAD 2016 快速入门、最近使用文档、连接功能等。

1.2　AutoCAD 2016 中文版工作界面

在如图 1.7 所示软件界面中“快速入门”正下方单击“开始绘制”按钮，如图 1.8 所示。进入 AutoCAD 2016 工作界面，如图 1.9 所示。

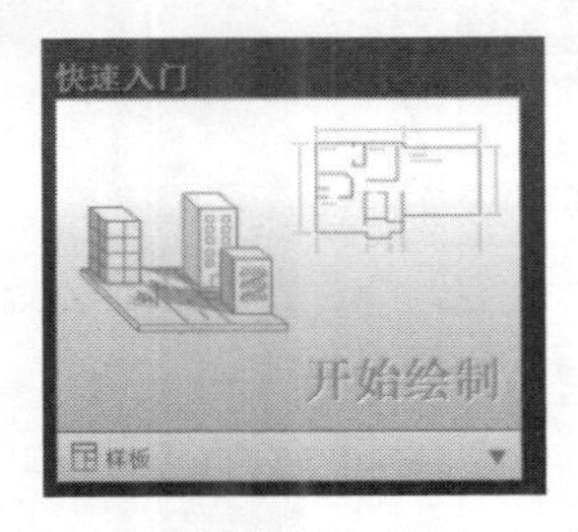

图 1.8　“开始绘制”按钮（二维）

AutoCAD 2016 为不同用户群，提供了“草图与注释（二维）”“三维基础”和“三维建模”三种工作界面模式，用户可以根据需要选择需要的工作界面模式，如图 1.9 所示。

（1）草图与注释（二维）：开启工作界面后该模式为系统默认的界面。在该工作界面中提供了绘图、修改、图层等工具。

（2）三维基础界面：可以绘制和编辑基础的三维图形。

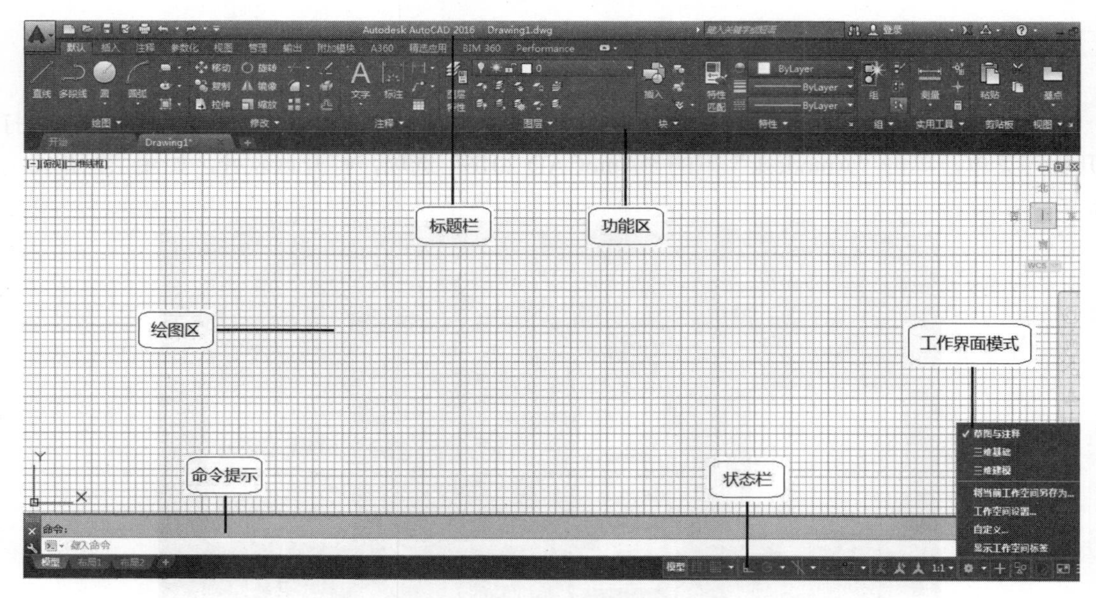

图 1.9　AutoCAD 2016 工作界面

（3）三维建模界面：提供大量的三维建模和编辑工具，方便用户绘制和编辑更复杂的三维图形。

AutoCAD 版本的更新虽然已经取消经典模式工作界面模式，但鉴于绝大多数用户习惯使用 AutoCAD 经典模式进行绘图，所以本书将以经典模式界面介绍 AutoCAD 2016 的功能。

设置经典模式的方法有两种：

方法一：手动设置经典界面模式。

在标题栏左侧单击▼按钮，弹出“自定义快速访问工具栏”下拉菜单，如图 1.10 所示。选择“显示菜单栏”选项，在“标题栏”下，显示出“菜单栏”，如图 1.11 所示。

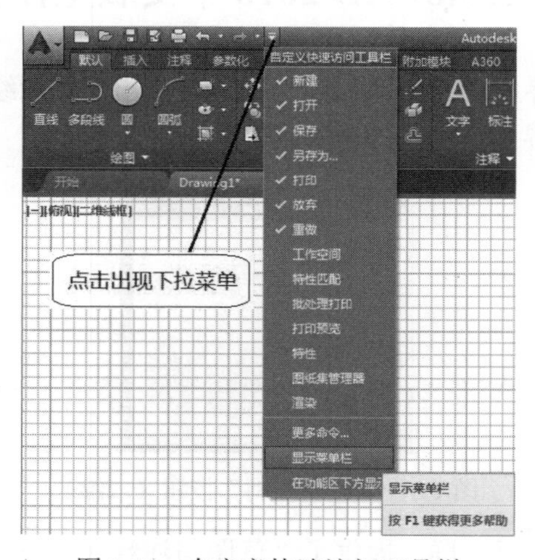

图 1.10　自定义快速访问工具栏

文件(F)　编辑(E)　视图(V)　插入(I)　格式(O)　工具(T)　绘图(D)　标注(N)　修改(M)　参数(P)　窗口(W)　帮助(H)

图 1.11　菜单栏

在“功能区”空白位置单击鼠标右键，弹出右键下拉菜单，如图 1.12 所示。单击“关闭”选项后“功能区”被关闭。

在“菜单栏”中单击“工具”选项，弹出下拉菜单，如图 1.13 所示。选择“工具栏→AutoCAD”，单击相应选项，调出“常用”工具栏。完成“经典模式工作界面”设置，如图 1.14 所示。

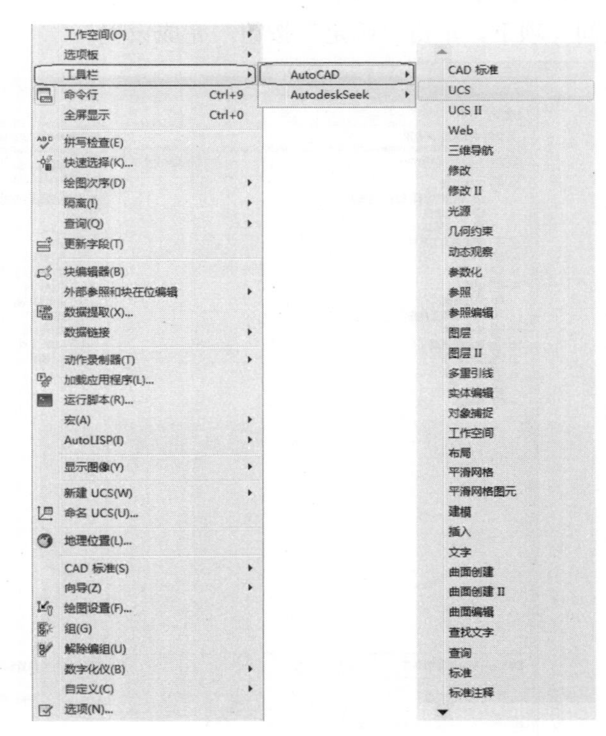

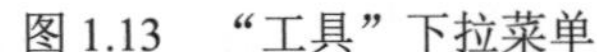

图 1.12　功能区菜单　　　　图 1.13　“工具”下拉菜单

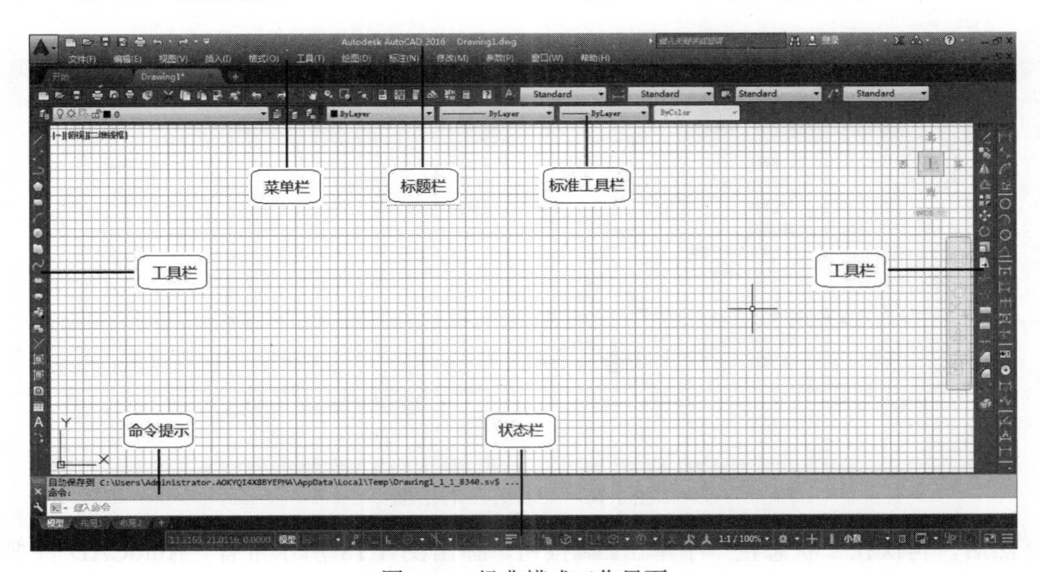

图 1.14　经典模式工作界面

方法二：利用 acad.cuix 文件快速找回 AutoCAD 2016 经典模式。

首先需要下载 acad.cuix 文件。

单击“状态栏”中按钮，弹出图 1.9 所示“工作界面模式”菜单，选择“自定义→传输”，在“传输”界面右侧栏中选择“打开”选项，如图 1.15 所示。弹出“打开”对话框，如图 1.16 所示。选择下载的 acad.cuix 文件，单击“打开”按钮。在图 1.15 所示的右侧栏中出现“AutoCAD 经典”选项，如图 1.17 所示。在选项上按住鼠标左键，将其拖动到左侧“工作空间”项下。单击“确定”按钮，完成设置。

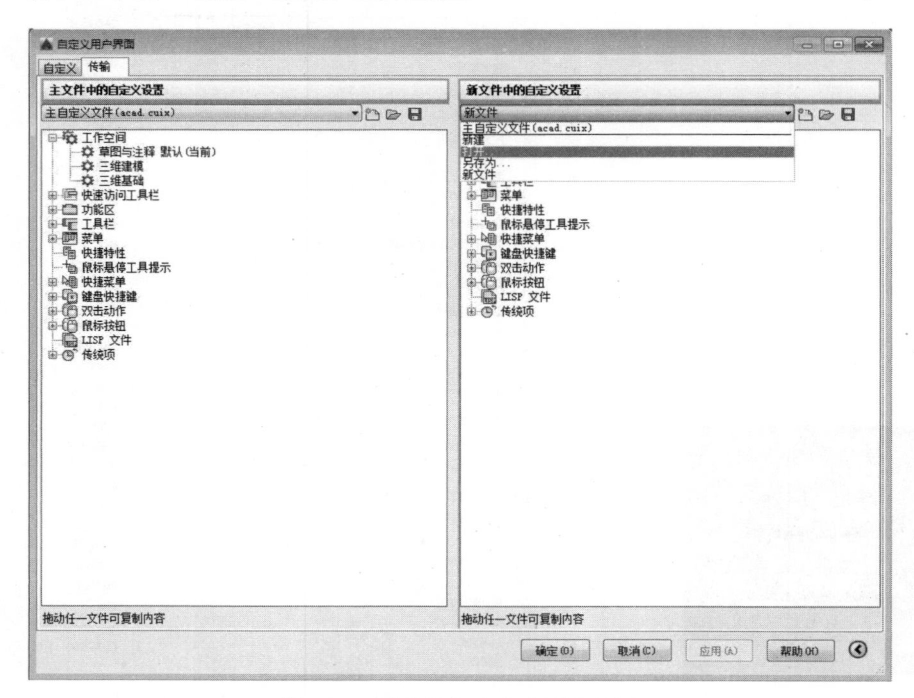

图 1.15　“传输”自定义用户界面

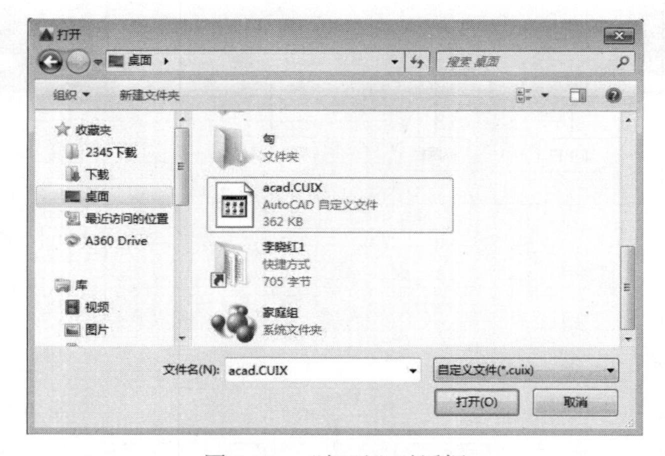

图 1.16　“打开”对话框

然后，再次在“状态栏”中单击按钮，弹出图 1.18 所示带有“AutoCAD 经典”的“工作界面模式”菜单，单击“AutoCAD 经典”，系统自动更改为经典界面，如图 1.14 所示。

图 1.17　“AutoCAD 经典”选项

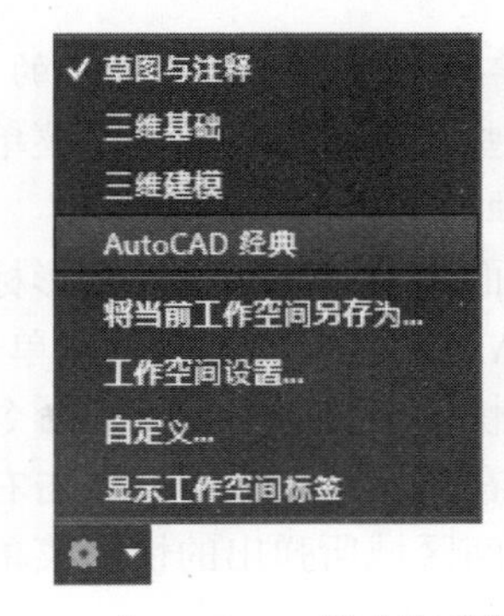

图 1.18　“AutoCAD 经典”菜单选项

1.2.1　标题栏

标题栏在工作界面的最上方。在标题栏左侧单击红色图标，弹出“常用文件及最近使用的文档”下拉菜单，如图 1.19 所示。

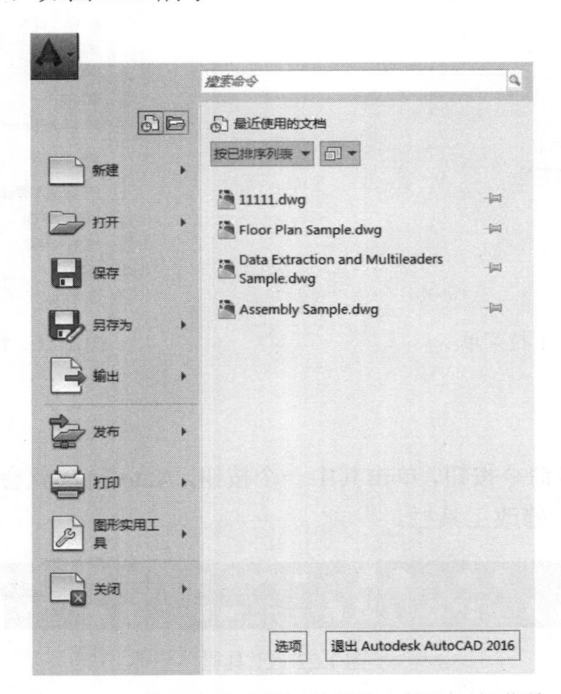

图 1.19　“常用文件及最近使用的文档”下拉菜单

在标题栏中间位置显示程序图标、当前的文件名称及文件存储位置。

标题栏最右边的三个按钮可以最小化、最大化或者关闭 AutoCAD 2016。

1.2.2　下拉菜单及光标

AutoCAD 的下拉菜单和其他 Windows 应用软件的风格一样，在“菜单栏”单击其中的任何一项都会弹出相应的下拉菜单，如图 1.20 所示。菜单选项有以下三种形式：

1. 菜单后面有省略号“…”标记的

选择这些菜单项后，就会打开一个对话框，用户可以对对话框进行进一步操作。

2．菜单后面带有三角形标记的

选择这些选项后将会弹出子菜单选项，用户可以进行进一步操作。

3．单独的菜单项

菜单后面没有省略号和三角形标记的菜单，单击该菜单可以直接操作。

AutoCAD 的另一种形式的菜单是快捷菜单。将光标放在 AutoCAD 工作界面，单击右键就会出现快捷菜单。它提供的命令选项与当前光标的位置及程序的执行状态有关。而且，如果用户正在执行某一命令，单击右键，也会出现不同的快捷菜单。图 1.21 是单击模型空间或图纸空间区域所弹出的快捷菜单。

图 1.20　下拉菜单

图 1.21　快捷菜单

1.2.3　工具栏

工具栏包含了很多命令按钮，单击其中一个按钮，AutoCAD 就会自动执行相应的命令，如图 1.22 所示为绘图和修改工具栏。

图 1.22　工具栏

AutoCAD 2016 提供了 52 个工具栏，如图 1.23 所示显示了部分工具栏选项。

启动 AutoCAD 后，显示在工作界面上的只有“标准”“工作空间”“绘图”“绘图次序”“特性”“图层”“修改”“样式”8 个工具栏。如果用户想改变工具栏所在的位置，可将鼠标光标移动到相应工具栏的最左侧边沿，按住左键拖动光标，则工具栏可以移动到适当的位置。

将光标放在工具栏的边沿时，会出现双向箭头，按住左键，拖动光标，工具栏的形状也会发生变化，如图 1.24 所示就是改变形状后的“修改”工具栏。

AutoCAD 2016 还可以根据需要打开或关闭工具栏，在图 1.23 中选择某一项，使名称前面带有“√”标记，则表示该工具栏已经打开，没有这个标记，则表示该工具栏已经关闭。

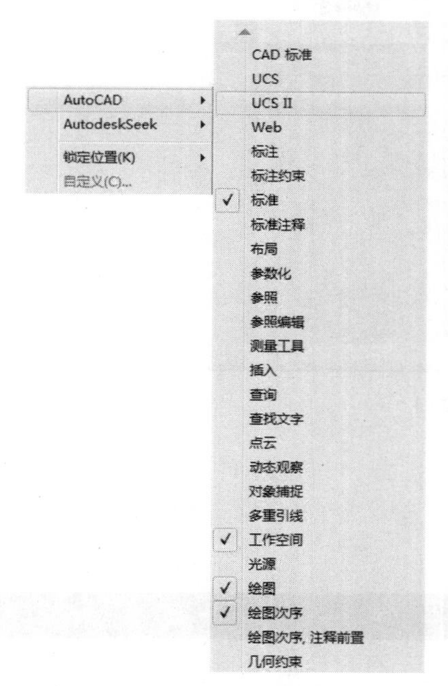

图 1.23　工具栏菜单

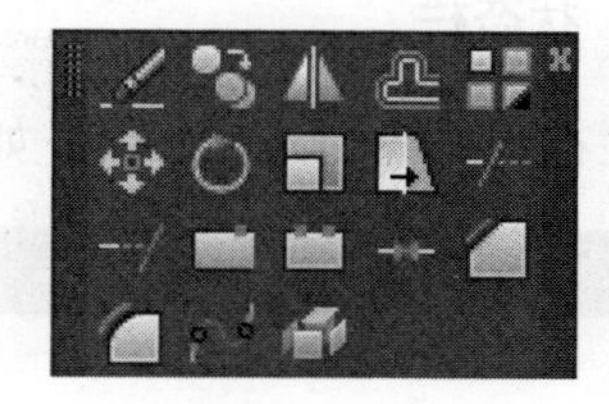

图 1.24　工具栏

1.2.4　绘图窗口

绘图窗口是用户绘图的区域，AutoCAD 提供的绘图区域是无限大的。

在绘图窗口的左下方有坐标系图标，图标中的“X”“Y”分别表示“X”“Y”轴的正方向。

若在绘图区域中没有坐标显示，可以在键盘上输入 UCSICON 命令，按回车，再根据命令窗口提示，输入 ON 即可打开坐标的图标显示。

当移动鼠标光标时，在绘图区的下面将显示出光标的坐标读数，其坐标读数方式有以下三种：

（1）动态显示。坐标值随着鼠标光标的移动而变化，分别显示出“X”“Y”“Z”的坐标值。

（2）静态显示。只显示用户指定的坐标值。

（3）极坐标显示方式。绘图窗口包含有两种作图环境：模型空间和图纸空间。在模拟空间中用户按照实际的尺寸绘制的图形，可以切换到图纸空间，即将[模型]选项卡上绘制的图形切换到“布局 1”“布局 2”上，而且可以按照比例放置在图纸上。

1.2.5　命令提示窗口

命令提示窗口的位置在屏幕的最下方，用户输入的命令都会反映在该窗口中。用户的命令输入可以通过键盘输入，也可以通过单击工具栏上的图标或使用菜单命令实现。命令窗口的大小用户也可以改变，将鼠标光标移动到与绘图区域交界的地方，光标就会变成双面箭头，拖动鼠标即可。

由于用户在绘制一张图纸的时候，用到的命令很多，而该窗口只能显示不多的几行，用户要想看到其他输入过的命令，可以按该窗口右边的滚动条，也可以按 F2 键，弹出“文本窗口”，以了解详细的命令信息，若想关闭，再次按 F2 键即可。如图 1.25 所示。

```
AutoCAD 文本窗口 - Drawing1.dwg
编辑(E)
命令:   <切换到: 模型>
恢复缓存的视口.

命令:
命令:
命令: _circle
指定圆的圆心或 [三点(3P)/两点(2P)/切点、切点、半径(T)]:
指定圆的半径或 [直径(D)]:
命令:
命令:
命令: _line
指定第一个点:
指定下一点或 [放弃(U)]:
指定下一点或 [放弃(U)]:
指定下一点或 [闭合(C)/放弃(U)]:
指定下一点或 [闭合(C)/放弃(U)]:

命令:
```

图 1.25　文本窗口

1.2.6　状态栏

状态栏在工作界面的最下面，如图 1.26 所示。

图 1.26　状态栏

状态栏包括光标的坐标显示部分和常用辅助功能。

1．捕捉

单击该按钮就能控制“捕捉”模式的开和关。当打开这种模式后光标每次移动的距离可在“草图设置”对话框中进行设定，将光标移到“捕捉”按钮上，单击右键，选择“捕捉设置”选项，弹出“草图设置”对话框，在“捕捉和栅格”区域可以进行相应的设置，如图 1.27 所示。

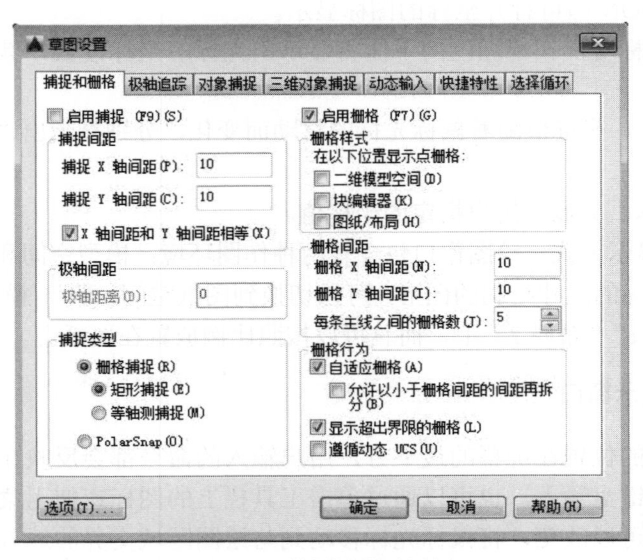

图 1.27　草图设置对话框

2．栅格

单击该按钮就能控制“栅格”模式的打开和关闭，当打开时，屏幕上将显示灰色方格，且沿“X”“Y”轴分布，相邻点之间的距离可以右键单击“栅格”按钮，单击“网格设置”

选项，可以在“草图设置”对话框中进行相应的设置。

3．推断约束

启用“推断约束”模式会自动在正在创建或编辑的对象与对象捕捉的关联对象或点之间应用约束。与 AUTOCONSTRAIN 命令相似，约束也只在对象符合约束条件时才会被应用。推断约束后不会重新定位对象。

4．动态输入

单击该按钮可控制“动态输入”模式的打开和关闭。动态工具提示提供另外一种方法来输入命令。当动态输入处于启用状态时，工具提示将在光标附近动态显示更新信息。当命令正在运行时，可以在工具提示文本框中指定选项和值。动态输入不会取代命令窗口。

5．正交

单击该按钮就能控制“正交”的打开和关闭，利用“正交”模式可以控制是否采用正交方式绘图，在打开“正交”模式的情况下，只能绘制水平和垂直的直线。

6．极轴

在 AutoCAD 中极坐标的应用相当广泛，在打开“极轴”模式时，移动鼠标在适当的位置，光标的旁边会出现极坐标的坐标值。

7．等轴测草图

通过沿三个主要的等轴测轴对齐对象，模拟三维对象的等轴测视图。

8．对象追踪

单击该按钮就能控制“对象追踪”模式的打开和关闭，在打开“对象追踪”模式的情况下，光标会自动追踪到几何点，特别在绘制相交直线的情况下，相当有用。可以在“草图设置”对话框中进行相应的设置。

9．对象捕捉

单击该按钮就能控制“对象捕捉”模式的打开和关闭，若打开此模式，则在绘图过程中，光标会自动捕捉到圆心、端点、中点等几何点，在绘图过程中是必不可少的。

10．线宽

控制在图形中是否显示线条的宽度，当处于打开模式时，显示线条的实际宽度，处于关闭模式时，显示的是 ByLayer 线宽。

11．模型模型

单击“模型”按钮，进入模型空间工作环境，通过该视口可以进行图形的编辑。单击“布局”按钮，进入图纸空间工作环境，用户可以看见绘制的图形在实际图纸上的位置。

在 AutoCAD 中，按钮的打开和关闭也可以通过快捷键来实现，各快捷键如表 1.1 所示。

表 1.1　快捷键的功能

按钮	快捷键	按钮	快捷键	按钮	快捷键
捕捉	F9	栅格	F7	正交	F8
极轴	F10	对象追踪	F11	对象捕捉	F3

正交和极轴追踪是相斥的，在打开正交的情况下，极轴追踪自动关闭，打开极轴追踪则正交模式自动关闭。

1.3 AutoCAD 2016 基本操作

1.3.1 AutoCAD 配置环境

在安装 AutoCAD 2016 之前，用户必须查看计算机的配置环境，AutoCAD 2016 的配置环境如下：

操作系统：Windows 7 或以上

CPU 类型：Intel® Pentium® 4 or AMD Athlon™ 64 processor 或以上

内存要求：32-bit AutoCAD 2016:　2 GB（3 GB 推荐）

　　　　　64-bit AutoCAD 2016:　4 GB（8 GB 推荐）

显示分辨率：1024×768（推荐 1600x1050 或更高）

Web 浏览器：Microsoft Internet Explorer 6.0 以上

硬盘空间：6.0GB 或以上

1.3.2 AutoCAD 命令输入方法

AutoCAD 2016 的命令输入方法主要有：键盘输入、工具栏输入、下拉菜单输入。分别介绍如下：

1．键盘输入命令法

键盘输入命令的方法通常有以下几种情况。

（1）在“命令”提示状态下，从键盘直接输入用户所要执行的命令，按回车键或者空格键确认即可。

（2）在“命令”提示下，按回车键或者空格键，则上一条命令会重复执行。

（3）单击右键，则会出现如图 1.28 所示的菜单，用户可以在菜单中选择相应的命令进行操作。

（4）按键盘的向上或者向下键，再回车，用户可以重复向前或者向后的命令。

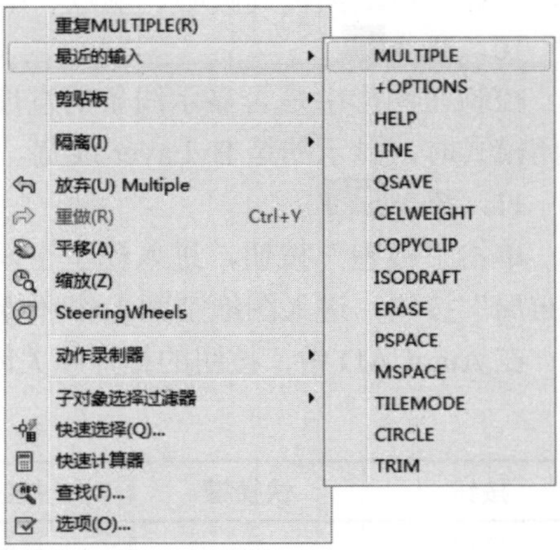

2．工具栏输入

工具栏由表示各命令的图标组成，单击某一个图标，则可调用相应的命令，并根据对话框中的选项或命令提示执行该命令。

3．菜单栏输入

（1）选择一个菜单名，打开一个下拉菜单命令对话框，用户根据要求选择所需的命令。

（2）使用快捷键。

使用 Ctrl 加上相应字母，就可以迅速地调入命令。

图 1.28　重复命令菜单

1.3.3 重复执行命令

在 AutoCAD 2016 的使用过程中，用户可以重复执行以前的命令，不需要在命令提示下再输入一次，重复执行命令的方式有如下几种。

（1）在执行完一条命令后，用户还想重复进行，则按回车键即可。

（2）在绘图区域中，单击右键，则会出现如图 1.28 所示的菜单，可以选择该菜单最上方的选项进行重复操作。

（3）在绘图区域中，单击右键，在“最近的输入”选项的子菜单中，可以选择曾经用过的命令，如图 1.28 所示。

（4）在命令提示栏中输入“MULTIPLE”命令，在命令提示窗口中就会显示“输入要重复的命令名”，输入要重复的命令名后，计算机会重复执行，直到按 Esc 键结束。

1.3.4　透明命令

在某一命令执行的过程中可以插入执行另一个命令，这个可以从中间插入执行的命令叫“透明命令”。插入的透明命令必须在其命令前边加一个“'”作为向导。例如 GRID 或 ZOOM 命令。透明命令的输入可以通过工具栏按钮或在任何提示下输入带“'”的命令。在命令行中，双尖括号“>>”置于命令前，提示 AutoCAD 执行透明命令。当透明命令执行完后，系统又恢复执行原命令。

例如：绘制直线时打开栅格，将间隔设置为一个单位，然后继续绘制直线。

命令:line 指定第一点:'grid

>>指定栅格间距 (X) 或 [开(ON)/关(OFF)/捕捉(S)/主(M)/自适应(D)/界限(L)/跟随(F)/纵横向间距(A)] <0.000>:1

恢复执行 LINE 命令

指定第一点:

使用透明命令时应注意以下限制：

（1）当 AutoCAD 要求输入文本时不能使用透明命令。

（2）不允许同时执行两条或两条以上的透明命令。

（3）不允许使用与正在执行的命令同名的透明命令。

（4）在命令提示下使用透明命令，其效果等同于非透明命令。

1.4　数据的输入方法

在 AutoCAD 2016，执行命令的过程中，有时需要输入一些参数，例如点的坐标值、命令执行的对象等，这些参数可以从命令行提示区输入，也可以通过鼠标等定位设备指定。

1.4.1　绝对坐标

如果已知点的坐标，可以使用绝对坐标。

如果启用动态输入，可以使用 # 前缀来指定绝对坐标。如果在命令行而不是工具提示中输入坐标，可以不使用 # 前缀。例如，输入#8,9 指定一点，此点在 X 轴方向距离 UCS 原点 8 个单位，在 Y 轴方向距离 UCS 原点 9 个单位。

如绘制一条从 X 值为 -6、Y 值为 5 的位置开始，到端点 (8,9) 处结束的线段，可以在工具提示中输入以下信息：

命令:line
起点: #-6,5
下一点: #8,9

1.4.2 相对坐标

如果知道某点与前一点的位置关系，可以使用相对坐标。要指定相对坐标，要在坐标前面添加一个@符号。例如，输入@8,9 指定一点，此点沿 X 轴方向距离上一指定点有 8 个单位，沿 Y 轴方向距离上一指定点有 9 个单位。

如绘制一个三角形的三条边。第一条边是一条线段，从绝对坐标(-2,1)开始，到沿 X 轴方向 5 个单位，沿 Y 轴方向 0 个单位的位置结束。第二条边也是一条线段，从第一条线段的端点开始，到沿 X 轴方向 0 个单位，沿 Y 轴方向 3 个单位的位置结束。最后一条直线段使用相对坐标回到起点。

命令: line
起点: #-2,1
下一点: 5,0
下一点: @0,3
下一点: @-5,-3

1.4.3 指针输入

如果指针（光标）输入处于启用状态且命令正在运行，十字光标的坐标位置将显示在光标附近的工具提示输入框中。可以在工具提示中输入坐标，而不用在命令行上输入值。

第二个点和后续点的默认设置为相对极坐标（对于 RECTANG 命令，为相对笛卡尔坐标），不需要输入@符号。如果需要使用绝对坐标，需使用#符号前缀。例如，要将对象移到原点，要在提示输入第二个点时，输入#0,0。

1.5 文件操作命令

AutoCAD 的文件操作包括新建文件、打开文件、保存文件以及浏览、搜索文件等。

1.5.1 新建文件

新建文件命令的启动方法有三种：

（1）菜单命令：“文件→新建”。

（2）工 具 栏：“标准”工具栏 图标。

（3）命 令 行：NEW。

输入新建文件命令后，在命令提示栏中可以看到 NEW 命令，同时 AutoCAD 2016 在屏幕上会出现“选择样板”对话框，如图 1.29 所示。

选择一个样板文件即可。选择样板文件的目的是由于样板图中已经保存了各种标准的设置，为了使设计的图纸规格统一，每次建立新文件时，就以样板文件作为原型文件，都使用相同的标准。

AutoCAD 2016 的样板文件都保存在安装目录中的 Template 文件夹中，其扩展名为“.dwt”。

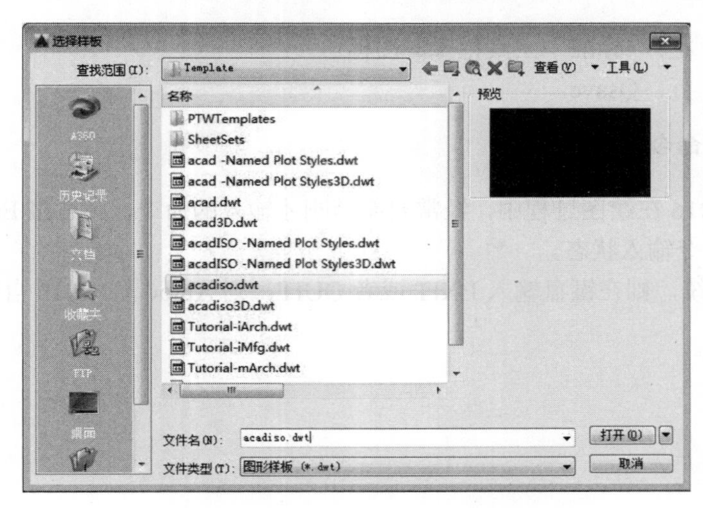

图 1.29　“选择样板”对话框

1.5.2　打开文件

打开文件的命令启动方法有三种：

（1）菜单命令：“文件→打开”。

（2）工 具 栏：“标准”工具栏 图标。

（3）命 令 行：Open。

启动命令后，AutoCAD 2016 会弹出“选择文件”对话框，如图 1.30 所示。用户可以在对话框中直接选择需要打开的文件，用户也可以在“文件名”中直接输入要打开的文件的名称。

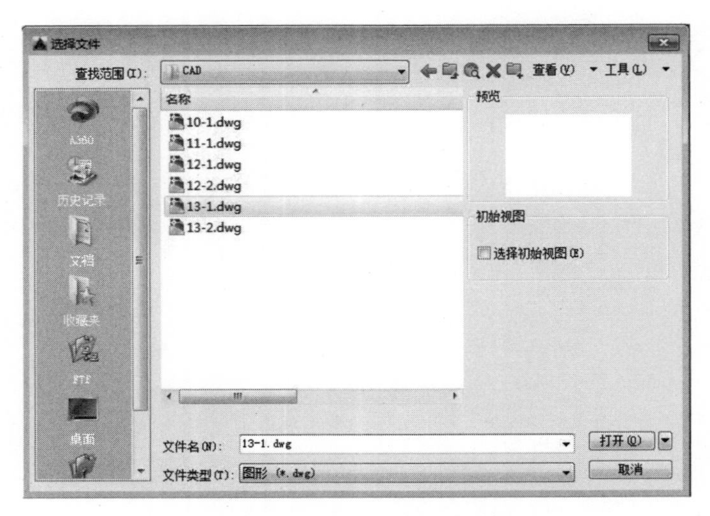

图 1.30　“选择文件”对话框

1.5.3　保存文件

保存文件的命令启动方法有三种：

（1）菜单命令：“文件→保存”。

（2）工 具 栏：“标准”工具栏 图标。

（3）命 令 行：Qsave。

1.5.4 退出命令

AutoCAD 2016 在绘图过程中，经常要撤销刚才输入的命令，则可按 Esc 键，AutoCAD 2016 自动返回命令输入状态。

若想退出系统，则在键盘输入 EXIT 或者 QUIT，则 AutoCAD 2016 自动关闭。

第 2 章　基本绘图命令

- 熟练掌握基本图形绘图命令
- 学会灵活运用绘图工具

本章介绍用 AutoCAD 2016 基本绘图命令绘制二维平面图形。只要用户掌握相应的绘图命令，不仅绘图效率高，而且绘图的质量也大大提高。

2.1　直线（LINE）

LINE 命令可以在二维和三维空间中创建直线，不但可以生成单条直线、也可以绘制连续的折线，绘制的折线，每一段都是一个单独的对象，可以进行编辑操作。

1．命令启动方法

（1）菜单命令："绘图→直线"。

（2）工 具 栏："绘图"工具栏图标。

（3）命 令 行：LINE。

【例 2.1】练习 LINE 命令，如图 2.1 所示。

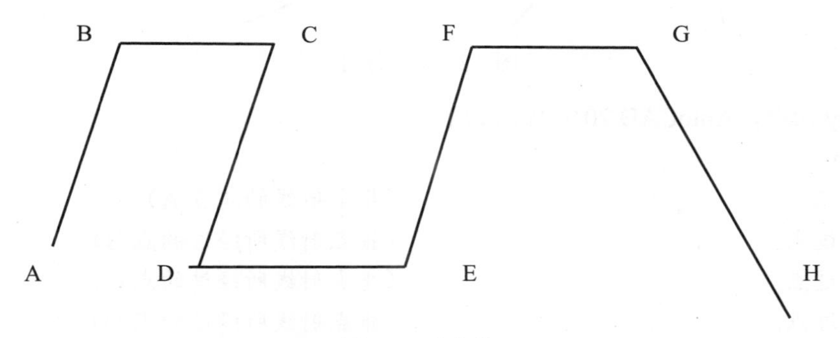

图 2.1　直线练习

输入 LINE 命令，AutoCAD 提示如下：

命令: _line 指定第一点:　　（输入线段的起始点 A）

指定下一点或 [放弃(U)]:　　（输入线段的端点 B）

指定下一点或 [放弃(U)]:　　（输入线段的端点 C）

指定下一点或 [闭合(C)/放弃(U)]:　　（输入线段的端点 D）

指定下一点或 [闭合(C)/放弃(U)]:　　（输入线段的端点 E）

指定下一点或 [闭合(C)/放弃(U)]:　　（输入线段的端点 F）

指定下一点或 [闭合(C)/放弃(U)]: （输入线段的端点 G）
指定下一点或 [闭合(C)/放弃(U)]: （输入线段的端点 H）
指定下一点或 [闭合(C)/放弃(U)]: （按 Enter 键结束）

2．命令选项

（1）指定第一点：用户指定线段的起始点，可以是该点的坐标值，也可以用鼠标在屏幕上指定一点，若按 Enter 键，则将上一次所画的线段或圆弧的终点作为起始点。

（2）指定下一点：用户指定直线的下一个端点，可以是该点的坐标值，也可以用鼠标在屏幕上指定一点，若按 Enter 键，则命令结束。

（3）放弃：若键盘输入 U 删除上一条直线，反复输入 U，则多次删除上一条直线。

（4）闭合：输入 C，则将连续的折线自动闭合。

2.2 射线（RAY）

Ray 命令是创建单向无限长的线。

命令启动方法

（1）菜单命令："绘图→射线"。

（2）命 令 行：RAY。

【例 2.2】练习 RAY 命令，如图 2.2 所示。

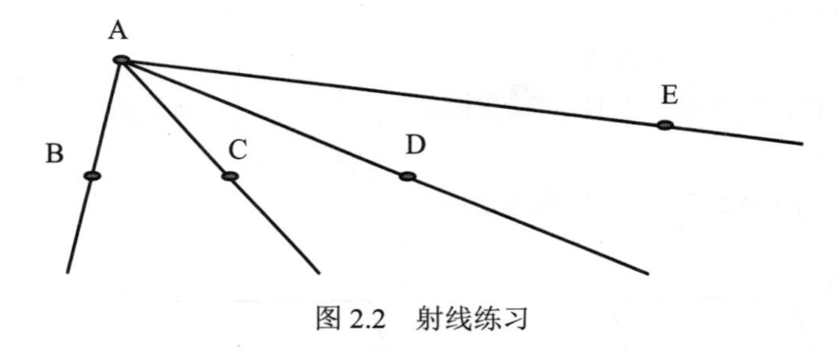

图 2.2 射线练习

输入 ray 命令，AutoCAD 2016 提示如下：

命令: ray
指定起点: （指定射线的起点 A）
指定通过点: （指点射线所经过的点 B）
指定通过点: （指点射线所经过的点 C）
指定通过点: （指点射线所经过的点 D）
指定通过点: （指点射线所经过的点 E）
指定通过点: （按 Enter 键结束）

2.3 构造线（XLINE）

构造线 XLINE 命令可以画无限长的构造线，可以画水平方向、垂直方向、任意角度、平行的直线，在绘图时利用此命令可以很方便地画出定位线、辅助线。

1．命令启动方法

（1）菜单命令："绘图→构造线"。

（2）工 具 栏："绘图"工具栏按钮。

（3）命 令 行：XLINE

【例 2.3】练习 XLINE 命令，如图 2.3 所示。

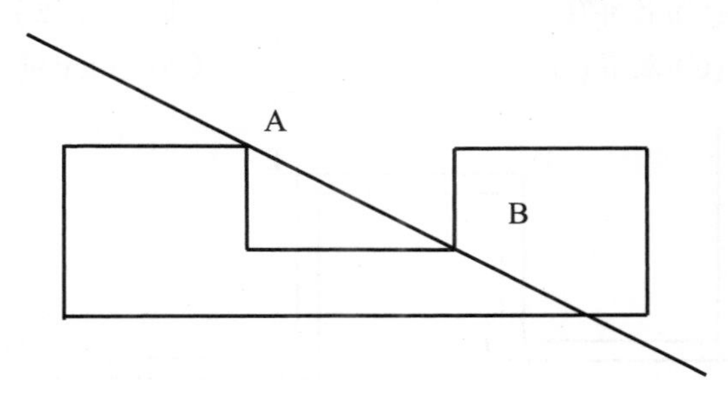

图 2.3 构造线练习

输入 XLINE 命令，AutoCAD 2016 提示如下：

命令: _xline 指定点或 [水平(H)/垂直(V)/角度(A)/二等分(B)/偏移(O)]:

（指定 A 点）

指定通过点: （指定 B 点）

指定通过点: （按 Enter 键结束）

2．命令选项

（1）指定点：指定直线两点中的一点。

（2）水平：画水平方向的构造线。

（3）垂直：画垂直方向的构造线。

（4）角度：通过一点画预设角度的构造线或者画与已知直线成一定角度的构造线。

（5）二等分：绘制一条平分已知角度的直线。

（6）偏移：将一条已知的直线偏移输入的距离，或者指定点创建平行线。

2.4 多线（MLINE）

MLINE 命令可以用来创建由多条平行直线组成的图形，且平行线间的距离、颜色、线型、线条的数量等都可以设置。该命令对创建墙体、路面等非常方便。

2.4.1 绘制多线

1．命令启动方法

（1）菜单命令："绘图→多线"。

（2）命 令 行：MLINE。

【例 2.4】练习 MLINE 命令，如图 2.4 所示。

命令: mline

当前设置: 对正=上，比例 =20.00，样式 =STANDARD

指定起点或 [对正(J)/比例(S)/样式(ST)]: （指定起点 A）

指定下一点: （指定 B 点）
指定下一点或 [放弃(U)]: （指定 C 点）
指定下一点或 [闭合(C)/放弃(U)]: （指定 D 点）
指定下一点或 [闭合(C)/放弃(U)]: （指定 E 点）
指定下一点或 [闭合(C)/放弃(U)]: （指定 F 点）
指定下一点或 [闭合(C)/放弃(U)]: （指定 G 点）
指定下一点或 [闭合(C)/放弃(U)]: （按 Enter 键结束）

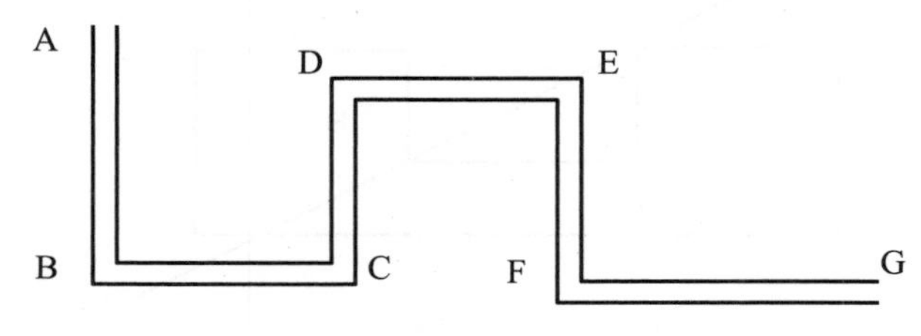

图 2.4 多线练习

2. 命令选项

（1）对正：设定光标对准多线的哪一个端点。

（2）比例：指定多线间的宽度相对定义宽度的比例。

（3）样式：选择多线的样式，不另外输入样式则采用默认样式“STANDARD”。

2.4.2 多线样式

用户可以通过设定多线的样式来设定线条的数量、颜色、线条间距、多线端头的形状等。

1. 命令启动方法

（1）菜单命令：“格式→多线样式”。

（2）命 令 行：MLSTYLE。

2. 练习多线样式命令

输入多线样式命令后，AutoCAD 2016 会弹出如图 2.5 所示的对话框。

图 2.5 “多线样式”对话框

对话框中各项的功能如下：

（1）置为当前：将标准或用户设定的多线样式其中的一种作为当前多线样式。

（2）新建：单击此按钮弹出如图 2.6 所示的对话框，用户可以创建新的多线样式。

图 2.6　“创建新的多线样式”对话框

（3）修改：单击此按钮弹出如图 2.7 所示的对话框，用户可以修改已有的多线样式。

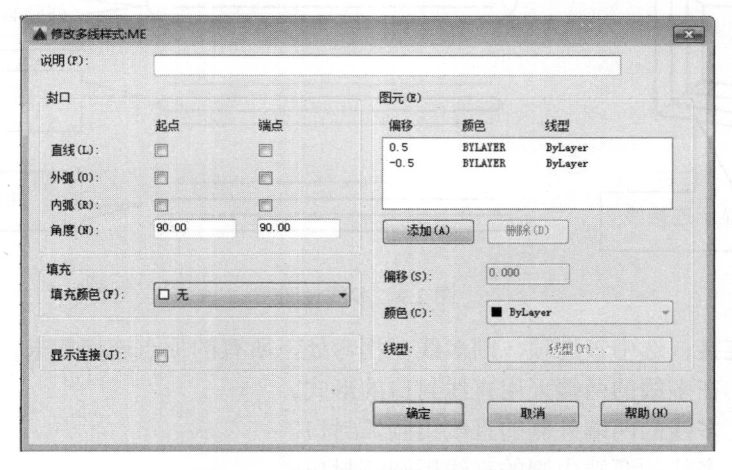

图 2.7　“修改多线样式”对话框

（4）重命名：改变多线样式名称。

（5）删除：删除非当前多线样式。

（6）加载：单击此按钮弹出如图 2.8 所示的对话框，可以加载多线样式。

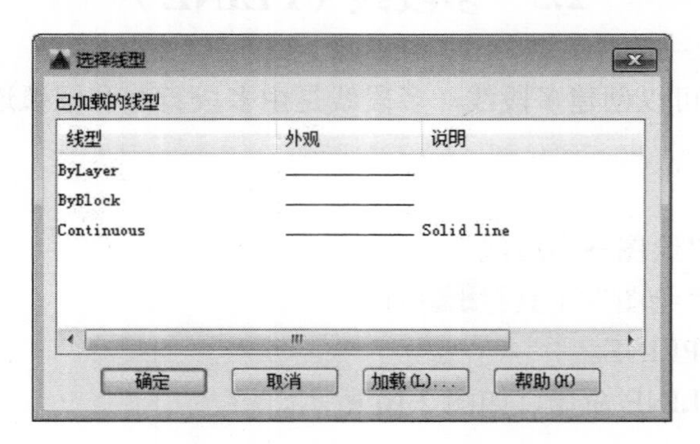

图 2.8　“选择线型”对话框

（7）保存：将当前使用的文件样式保存，文件类型为“.mln”。

（8）说明：多线样式的文字说明。

在图 2.7 对话框中“图元”框下可以对多线的线条数目、颜色及线型进行定义。该对话框各选项的功能如下：

- 添加：单击该按钮，在多线中添加新的线条。
- 偏移：设置该线偏移量。
- 颜色：选择线条的颜色。
- 线型：单击该按钮，则会弹出“选择线型”对话框，可进行线型的选择，如图 2.8 所示。

图 2.7 对话框中“封口”框中各选项的功能的显示效果如图 2.9 所示。

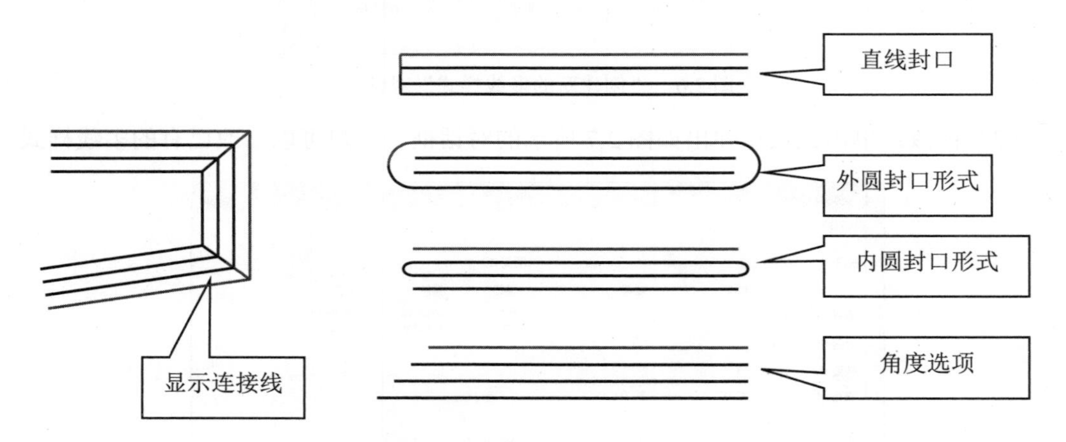

图 2.9　多线说明

- 显示连接：选中该选项，则多线在拐弯处，所有的顶点连接起来。
- 直线：在多线的两端采用直线封口的形式。
- 外弧：多线的两端外侧的直线用圆弧封口。
- 内弧：多线的两端内侧的直线用圆弧封口。
- 角度：指某一端的最外侧的直线的端点的连线与多段线的夹角。
- 填充：在多线绘制区域填充所选的相应颜色。

2.5　多段线（PLINE）

输入 PLINE 命令可以创建多段线，多段线是由多段直线和圆弧连接而成的，它是一个单独的对象。

1．命令启动方法

（1）菜单命令：“绘图→多段线”。

（2）工 具 栏：“绘图”工具栏按钮。

（3）命 令 行：PLINE。

【例 2.5】 练习 PLINE 命令，如图 2.10 所示。

命令: _pline

指定起点:　　（指定 A 点）

当前线宽为 0.0000

指定下一个点或 [圆弧(A)/半宽(H)/长度(L)/放弃(U)/宽度(W)]:　　（指定 B 点）

指定下一点或 [圆弧(A)/闭合(C)/半宽(H)/长度(L)/放弃(U)/宽度(W)]: a
（输入 A 画圆弧）
指定圆弧的端点或[角度(A)/圆心(CE)/闭合(CL)/方向(D)/半宽(H)/直线(L)/半径(R)/第二个点(S)/放弃(U)/宽度(W)]:　（输入圆弧的端点 C 点）
指定圆弧的端点或[角度(A)/圆心(CE)/闭合(CL)/方向(D)/半宽(H)/直线(L)/半径(R)/第二个点(S)/放弃(U)/宽度(W)]:　（输入圆弧的端点 D 点）
指定圆弧的端点或[角度(A)/圆心(CE)/闭合(CL)/方向(D)/半宽(H)/直线(L)/半径(R)/第二个点(S)/放弃(U)/宽度(W)]: l　（输入 L 画直线）
指定下一点或 [圆弧(A)/闭合(C)/半宽(H)/长度(L)/放弃(U)/宽度(W)]:
（指定线段的端点 E）
指定下一点或 [圆弧(A)/闭合(C)/半宽(H)/长度(L)/放弃(U)/宽度(W)]:
（按 Enter 键结束）

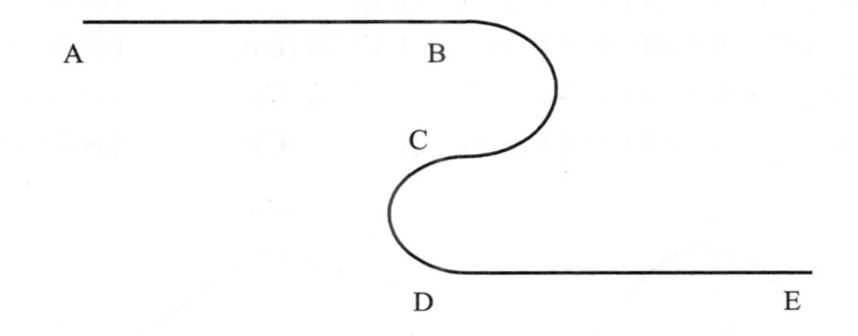

图 2.10　多段线练习

2．命令选项

（1）圆弧：选用该选项画圆弧，AutoCAD 2016 提示：

[角度(A)/圆心(CE)/闭合(CL)/方向(D)/半宽(H)/直线(L)/半径(R)/第二个点(S)/放弃(U)/宽度(W)]:

- 角度：指定圆弧的夹角，正值表示逆时针。
- 圆心：输入 CE，则要求用户指定圆弧的圆心。
- 闭合：输入 CL，则以多段线的起点和终点为圆弧的两个端点绘制圆弧。
- 方向：设定圆弧在起始点的切线方向。
- 半宽：设定圆弧线段起始端和终点端的宽度的一半。
- 直线：输入 L 就切换到画直线的环境。
- 半径：输入半径画圆。
- 第二个点：输入三点画圆的另一个点。
- 宽度：设定圆弧在起始点和终点的宽度。

（2）闭合：将多段线首尾闭合。

（3）半宽：指定多段线的线宽的一半。

（4）长度：指定多段线的长度，如果上一段是直线，则直线的方向与它的方向一致，如果是圆弧，则与它的切线方向一致。

（5）宽度：分别设定多段线起点和终点的宽度。

2.6 样条曲线（SPLINE）

输入 SPLINE 命令可以绘制光滑的曲线，创建非均匀有理 B 样条（NURBS）曲线。

1．命令启动方法

（1）菜单命令："绘图→样条曲线"。

（2）工 具 栏："绘图"工具栏按钮。

（3）命 令 行：SPLINE。

【例 2.6】练习 SPLINE 命令，如图 2.11 所示。

命令: _spline

指定第一个点或 [方式(M)/节点(K)/对象(O)]: （输入 A 点）

指定下一点或 [起点切向(T)/公差(L)]: （输入 B 点）

指定下一点或 [端点相切(T)/公差(L) /放弃(U)]: （输入 C 点）

指定下一点或 [端点相切(T)/公差(L) /放弃(U)/闭合(C)]: （输入 D 点）

指定下一点或 [端点相切(T)/公差(L) /放弃(U)/闭合(C)]: （输入 E 点）

指定下一点或 [端点相切(T)/公差(L) /放弃(U)/闭合(C)]: （按 Enter 键）

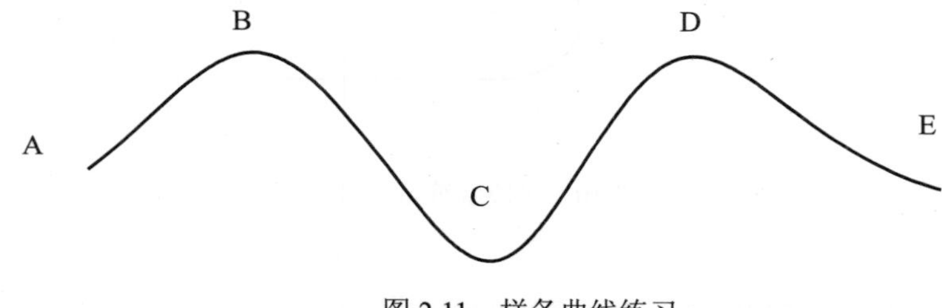

图 2.11 样条曲线练习

2．命令选项

（1）方式：控制是使用拟合点还是使用控制点来创建样条曲线。

- 拟合：通过指定样条曲线必须经过的拟合点来创建 3 阶（三次）B 样条曲线。
- 控制点：通过指定控制点来创建样条曲线。使用此方法创建 1 阶（线性）、2 阶（二次）、3 阶（三次）直到最高为 10 阶的样条曲线。通过移动控制点调整样条曲线的形状通常可以提供比移动拟合点更好的效果。

（2）节点：指定节点参数化，它是一种计算方法，用来确定样条曲线中连续拟合点之间的零部件曲线如何过渡。

- 弦：均匀隔开每个节点，使每个关联的拟合点对之间的距离成正比。
- 平方根：均匀隔开每个节点，使每个关联的拟合点对之间的距离的平方根成正比。
- 统一：均匀隔开每个节点，使其相等，而不管拟合点的间距如何。

（3）对象：将拟合多段线转换成等效的样条曲线。

（4）起点相切：指定在样条曲线起点的相切条件。

（5）端点相切：指定在样条曲线终点的相切条件。

（6）公差：指定样条曲线可以偏离指定拟合点的距离。

（7）放弃：删除最后一个指定点。

（8）闭合：将样条曲线闭合。

2.7　正多边形（POLYGON）

利用 POLYGON 命令，用户可以绘制 3～1024 条边的正多边形。

1．命令启动方法

（1）菜单命令：“绘图→多边形”。

（2）工 具 栏：“绘图”工具栏按钮。

（3）命 令 行：POLYGON。

【例 2.7】练习 POLYGON 命令，如图 2.12 所示。

命令: _polygon 输入侧面数 <4>:	（输入多边形边的数目 8）
指定正多边形的中心点或 [边(E)]:	（指定多边形中心点 O）
输入选项 [内接于圆(I)/外切于圆(C)] <I>:	（用内接于圆的方式画圆）
指定圆的半径: 80	（输入圆的半径 80）

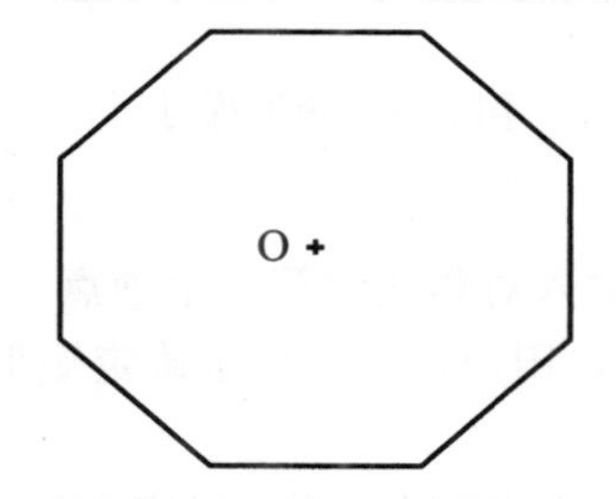

图 2.12　正多边形练习

2．命令选项

（1）指定正多边形的中心点：输入多边形的中心点。

（2）边：给定多边形的一条边，即可绘制一个确定的多边形，如图 2.13 所示。

提示：在采用这种方式画圆时，用户只要输入多边形某条边上的两个端点 A、B，就可以画出正多边形。

（3）内接于圆：采用内接于圆的方式画圆，如图 2.14 所示。

（4）外切于圆：采用外切于圆的方式画圆，如图 2.15 所示。

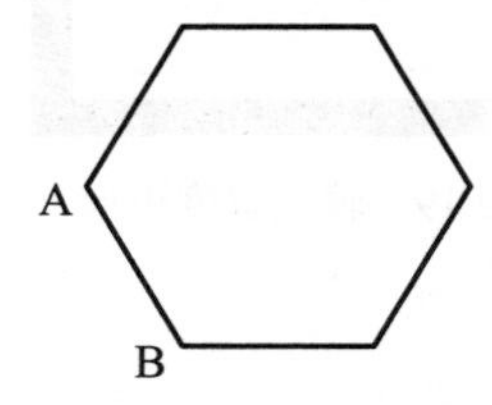

图 2.13　已知 AB 边

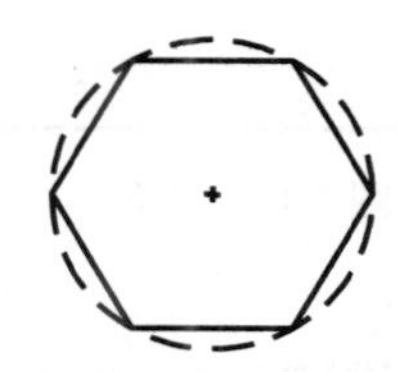

图 2.14　内接于圆

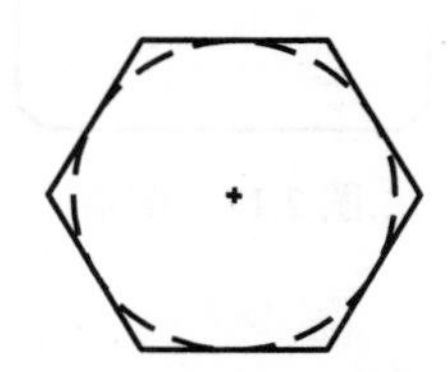

图 2.15　外切于圆

2.8　矩形（RECTANG）

输入矩形对角线上的两点，就可以绘制矩形，可以根据要求倒角或者倒圆角。

1．命令启动方法

（1）菜单命令：“绘图→矩形”。

（2）工 具 栏：“绘图”工具栏按钮。

（3）命 令 行：RECTANG。

【例 2.8】练习 RECTANG 命令，如图 2.16 所示。

命令: _rectang

指定第一个角点或 [倒角(C)/标高(E)/圆角(F)/厚度(T)/宽度(W)]:

（输入矩形对角线的一个端点）

指定另一个角点或 [面积(A)/尺寸(D)/旋转(R)]:

（输入矩形对角线的另一个端点）

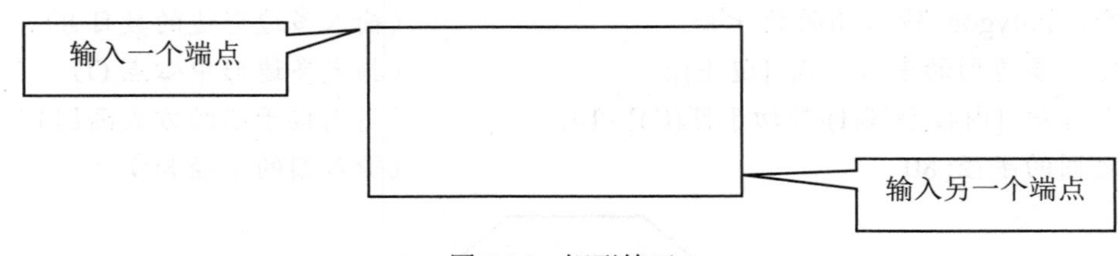

图 2.16 矩形练习

2．命令选项

指定第一个角点：在屏幕上输入对角线的第一个顶点。

（1）倒角：在键盘上输入 C，用户可以按要求确定矩形各顶点倒角的大小，如图 2.17 所示。

（2）圆角：在键盘上输入 F，用户可以按要求确定矩形各顶点倒圆角的大小，如图 2.18 所示。

（3）标高：在键盘上输入 E，用户可以确定矩形所在的平面的高度。

（4）厚度：在键盘上输入 T，设置矩形的厚度，在三维制图中常使用。

（5）宽度：在键盘上输入 W，则用户可以按要求指定矩形的边的线宽，如图 2.19 所示。

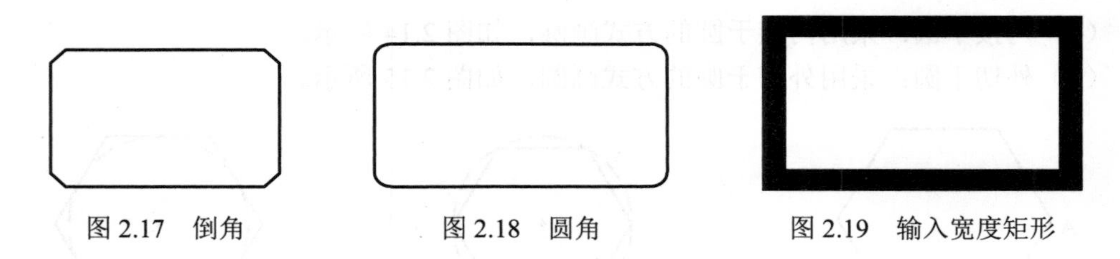

图 2.17 倒角　　图 2.18 圆角　　图 2.19 输入宽度矩形

2.9 圆弧（ARC）命令

用户可以通过该命令绘制各种不同的圆弧。

1．命令启动方法

（1）菜单命令：“绘图→圆弧”。

（2）工 具 栏；“绘图”工具栏按钮。

（3）命 令 行：ARC。

【例 2.9】练习 ARC 命令，如图 2.20 所示。

命令: _arc 指定圆弧的起点或 [圆心(C)]:
（指定圆弧上的一点）
指定圆弧的第二个点或 [圆心(C)/端点(E)]: c
（给定圆心画圆弧）
指定圆弧的圆心:　　（指定圆心）
指定圆弧的端点（按住 Ctrl 键以切换方向）或 [角度(A)/弦长(L)]: a　　（选择圆弧的角度画圆弧的选项）
指定夹角（按住 Ctrl 键以切换方向）: 270　　（输入圆弧包含的角度）

图 2.20　圆弧练习

2．命令选项

（1）指定圆弧的起点：这种方法实际上就是给定圆弧上的三点画圆。

（2）圆心：给定圆弧的圆心。

（3）角度：给定圆弧包含的弧度角。

2.10　圆（CIRCLE）

该命令可以绘制圆以及相切圆等。

1．命令启动方法

（1）菜单命令：“绘图→圆”。

（2）工 具 栏：“绘图”工具栏按钮。

（3）命 令 行：CIRCLE。

【例 2.10】练习 CIRCLE 命令，如图 2.21 所示。

命令: _circle 指定圆的圆心或 [三点(3P)/两点(2P)/相切、相切、半径(T)]:
（指定圆的圆心）
指定圆的半径或 [直径(D)] : 30　　（输入圆的半径）

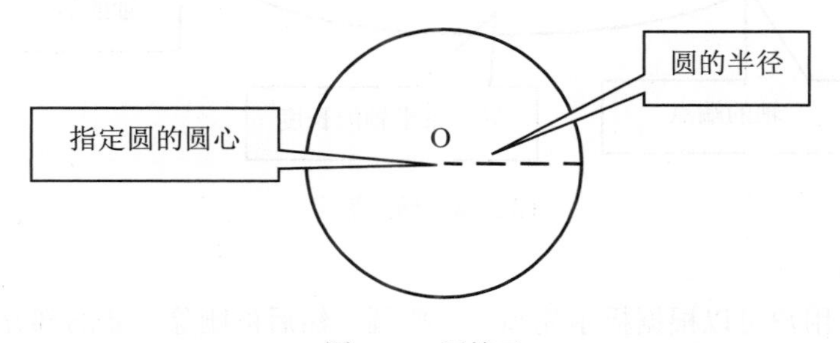

图 2.21　圆练习

2．命令选项

（1）指定圆的圆心：给定圆的圆心。

（2）三点：给定圆周上的 3 点绘制圆，如图 2.22 所示。

（3）两点：给定直径的两个端点绘制圆。

（4）相切、相切、半径：指定与绘制圆相切的两个圆，再输入半径，如图 2.23 所示。

（5）相切、相切、相切：单击“绘图”菜单，在下拉菜单中选择“相切、相切、相切”。

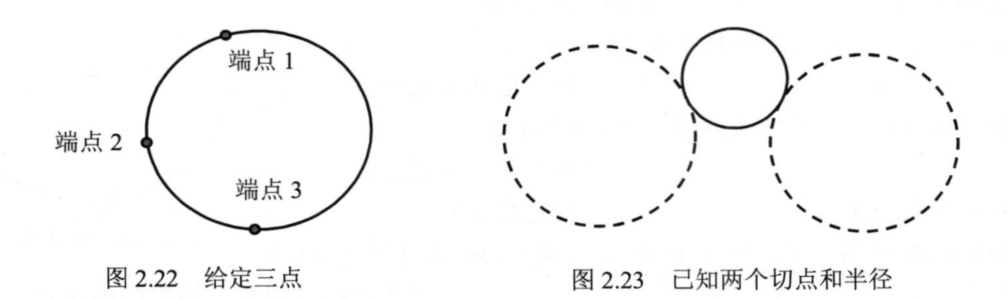

图 2.22 给定三点　　图 2.23 已知两个切点和半径

2.11 椭圆和椭圆弧（ELLIPSE）

该命令可以很方便地画出椭圆以及椭圆弧，是一个常用的命令。

1．命令启动方法

（1）菜单命令：“绘图→椭圆”。

（2）工 具 栏：“绘图”工具栏按钮。

（3）命 令 行：ELLIPSE。

【例 2.11】练习 ELLIPSE 命令，如图 2.24 所示。

输入椭圆命令，命令栏提示如下：

命令: _ellipse

指定椭圆的轴端点或 [圆弧(A)/中心点(C)]:　（指定椭圆的轴上的一个端点）

指定轴的另一个端点:　（指定轴的另一端点）

指定另一条半轴长度或 [旋转(R)]:　（输入另一条半轴的长度）

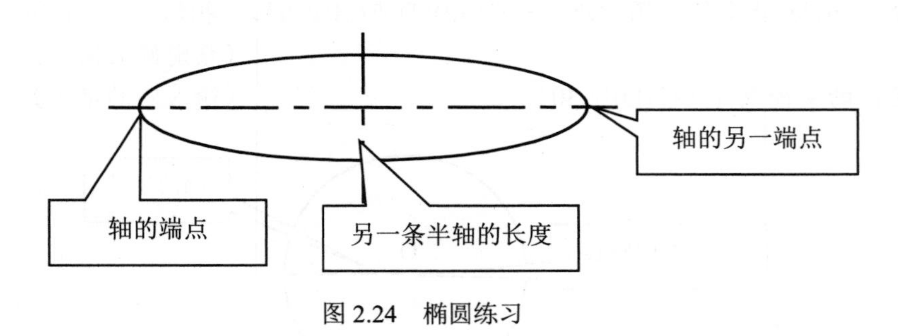

图 2.24 椭圆练习

2．命令选项

（1）圆弧：用户可以根据提示先画一个椭圆，然后再删除不要的部分，就可以绘制一段椭圆弧。

（2）中心点：在键盘输入 C，再输入一个中心点、两条轴的一个端点，就可以绘制一个圆。

（3）旋转：实际上就是将圆绕直径旋转指定的角度后，该圆在平面的投影就形成一个椭圆。

2.12　点（POINT）

在 AutoCAD 2016 中经常要输入某一个特定的点，AutoCAD 2016 的点的形状，大小等都可以设置。

2.12.1　绘制点

命令启动方法

（1）菜单命令："绘图→点"。

（2）工 具 栏："绘图"工具栏 按钮。

（3）命 令 行：POINT。

【例 2.12】练习 POINT 命令，如图 2.25 所示。

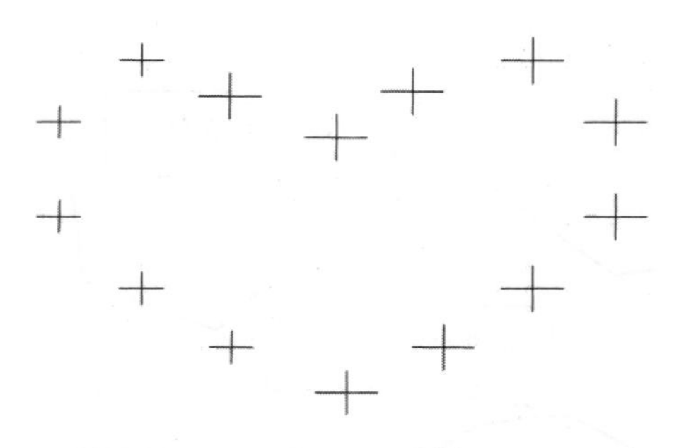

图 2.25　点练习

输入 POINT 命令，系统提示如下：

命令: _point

当前点模式:　PDMODE=2　PDSIZE=0.0000

指定点:　　　　　　　　　　　（输入点的坐标或者直接在屏幕上给出点）

可以连续多次地在屏幕上给点，如图 2.25 所示。

2.12.2　点样式设置

可以通过点样式设置，改变点的大小、形状等特性。

通过下拉菜单"格式→点样式"，AutoCAD 2016 弹出一个对话框，在该对话框中，AutoCAD 2016 提供了很多点的样式，用户可以根据要求选定点的形状。在"点大小"栏中输入数字，可以改变点的大小，如图 2.26 所示。

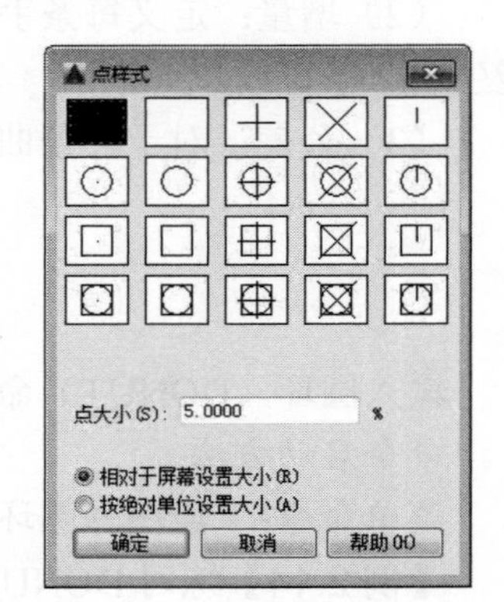

图 2.26　"点样式"对话框

在上图中，若选定"按绝对单位设置大小"，则缩放图形后，点的大小会发生变化，而选定"相对于屏幕设置大小"，则点的大小不会发生变化。

2.13　徒手画线（SKETCH）

启动该命令后，鼠标的光标移到哪里，线条就画到哪里。线条是由很多的小线段组成的，设定线段的最小长度，可以改变线条的光滑程度。若线段的最小长度设置得很大，则画出的线条就像折线，如图 2.27 所示。

1．命令启动方法

命 令 行：SKETCH。

【例 2.13】练习 SKETCH 命令，如图 2.27 所示。

命令:SKETCH

类型=直线　增量=3.0000　公差=0.5000

指定草图或[类型(T)增量(I)公差(L)]:I　　（输入 I）

指定草图增量<1.0000>: 0.5　　（输入最小线段的长度）

指定草图或[类型(T)增量(I)公差(L)]:　　（指定线段的起点）

指定草图:　　（此时移动光标就可以画线段）

指定草图:　　（按 Enter 键结束）

已记录 46 条直线。

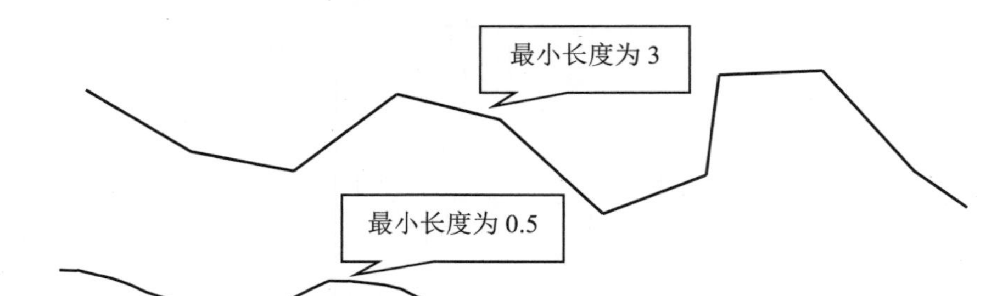

图 2.27　徒手绘图练习

2．命令选项

（1）类型：指定手画线的对象类型（直线、多段线、样条曲线）。

（2）增量：定义每条手画直线段的长度。定点设备所移动的距离必须大于增量值，才能生成一条直线。

（3）公差：对于样条曲线，指定样条曲线的曲线布满手画线草图的紧密程度。

2.14　圆环（DONUT）

输入圆环（DONUT）命令，用户可以方便地画出各种圆环。

命令启动方法

菜单命令："绘图→圆环"。

【例 2.14】练习 DONUT，如图 2.28 所示。

命令: _donut

指定圆环的内径 <10.0000>:　　（输入圆环的内径）

指定圆环的外径 <15.0000>:　　（输入圆环的外径）

指定圆环的中心点或 <退出>:　　（给定圆环的圆心，即可画圆环）

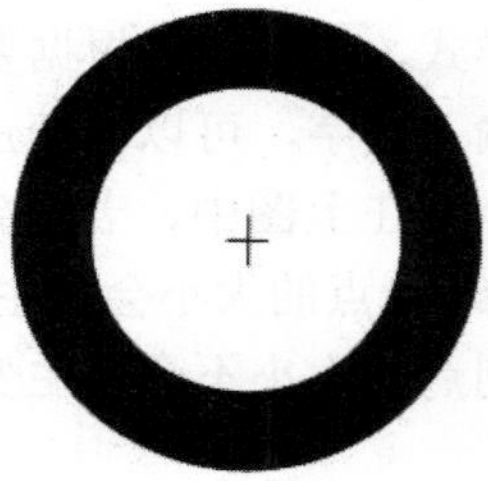

图 2.28　圆环练习

指定圆环的中心点或 <退出>:　　　　(若再次给定圆心，可继续画圆环)
指定圆环的中心点或 <退出>:　　　　(按 Enter 键结束)

2.15　实心块（SOLID）

该命令可以对一个封闭的多边形区域进行填充。

1．命令启动方法

命 令 行：SOLID。

2．命令操作方式

命令: SOLID　　　　(按 Enter 键启动命令)
指定第一点:　　　　(输入第一点)
指定第二点:　　　　(输入第二点)
指定第三点:　　　　(输入第三点)
指定第四点或<退出>:　　　　(输入第四点)

说明：当按提示输入一点后，系统接着提示：

指定第三点:　　　　(输入一点)
指定第四点或<退出>:　　　　(输入一点完成多边形或直接退出命令)

按上述操作即可完成填充多边形，但要注意输入点的顺序和位置很重要，如果顺序发生错误，将生成打结形状而不是多边形。点顺序为 A、B、C、D、…，而 A、C、E 应在多边形的同侧，如图 2.29 所示。

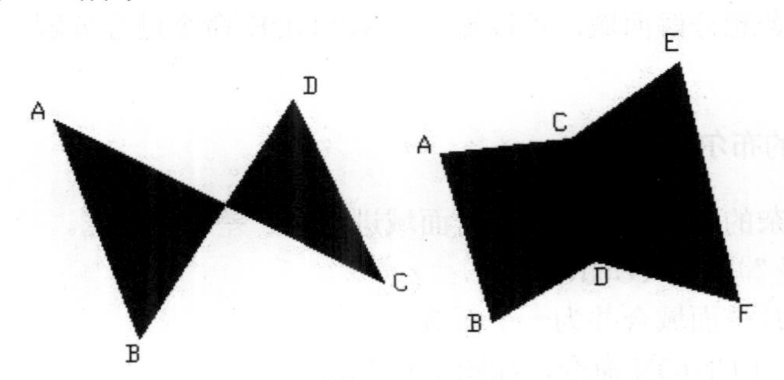

图 2.29　输入点的顺序对填充多边形的影响

2.16　面域（REGION）

由直线、圆、多段线、圆弧以及样条曲线组成的封闭区域，都可以创建面域。面域是一个单独对象，可以通过命令查询面积、周长等几何特性，还可以执行布尔运算等。

2.16.1　面域的创建

命令启动方法

（1）下拉菜单：“绘图→面域”。
（2）工 具 栏：“绘图”工具栏按钮。
（3）命 令 行：REGION。

【例 2.15】练习 REGION 命令，如图 2.30 所示。
命令: _region
选择对象: 找到 1 个
（选择创建面域的对象，可以用单击对象的方法选择，也可以用框选的方法）
选择对象: 找到 1 个，总计 2 个
选择对象: 找到 1 个，总计 3 个
选择对象: 找到 1 个，总计 4 个
选择对象: 找到 1 个，总计 5 个
选择对象: 找到 1 个，总计 6 个
选择对象; （按 Enter 键结束，下面显示创建的面域的数目）
已提取 3 个环。
已创建 3 个面域。

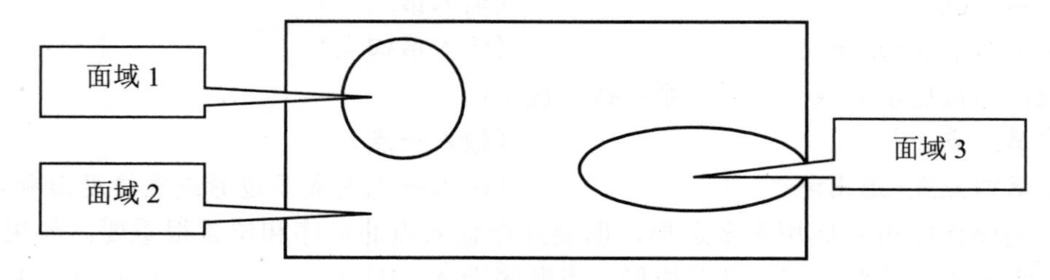

图 2.30 面域练习

在创建面域后若想分解面域，可以输入 EXPLODE 命令进行分解，将面域还原为单独的线条对象。

2.16.2 面域的布尔运算

在绘制比较复杂的图形时，经常要对面域进行并、差、交运算。

1．面域的“并”运算（UNION）

实际上就是将几个面域合并为一个面域。

【例 2.16】练习 UNION 命令，如图 2.31 所示。
命令: UNION
选择对象: 指定对角点: 找到 5 个 （选择面域）
选择对象: （按 Enter 键结束）

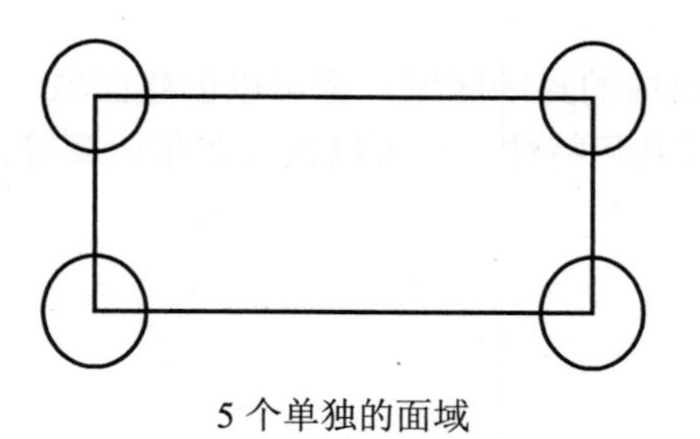

5 个单独的面域

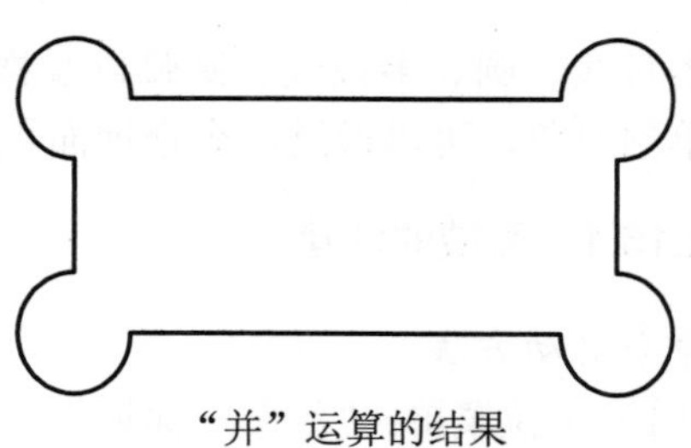

“并”运算的结果

图 2.31 “并”运算练习

2．面域的“差”运算（SUBTRACT）

面域之间的相减，在选择对象的时候，先选择被减的面域，回车，再选择要减去的面域。

【例 2.17】练习 SUBTRACT 命令，如图 2.32 所示。

命令: SUBTRACT
选择要从中减去的实体、曲面和面域…
选择对象: 找到 1 个　　　　　　　　（选择被减的面域 1）
选择对象:　　　　　　　　　　　　　（按 Enter 键确认）
选择要减去的实体、曲面和面域…
选择对象: 找到 1 个　　　　　　　　（选择所有要减去面域 2、3、4、5）
选择对象: 找到 1 个，总计 2 个
选择对象: 找到 1 个，总计 3 个
选择对象: 找到 1 个，总计 4 个
选择对象:　　　　　　　　　　　　　（按 Enter 键结束）

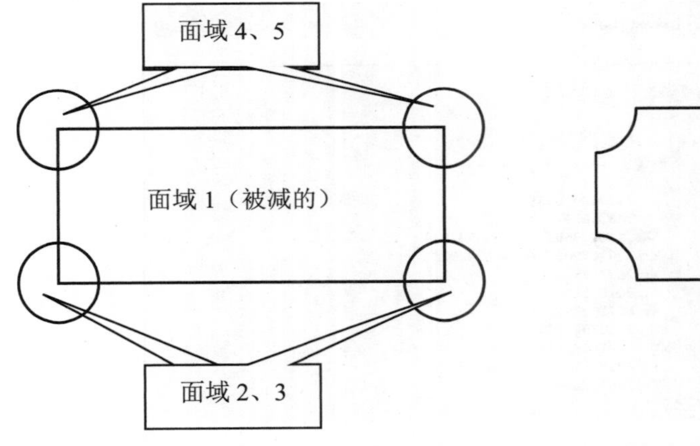

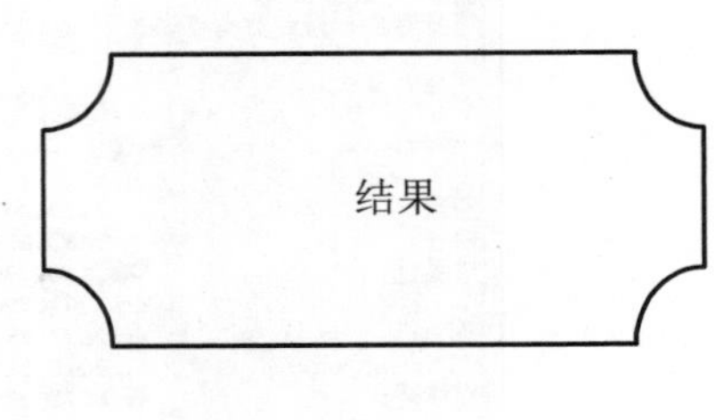

图 2.32　“差”运算练习

3．面域的“交”运算（INTERSECT）

实际上就是求出面域的公共部分。

【例 2.18】练习 INTERSECT 命令，如图 2.33 所示。

命令: intersect
选择对象: 找到 1 个　　　　　　　　（选择 2 个面域）
选择对象: 找到 1 个，总计 2 个
选择对象:　　　　　　　　　　　　　（按 Enter 键结束）

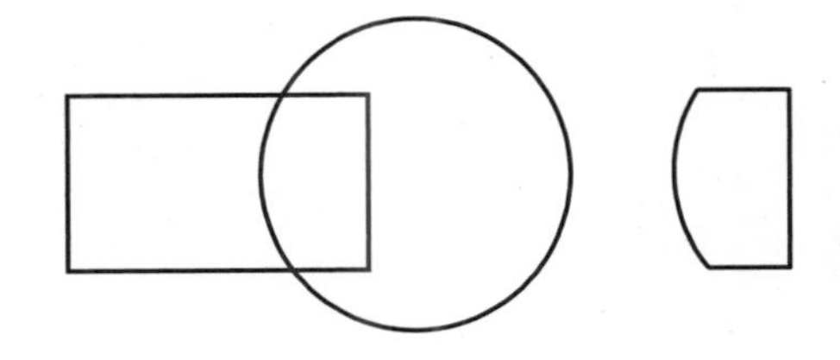

图 2.33　“交”运算练习

2.16.3 从面域模型中抽取数据（MASSPROP）

MASSPROP 命令用于计算二维和三维对象的特性，这些特性在分析图形对象的特点时非常重要。在操作时，如果选择多个面域，则只有与第一个选定面域共面的面域被接受。MASSPROP 所显示的特性取决于选定的对象是 D:\Administrator\My Documents\acr_m2.html-60651 面域（及选定的面域是否与当前 UCS 的 XY 平面共面）还是 D:\Administrator\My Documents\acr_m2.html - 60677 实体。

1．命令的启动方法

（1）下拉菜单："工具→查询→面域/质量特性"。

（2）工 具 栏：单击"查询"工具栏按钮。

（3）命 令 行：MASSPROP。

2．MASSPROP 命令练习

输入 MASSPROP 命令，选择一个面域后，弹出一个对话框，在对话框中，各方面的信息都清楚地显示出来，如图 2.34 所示。

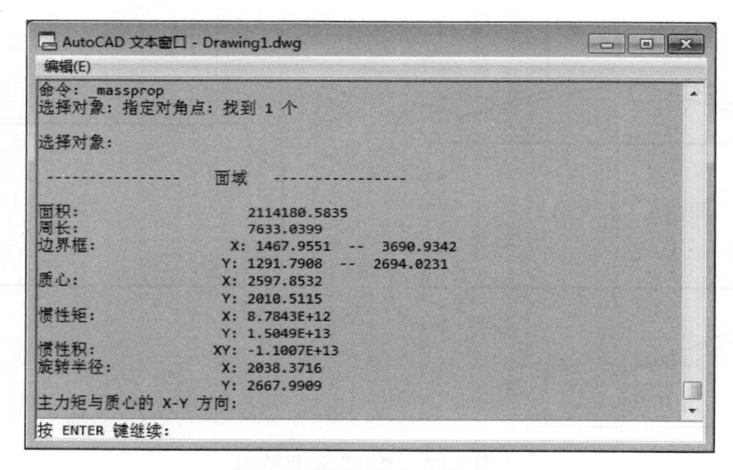

图 2.34 "查询"文本窗口

第 3 章　基本编辑命令

- 掌握选择对象的方法
- 熟练掌握图形的基本编辑修改命令
- 灵活运用编辑命令构造图形，提高绘图效率

在 AutoCAD 绘图过程中需要对图形进行修改以及绘制复杂图形的情况下都要借助图形编辑命令。

AutoCAD 提供了强大的编辑图形的功能，现介绍如下。

3.1　选择对象

AutoCAD 提供了两种编辑方式，对图形中的一个或多个对象进行编辑。一种是先激活一个编辑命令，再选择编辑对象；另一种是先选择编辑对象，再激活编辑命令。无论是哪种方式，都必须选择编辑对象。

3.1.1　对象选择方法

当执行编辑命令后，命令行提示“选择对象：”，十字光标将变成一个拾取框，移动拾取框来选择一个或多个对象。AutoCAD 提供了多种选择方法。

1．点选

用鼠标直接点取图形的任意一边界，选中后的图形会虚线亮显。

在 AutoCAD 中加入了选择预览功能，就是当光标移动到图形边界上时，可能将被选中的图形就会亮显。选择预览的效果可以设置，也可以关闭。

2．框选

先在图上空白处单击作为选框的第一个顶点，然后拖动鼠标，形成一个矩形框来选择对象。

框选方式分为两种：窗口方式和窗交方式。

在 AutoCAD 中从左往右框选是窗口模式，图形完全在框选范围内才会被选中。窗口框选的边界是实线，选框内颜色为蓝色；从右往左框选是窗交模式，图形有任意一部分在框选范围内就会被选中。窗交框选的边界是虚线，选框内颜色为绿色。

3．累加选择

默认状态下，AutoCAD 是累加选择状态。在选择对象的状态下，可以连续单击来点选和框选，所有被选择对象都会被添加到选择集中。

当累加选择状态被关闭，旧的被选择对象会被新的被选择对象替换。

控制累加选择的变量是PICKADD，变量为1时，为累加选择；变量为0时，为无法累加选择；变量为2时，为累加选择（若使用 SELECT 命令，则在该命令结束后保持对象处于选定状态）。

利用属性框（Ctrl+1 可以开关属性框），如图3.1所示。单击累加选择按钮可以快速切换状态。显示为，表示PICKADD打开；显示为，表示PICKADD关闭。

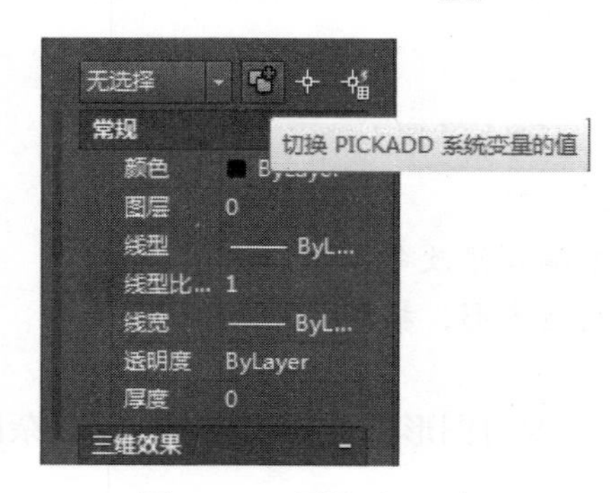

图3.1 “属性”对话框

4．前次（或前一个）

当提示选择一个新对象时直接输入P(Previous)，就可以再次选中上一次被选中的对象。

5．全选

选择所有图形。

方法一：利用快捷键Ctrl+A；

方法二：在提示选择对象时输入all。

6．删除

在已被选中的对象中，取消某几个对象的选中状态。

方法一：在提示选择对象的状态下输入R后，单击或框选对象，可将这些对象从选择集中删除。

方法二：按住Shift键，单击或框选已经被选择对象，可以将这些对象从选择集中删除。

7．组

用Group命令将对象进行编组，可以在选择对象时输入G选项，然后输入自定义的组名，可以快速将定义的组选择出来。将在3.1.3节中详细介绍。

对象成组后，点取组中任何一个对象，对象将都会被选中。

8．循环选择预览

有重叠对象或非常接近对象时，光标停留到对象附近后，按住Shift键再单击空格，AutoCAD会自动切换对象选择，此时单击会选中当前呈虚线的对象。

9．快速选择

快速选择可以通过设置一些条件，快速从图中将所有满足条件的图形都选择出来。

快速选择的命令是Qselect，也可以单击图3.1“属性”对话框中右上角的快速选择按钮，直接调用这个命令。输入命令后，弹出“快速选择”对话框，如图3.2所示。

对话框主要由三部分组成：“应用到”用于设置是整体图形还是从框选的一部分图形中筛选；中间区域是过滤条件，包括对象类型、作为过滤条件的特性、运算符和值；“如何应用”选择包括在新选择集中、排除到新选择集之外或附加到当前选择集中。

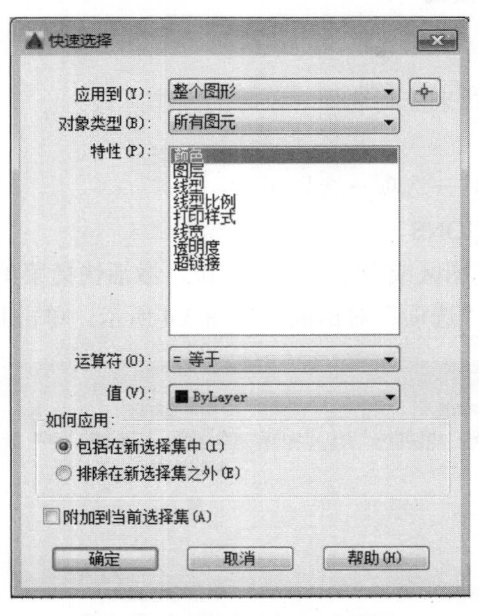

图 3.2　“快速选择”对话框

举例：选择现有图中所有半径是 50 的圆。设置如下：

“应用到”：整个图形；“对象类型”选择圆；“特性”选择半径；“运算符”选择“等于”；“值”中输入 50，单击“确定”按钮后可以将这些圆选择出来。

快速选择只能设置一个条件，所以操作相对简单。有时一个条件不能完成删选时，需要先筛选一次，然后将“应用到”设置为“当前选择”，再设置条件，进行二次筛选。

10．选择过滤器（FILTER）

输入 filter 后，弹出“对象选择过滤器”对话框，如图 3.3 所示。单击“添加选定对象”按钮后，可以从图中对象获取条件后删除多余的条件。设置好过滤器后可以保存，下次选择时可以再次调用。

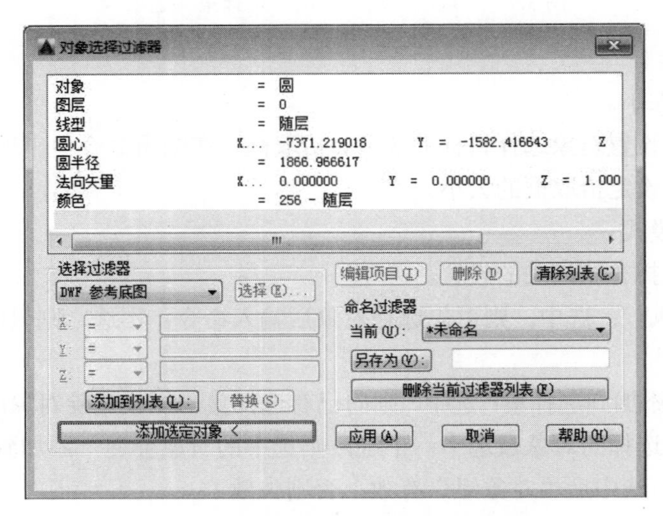

图 3.3　“对象选择过滤器”对话框

3.1.2 设置对象选择模式

1．功能

通过设置对象选择模式来控制选择对象时的操作方式。

2．输入方法

（1）菜单命令：“工具→选项→选择集”。

（2）命 令 行：OPTIONS。

（3）快捷菜单：在绘图区或命令行单击右键，激活快捷菜单，选择“选择集”选项。

上述操作都可以弹出“选项”对话框，如图 3.4 所示。单击其中的“选择集”选项卡。

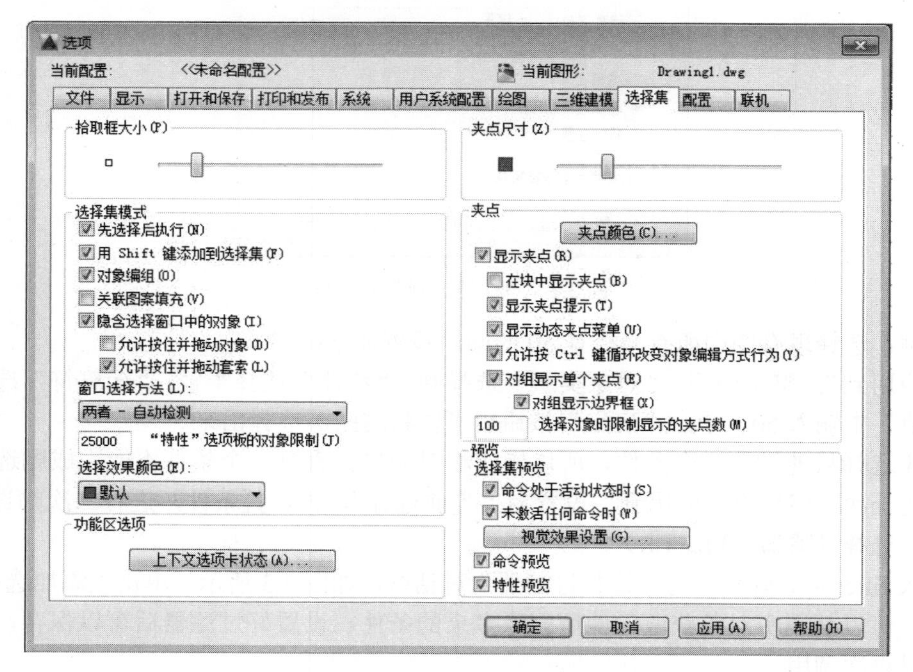

图 3.4 “选项”对话框的“选择集”选项卡

3．说明

（1）拾取框大小。

以像素为单位设置对象选择目标的高度。拾取框是在编辑命令中出现的对象选择工具。移动滑动按钮可以设定拾取框的大小。

（2）选择集模式。

控制与对象选择方法相关的设置。

1）先选择后执行：选中，则可先选择对象后输入命令；不选，则只能先输入命令后选择对象。

2）用 Shift 键添加到选择集：选中，则向已有选择集添加或删除对象时，必须按住 Shift 键，否则只有最后选择的对象被选中；不选，则选中的对象会逐一添加到原选择集中。

3）对象编组：选中后“对象组”有效；否则失效。

4）关联图案填充：选中后当选择填充图案作对象时包括它的边界。

5）隐含选择窗口中的对象：从左向右绘制选择窗口将选择完全处于窗口边界内的对象；从右向左绘制选择窗口将选择处于窗口边界内和与边界相交的对象。

6）允许按住并拖动对象：选中，则建立选择窗口时需拾取第一点，然后按住鼠标左键拖动鼠标，到窗口大小合适时放开左键即可；不选，则需拾取两个对角点来形成窗口。

7）允许按住并拖动套索：如果未选择此选项，则可以单击并拖动来绘制选择套索。

8）窗口选择方法：使用下拉列表来更改 PICKDRAG 系统变量的设置。

9）“特性”选项板的对象限制：确定可以使用“特性”和“快捷特性”选项板一次更改的对象数的限制。

10）选择效果颜色：列出应用于选择效果的可用颜色设置。

（3）预览。

当拾取框光标滚动过对象时，亮显对象。

1）命令处于活动状态时：仅当某个命令处于活动状态并显示“选择对象”提示时，才会显示选择预览。

2）未激活任何命令时：即使未激活任何命令，也可显示选择预览。

3）视觉效果设置：显示“视觉效果设置”对话框。

4）命令预览：控制是否可以预览激活的命令的结果。

5）特性预览：控制将鼠标悬停在控制特性的下拉列表和库上时，是否可以预览对当前选定对象的更改。特性预览仅在功能区和“特性”选项板中显示。在其他选项板中不可用。

（4）夹点尺寸。

移动滑钮可以设定夹点的大小。

（5）功能区选项。

“上下文选项卡状态”按钮：将显示“功能区上下文选项卡状态选项”对话框，从中可以为功能区上下文选项卡的显示设置对象进行设置。

3.1.3　对象编组命令

1．功能

把一些需多次进行相同操作的对象变成一个选择集称为“组”，并命名，以便调用。

2．输入方法

命 令 行：CLASSICGROUP。

AutoCAD 将弹出“对象编组”对话框，如图 3.5 所示。

3．说明

（1）“编组名”列表框：列出当前图形中已存组的名字，“可选择的”列表示一个组是否可选。

（2）“编组标识”选项组：在“编组名”列表中选定一个组，AutoCAD 会在“编组标识”部分显示组名及其说明。单击“查找名称”按钮，可列出一个对象所属的组。

（3）“创建编组”选项组：创建一个有名或无名的新组。此外，还可设置为是否可选。

（4）“修改编组”选项组：修改组中单个成员或组本身。只有在“编组名”列表框中选择了一个组名时，该选项中的按钮才能用。

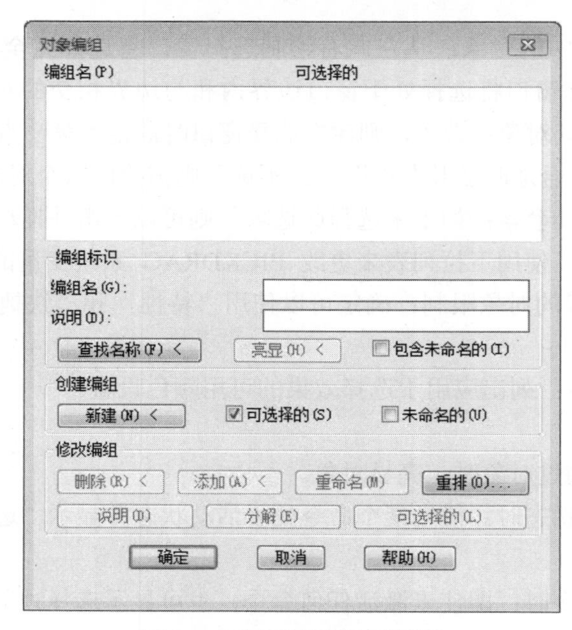

图 3.5 “对象编组”对话框

3.2 基本编辑命令

3.2.1 删除

1．功能

用来擦除绘图中错误的线段或无用的辅助线。

2．调用方法

（1）菜单命令：“修改→删除”。

（2）工 具 栏：“修改”工具栏 按钮。

（3）命 令 行：ERASE。

3．命令操作及提示

命令：ERASE

提示：选择对象:

回车结束选择，同时也擦除了选定的对象。

3.2.2 恢复

1．功能

用于恢复最后一次删除的对象

2．输入方法

命 令 行：OOPS。

3．命令操作及提示

执行该命令后，便恢复最后一次删除的对象。

3.2.3　放弃和多重放弃

1．放弃

（1）功能。

取消上一次操作。可重复使用，依次向前取消完成的命令操作。

（2）输入方法。

1）菜单命令："编辑→放弃"。

2）命 令 行：U。

3）工 具 栏："标准"工具栏 按钮。

（3）命令操作及提示。

命令：U

执行该命令后，便取消了上一次操作。

2．多重放弃

（1）功能。

取消指定数量的前面几个命令或前面标注的一组命令。

（2）输入方法。

命 令 行：UNDO。

（3）命令操作及提示。

命令：UNDO

提示：输入要放弃的操作数目或[自动(A)/控制(C)/开始(BE)/结束(E)/标记(M)/后退(B)]<1>

（4）说明。

1）输入要放弃的操作数目或[自动(A)/控制(C)/开始(BE)/结束(E)/标记(M)/后退(B)]<1>：5。（将放弃前 5 项操作，即使用了 5 次 U 命令）。

2）A：输入 UNDO 自动模式[开(ON)/关(OFF)] <ON>：（将使一次菜单拾取所激活的多个操作被 U 或 UNDO 命令当作一个命令）。

3）C：输入 UNDO 控制选项[全部(A)/无(N)/一个(O)/合并(C)/图层(L)] <全部>：（A 选项允许所有 UNDO 命令；N 选项禁止 UNDO 命令；O 选项禁止多次使用 UNDO 命令；C 选项为控制放弃和重做操作是否将多个、连续的缩放和平移命令合并为一个单独的操作；L 选项控制是否将图层对话操作合并为单个放弃操作）。

4）E：UNDO 命令将 BE 和 E 之间的操作当成一个单一命令。

5）M 和 B：UNDO 命令将删除 M 选项到 B 选项之间的部分。

3.2.4　重做

1．功能

取消上一个 U 或 UNDO 命令。该命令必须紧跟在 U 或 UNDO 命令之后。

2．输入方法

（1）菜单命令："编辑→重做"。

（2）工 具 栏："标准"工具栏 按钮。

（3）命 令 行：REDO。

3．命令操作及提示

命令：REDO

执行该命令后，便达到了重做的目的。

3.2.5 复制

1．功能

对选择的对象作一次或多次复制。

2．输入方法

（1）菜单命令："修改→复制"。

（2）工 具 栏："修改"工具栏 按钮。

（3）命 令 行：COPY。

3．命令操作及提示

命令：COPY

提示：选择对象:

选择对象:

指定基点或[位移(D)/模式(O)]<位移>:

4．说明

输入命令后，窗口提示有不同的选项，选择不同选项会出现不同的结果。

【例 3.1】复制图 3.6 所示一组对象。

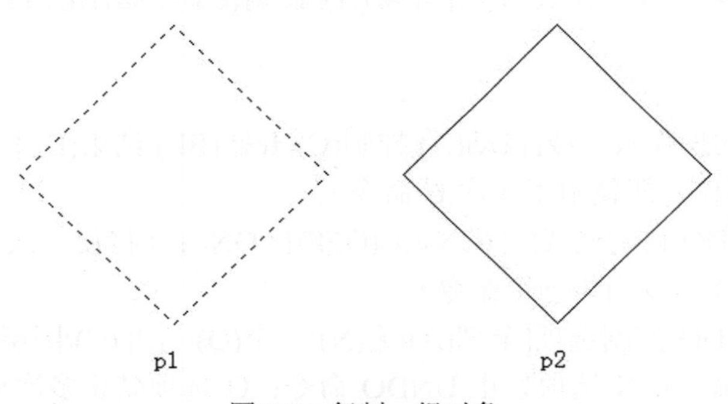

图 3.6 复制一组对象

操作过程：

命令:COPY

选择对象:

选择对象:

指定基点或[位移(D)/模式(O)]<位移>: （选取 P1 点）

指定位移的第二点或[阵列(A)]<使用第一点作为位移>: （选取 P2 点）

指定位移的第二点或[阵列(A)/退出(E)/放弃(U)]<退出>: （输入 Enter 结束）

【例 3.2】多重复制图 3.8 所示一组对象。

操作过程：

命令:COPY

选择对象:

选择对象:
指定基点或[位移(D)/模式(O)]<位移>:　　　　(输入 O)
输入复制模式选项[单个(S)/多个(M)]<多个>:
(输入 M 或在绘图区如图 3.7 所示单击选择“多个（M）”)
指定基点或[位移(D)/模式(O)]<位移>:　　　　(选取 P1 点)
指定位移的第二点或[阵列(A)]<使用第一点作为位移>:　　　　(选取 P2 点)
指定位移的第二点或[阵列(A)/退出(E)/放弃(U)]<退出>:　　　　(选取 P3 点)
指定位移的第二点或[阵列(A)/退出(E)/放弃(U)]<退出>:　　　　(选取 P4 点)
指定位移的第二点或[阵列(A)/退出(E)/放弃(U)]<退出>:　　　　(按 Enter 键结束)

输入复制模式选项
单个(S)
● 多个(M)

图 3.7　绘图区“输入复制模式选项”

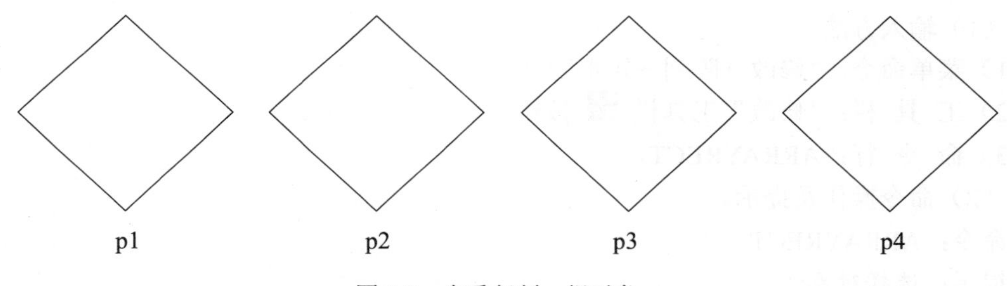

图 3.8　多重复制一组对象

3.2.6　镜像

1．功能

用于将选定对象进行对称变换。

2．输入方法

（1）菜单命令：“修改→镜像”。
（2）工 具 栏：“修改”工具栏 按钮。
（3）命 令 行：MIRROR。

3．命令操作及提示

命令：MIRROR
提示：选择对象:　　　　(使用前述方法选择对象，使其变为虚线)
　　选择对象:
　　指定镜像线的第一点:　　　　(选取第一点)
　　指定镜像线的第二点:　　　　(选取第二点)
　　是否删除源对象[是(Y)/否(N)]:

4．说明

文本实体的镜像分为两种状态：完全镜像和可识读镜像，如图 3.9 所示。

（a）文本不可识读镜像　（b）文本可识读镜像

图 3.9　文本镜像

（1）变量 MIRRTEXT 的值为 1 时，文本作完全镜像，不可识读。

（2）变量 MIRRTEXT 的值为 0 时，文本作可识读镜像。

一般该系统变量的初始值为 1，要实现文本的可识读镜像，应在镜像前设置系统变量 MIRRTEXT=0。即：

命令:MIRRTEXT

输入新值<1>:0

3.2.7　阵列

该命令用于将选定的对象生成矩形或环形的多重复制。

1．矩形阵列

（1）输入方法。

1）菜单命令："修改→阵列→矩形阵列"。

2）工 具 栏："修改"工具栏 按钮。

3）命 令 行：ARRAYRECT。

（2）命令操作及提示。

命令：ARRAYRECT

提示：选择对象:

选择夹点以编辑阵列或[关联(AS)/基点(B)/计数(COU)/间距(S)/列数(COL)/行数(R)/层数(L)/退出(X)]<退出>:

设置参数后按 Enter 键结束。

（3）说明。

1）关联：指定阵列中的对象是关联的还是独立的。

2）基点：指定用于在阵列中放置项目的基点。

3）计数：指定行数和列数并使用户在移动光标时可以动态观察结果。

4）间距：指定行间距和列间距并使用户在移动光标时可以动态观察结果。

5）列数：设置阵列中的列数和列间距。

6）行数：设置阵列中的行数和行间距。

7）层数：指定阵列中的层数。

（4）操作过程。

命令：ARRAYRECT

在绘图区单击原图形后，单击鼠标右键或按回车键，绘图区显示如图 3.10 所示。

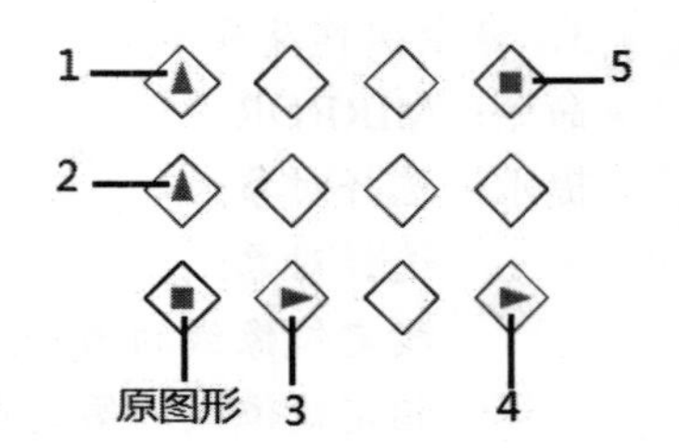

图 3.10　矩形阵列

利用图 3.10 中的五个控制点可以设置完成矩形阵列。

单击标号为 5 的控制点后移动鼠标可以预览指定行数和列数。按 Ctrl 键可以在以下选项之间循环切换：①行数和列数；②行和列总间距，如图 3.11 所示。

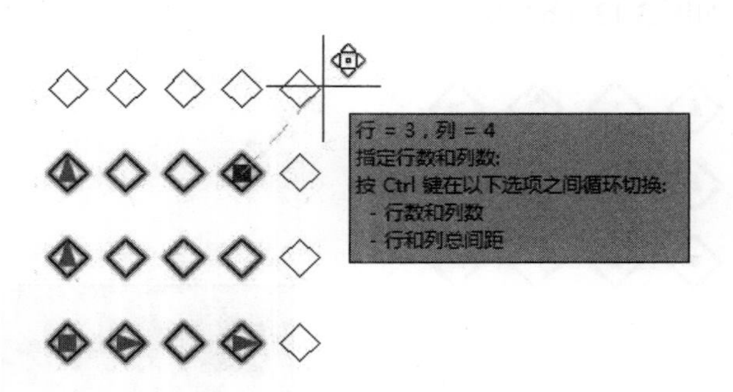

图 3.11　矩形阵列方框按钮

单击标号为 1 的控制点后移动鼠标可以预览行数，也可以在绘图区提示框中输入行的个数，回车确认。以及按住 Ctrl 键在以下选项之间循环切换：①行数；②行总间距；③轴角度，如图 3.12（a）所示。

单击标号为 2 的控制点后移动鼠标可以预览行间距，也可以在绘图区提示框中输入行之间的距离，回车确认，如图 3.12（b）所示。

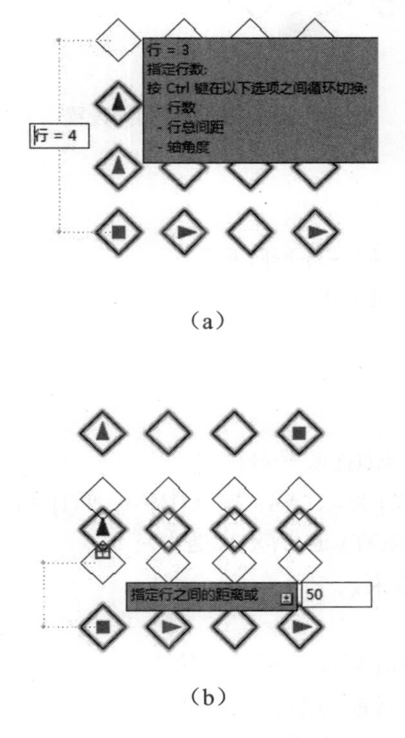

（a）

（b）

图 3.12　矩形阵列行设置

单击标号为 4 的控制点后移动鼠标可以预览列数，也可以在绘图区提示框中输入列的个数，回车确认。以及按住 Ctrl 键在以下选项之间循环切换：①列数；②列总间距；③轴角度，如图 3.13（a）所示。

单击标号为 3 的控制点后移动鼠标可以预览列间距，也可以在绘图区提示框中输入列间距离，回车确认，如图 3.13（b）所示。

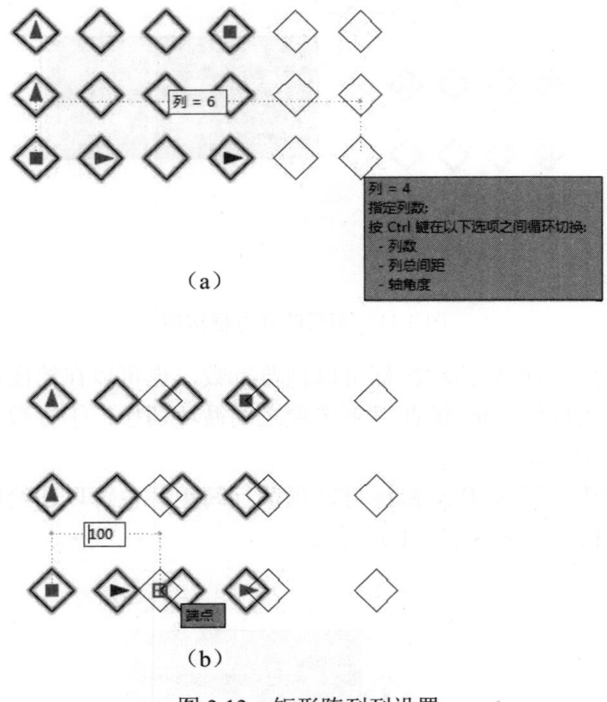

（a）

（b）

图 3.13　矩形阵列列设置

2．环形阵列

（1）输入方法。

1）菜单命令：“修改→阵列→环形阵列”。

2）命 令 行：ARRAYPOLAR。

（2）命令操作及提示。

命令:ARRAYRECT

选择对象:

指定阵列的中心点或[基点(B)/旋转轴(A)]

选择夹点以编辑阵列或[关联(AS)/基点(B)/项目(I)/项目间角度(A)/填充角度(F)/行(ROW)/层(L)/旋转项目(ROT)/退出(X)]<退出>:

设置参数后按 Enter 键结束。

（3）说明。

1）阵列的中心点：分布阵列项目所围绕的点。

2）基点：用于在阵列中控制点放置的位置。

3）旋转轴：确定由两个指定点定义的旋转轴。

4）关联：指定阵列中的对象是关联的还是独立的。

5）项目：阵列中的项目数。

6）项目间角度：阵列中项目之间的角度。

7）填充角度：阵列中所有项目所占总角度。

8）行：指定阵列中的行数、它们之间的距离以及行之间的增量标高。

9）层：指定层数和层间距。

10）旋转项目：阵列时是否旋转项目。

（4）操作过程。

命令：ARRAYPOLAR

在绘图区单击原图形后，单击鼠标右键或按回车键，并在绘图区指定点单击作为阵列的中心点，绘图区显示如图 3.14 所示（如果不设置基点，则系统自动给定基点放置控制按钮）。

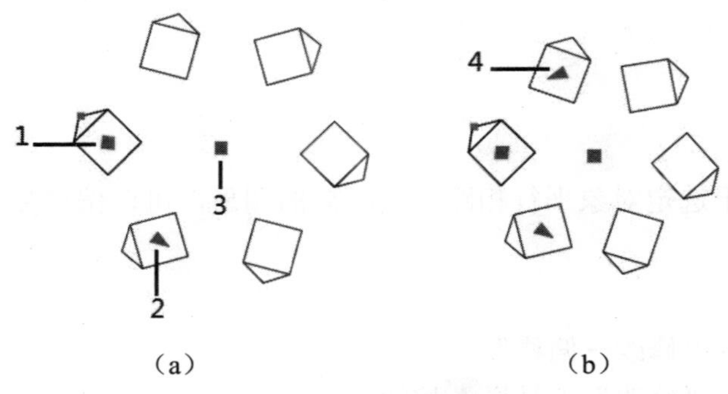

（a）　　（b）

图 3.14　环形阵列

利用图 3.14 中的五个控制点可以设置完成环形阵列。

单击标号为 1 的控制点后移动鼠标可以预览阵列图形到旋转中心的距离，并可以在绘图区提示框中输入到旋转中心的确定值，回车确认，如图 3.15（a）所示。

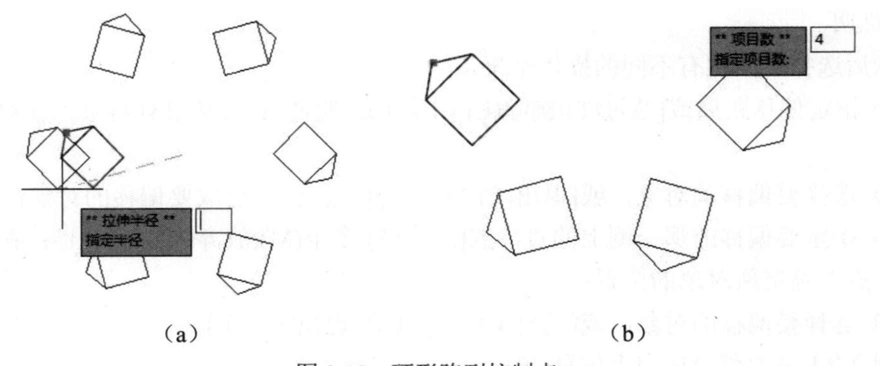

（a）　　（b）

图 3.15　环形阵列控制点一

单击标号为 2 的控制点后移动鼠标可以预览项目间的夹角，也可以在绘图区提示框中输入项目间夹角的确定值，回车确认，如图 3.16（a）所示。

单击标号为 3 的控制点后移动鼠标可以预览移动后阵列的位置，回车确认，如图 3.16（b）所示。

当移动控制点 2 后，单击鼠标左键，控制点 4 将显示在图形中。单击标号为 4 的控制点后移动鼠标可以预览阵列的项目数，也可以在绘图区提示框中输入项目数的确定个数，回车确认，如图 3.15（b）所示。

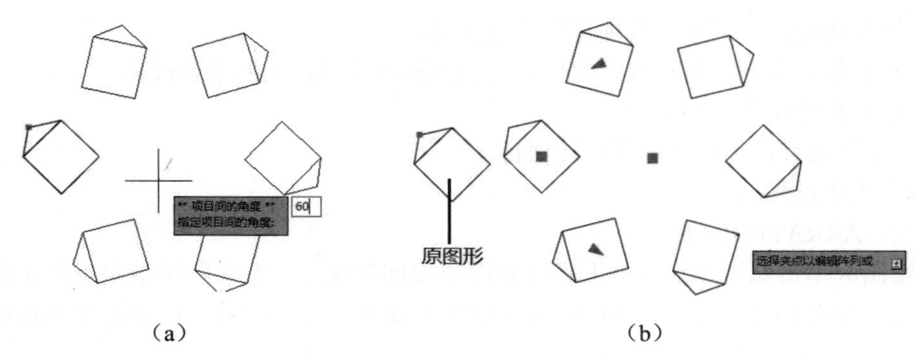

（a）　　　　（b）

图 3.16　环形阵列控制点二

3.2.8　偏移

1．功能

用于生成相对于选定对象平行相距一定距离的图形，可以偏移复制直线、圆弧、圆、二维多段线等。

2．输入方法

（1）菜单命令：“修改→偏移”。

（2）工 具 栏：“修改”工具栏按钮。

（3）命 令 行：OFFSET。

3．命令操作及提示

命令：OFFSET

提示：指定偏移距离或[通过(T)/删除(E)/图层(L)]<通过>:

4．说明

提示后选择不同项有不同的操作结果。

（1）指定偏移距离或[通过(T)/删除(E)/图层(L)]<通过>：指从已有对象到新对象之间偏移距离；

（2）选择要偏移的对象，或[退出(E)/放弃(U)]<退出>：选取要偏移的对象；

（3）指定要偏移的那一侧上的点，或[退出(E)/多个(M)/放弃(U)] <退出>：在新对象一侧选取一点以确定新对象的位置；

（4）选择要偏移的对象，或[退出(E)/放弃(U)]<退出>：回车。

【例 3.3】将直线 AB 向上偏移 20。

操作过程：

命令:OFFSET

指定偏移距离或[通过(T)/删除(E)/图层(L)] <通过>: 20

选择要偏移的对象，或[退出(E)/放弃(U)]<退出>:　　　　（选取直线 AB）

指定要偏移的那一侧上的点，或[退出(E)/多个(M)/放弃(U)] <退出>:

（在新对象一侧单击鼠标左键，确定新对象将要偏移的方向）

选择要偏移的对象，或[退出(E)/放弃(U)]<退出>:

结果如图 3.17 所示。

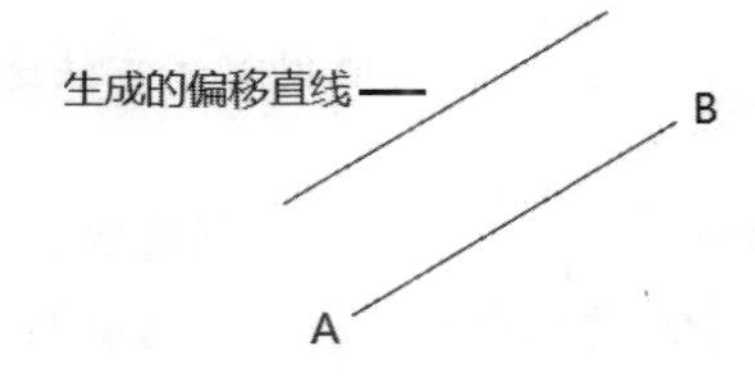

图 3.17　指定距离方式偏移

【例 3.4】 将直线 AB 向左上偏移，并通过点 P。

操作过程：

命令:OFFSET

指定偏移距离或[通过(T)/删除(E)/图层(L)]<通过>:T

选择要偏移的对象，或[退出(E)/放弃(U)]<退出>:　　（选取直线 AB）

指定通过点或[退出(E)/多个(M)/放弃(U)]<退出>:　　（选取 P 点以确定新对象的位置）

结果如图 3.18 所示。

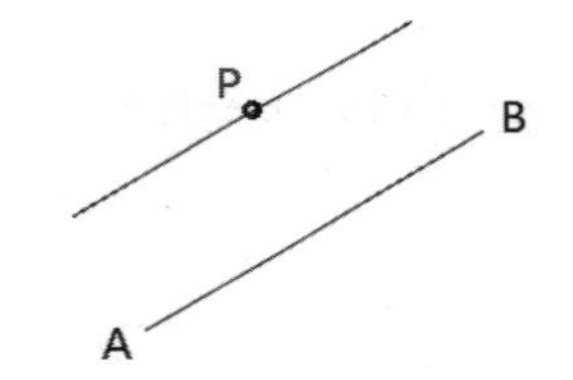

图 3.18　指定点方式偏移

3.2.9　移动

1．功能

用于将选定的对象从当前位置平移到一个新的指定位置，不改变对象的大小和方向。

2．输入方法

（1）菜单命令："修改→移动"。

（2）工 具 栏："修改"工具栏按钮。

（3）命 令 行：MOVE。

3．命令操作及提示

命令：MOVE

提示：选择对象:

　　指定基点或[位移(D)]<位移>:　　（选取一点）

　　指定第二个点或<使用第一个点作位移>:

4．说明

指定第二点或<使用第一点作位移>:确定第二点，则两点连线便是选定对象的位移向量。

【例 3.5】 请将图 3.19（a）中的图形从 A 点移动到 B 点。

操作过程：
命令:MOVE
选择对象: （使用前述方法选择对象，使其变为虚线）
选择对象:
指定基点或[位移(D)]<位移>: （选取 A 点）
指定第二个点或<使用第一个点作位移>: （选取 B 点）
结果如图 3.19 所示。

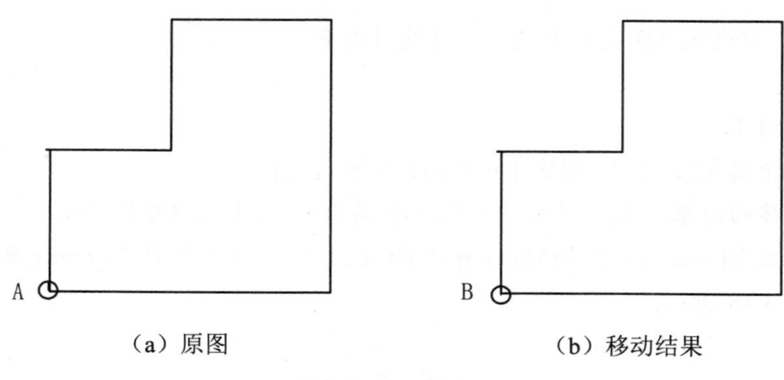

（a）原图 （b）移动结果

图 3.19 移动图形

3.2.10 旋转

1．功能

用于将选定图形对象围绕一个指定的基点进行旋转。

2．输入方法

（1）菜单命令：“修改→旋转”。
（2）工 具 栏：“修改”工具栏按钮。
（3）命 令 行：ROTATE↓。

3．命令操作及提示

命令：ROTATE
提示：UCS 当前的正角方向:ANGDIR=逆时针 ANGBASE=0
选择对象:
指定基点:（选取一点）
指定旋转角度或[复制(C)/参照(R)]<0>:

4．说明

（1）指定旋转角度或[参照(R)]：指定旋转角度。
（2）指定旋转角度或[参照(R)]：R。
指定参照角度：指定原始位置角度。
指定新角度或[点(P)]：指定旋转到新位置的角度或指定点来旋转对象。
（3）正角度值使对象按逆时针旋转，负角度值将使对象按顺时针方向旋转，如图 3.20 所示为矩形绕 A 点旋转 45°。

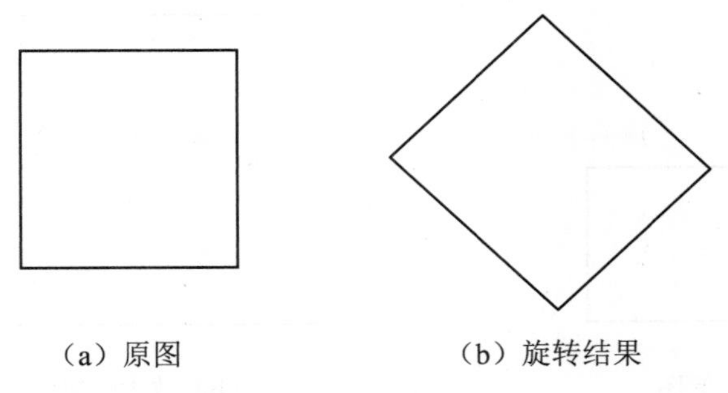

（a）原图　　　　（b）旋转结果

图 3.20　旋转图形

3.2.11　缩放

1．功能

用于改变已有对象或整个图形的大小。

2．输入方法

（1）菜单命令：“修改→缩放”。

（2）工 具 栏：“修改”工具栏 按钮。

（3）命 令 行：SCALE。

3．命令操作及提示

命令：SCALE

提示：选择对象:

选择对象:

指定基点:　　　　（选取一点）

指定比例因子或[复制(C)/参照(R)]:

4．说明

（1）指定比例因子：X、Y、Z 方向采用统一比例因子，要放大对象，可输入大于 1 的比例因子，要缩小对象，可输入小于 1 的比例因子，比例因子必须大于零。

（2）复制：原对象不改变，在基点位置生成新对象。

（3）参照。

指定参考长度：指定当前尺寸作为参考长度。

指定新长度或[点(P)]：指定一段直线为新长度，AutoCAD 自动计算比例因子，并相应放大或缩小图形。

【例 3.6】用 SCALE 命令将图形放大 2 倍，如图 3.21 所示。

操作过程：

命令:SCALE

选择对象:

选择对象:

指定基点:　　　　（选取 A 点）

指定比例因子或[复制(C)/参照(R)]:2

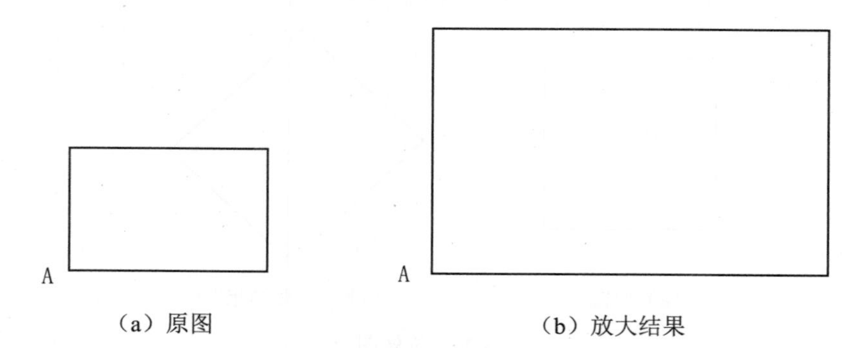

（a）原图　　（b）放大结果

图 3.21　放大图形

3.2.12　拉伸

1．功能

用于拉伸所选定的图形对象，使其形状发生改变，而不会影响其他不作改变的部分。

2．输入方法

（1）菜单命令：“修改→拉伸”。

（2）工 具 栏：“修改”工具栏 按钮。

（3）命 令 行：STRETCH。

3．命令操作及提示

命令：STRETCH

提示：以交叉窗口或交叉多边形选择要拉伸的对象...

选择对象:　　（用交叉窗口或多边形选择要拉伸的对象）

选择对象:

指定基点或[位移(D)]<位移>:　　（指定第一点）

指定位移第二点或<使用第一点作为位移>:　（指定第二点）

3.2.13　修剪

1．功能

用指定的切割边去裁所选定的对象。

2．输入方法

（1）菜单命令：“修改→修剪”。

（2）工 具 栏：“修改”工具栏 按钮。

（3）命 令 行：TRIM。

3．命令操作及提示

命令：TRIM

提示：当前设置:投影=UCS　边=无

选择剪切边...

选择对象或<全部选择>:

选择要修剪的对象,或按住 Shift 键选择要延伸的对象,或 TRIM[栏选(F)/窗交(C)/投影(P)/边(E)/删除(R)/放弃(U)]:

4．说明

（1）直接选择：选择要修剪的对象，按住 Shift 键，选择要延伸的对象或[投影(P)/边(E)/放弃(U)]：（直接选择待修剪的对象）。

（2）栏选：选择与选择栏相交的所有对象。选择栏是一系列临时线段，它们是用两个或多个栏选点指定的。选择栏不构成闭合环。

（3）窗交：选择矩形区域（由两点确定）内部或与之相交的对象。

（4）投影：指定修剪对象时使用的投影方式。

（5）边：确定对象是在另一对象的延长边处进行修剪，还是仅在三维空间中与该对象相交的对象处进行修剪。

（6）删除：删除选定的对象。此选项提供了一种用来删除不需要的对象的简便方式，而无需退出 TRIM 命令。

（7）放弃：撤消由 TRIM 命令所做的最近一次更改。

修剪图形的操作过程如图 3.22 所示。

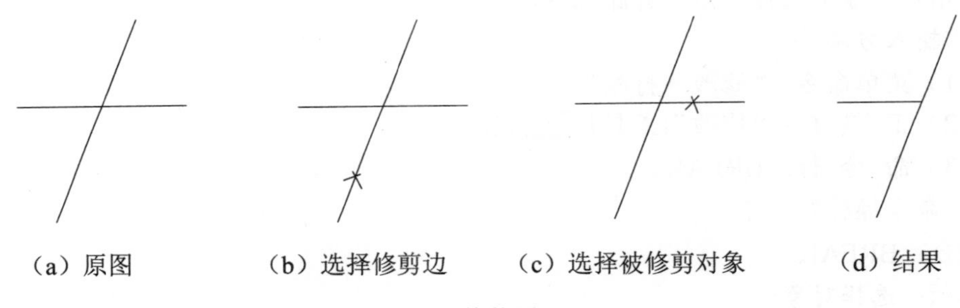

（a）原图　（b）选择修剪边　（c）选择被修剪对象　（d）结果

图 3.22　修剪图形

3.2.14　延伸

1．功能

把选定的对象延伸到指定的边界上。

2．输入方法

（1）菜单命令："修改→延伸"。

（2）工 具 栏："修改"工具栏按钮。

（3）命 令 行：EXTEND。

3．命令操作及提示

命令：EXTEND

提示：当前设置:投影=UCS，边=无

选择边界的边…

选择对象或<全部选择>:

选择对象:

选择要延伸的对象，或按住 Shift 键选择要修剪的对象，或[栏选(F)/窗交(C)/投影(P) 边(E)放弃(U)]:

（1）边界对象选择：使用选定对象来定义对象延伸到的边界。

（2）要延伸的对象：指定要延伸的对象。

（3）按住 Shift 键选择要修剪的对象：将选定对象修剪到最近的边界而不是将其延伸。这是在修剪和延伸之间切换的简便方法。

（4）栏选：选择与选择栏相交的所有对象。选择栏是一系列临时线段，它们是用两个或多个栏选点指定的。选择栏不构成闭合环。

（5）窗交：选择矩形区域（由两点确定）内部或与之相交的对象。

（6）投影：指定延伸对象时使用的投影方法。

（7）边：将对象延伸到另一个对象的隐含边，或仅延伸到三维空间中与其实际相交的对象。

（8）放弃：放弃最近由 EXTEND 所做的更改。

3.2.15　打断

1．功能

在指定对象上选择两点，并删除这两点之间的部分。

2．输入方法

（1）菜单命令：“修改→打断”。

（2）工 具 栏：“修改”工具栏按钮。

（3）命 令 行：BREAK。

3．命令操作及提示

命令：BREAK

提示：选择对象:

指定第二个打断点或[第一点(F)]:

4．说明

（1）指定第二个打断点或[第一点(F)]：把选择对象时的点作为第一点，现在直接选取第二点，打断第一、二点之间的部分。

（2）指定第二个打断点或[第一点(F)]：F；

指定第一个打断点：选择第一点。

指定第二个打断点：选择第二点。

（3）只能用单点方式选择对象，对象的断开与输入第一、二断点的顺序有关，第二断点不一定在对象上。

【例 3.7】用打断命令断开圆形，如图 3.23 所示。

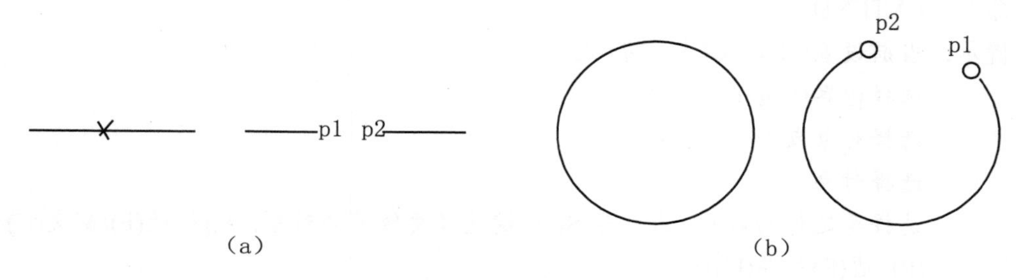

图 3.23　打断图线

操作过程：
命令:BREAK
选择对象:　　　　　　　　　　　　（单点方式选取）
指定第二个打断点或[第一点(F)]:F
指定第一个打断点:　　　　　　　　（选取 P1 点）
指定第二个打断点:　　　　　　　　（选取 P2 点）
注意：圆弧的打断是按逆时针方向。

3.2.16　打断于点

1．功能
用于将选定对象分为两部分。
2．输入方法
（1）菜单命令："修改→断开"。
（2）工 具 栏："修改"工具栏按钮。
（3）命 令 行：BREAK。
3．命令操作及提示
命令：BREAK
提示：选择对象:
　　指定第二个打断点或[第一点(F)]:F
　　指定第一个打断点:　　　　　　（选取第一点）
　　指定第二个打断点:@

3.2.17　合并

1．功能
用于将共线的两条或多条线段合并为一条线段，也可以将圆弧合并为一个整圆或将椭圆弧合并为一个椭圆。
2．输入方法
（1）菜单命令："修改→合并"。
（2）工 具 栏："修改"工具栏按钮。
（3）命 令 行：JOIN。
3．命令操作及提示
（1）直线合并。
命令:JOIN
选择源对象或要一次合并的多个对象:　　（指定第一条直线）
选择要合并的对象:　　　　　　　　　　（指定第二条直线）
选择要合并的对象:
2 条直线已合并为 1 条直线。
合并结果如图 3.24 所示。
（2）圆弧合并。
命令: JOIN

选择源对象或要一次合并的多个对象: （指定一个圆弧）
选择要合并的对象:
选择圆弧，以合并到源或进行 [闭合(L)]: （输入 L）
已将圆弧转换为圆。
合并结果如图 3.25 所示。

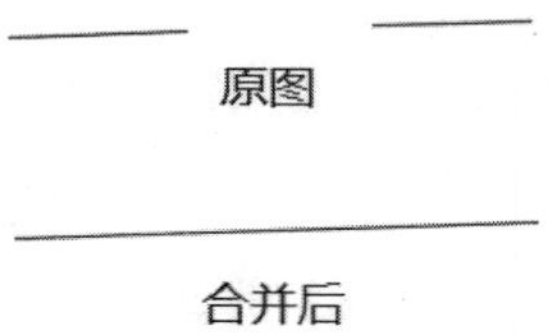

原图
合并后

图 3.24 合并直线

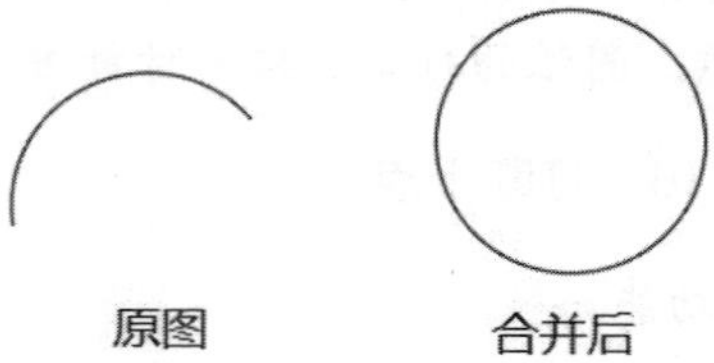

原图 合并后

图 3.25 合并圆弧

（3）椭圆弧合并。
命令: JOIN
选择源对象或要一次合并的多个对象: （指定一个椭圆弧）
选择要合并的对象:
选择圆弧，以合并到源或进行 [闭合(L)]: （输入 L）
已将椭圆弧转换为椭圆。
合并结果如图 3.26 所示。

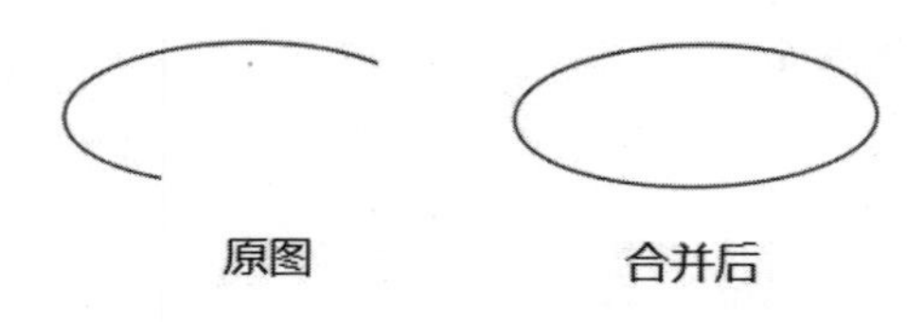

图 3.26 合并椭圆弧

3.2.18 倒角

1．功能
用于在两相交边间创建斜角或倒角。
2．输入方法
（1）菜单命令：“修改→倒角”。
（2）工 具 栏：“修改”工具栏按钮。
（3）命 令 行：CHAMFER。
3．命令操作及提示
命令：CHAMFER
提示：(“修剪”模式) 当前倒角距离 1 = 0.0000，距离 2 = 0.0000
选择第一条直线或 [放弃(U)/多段线(P)/距离(D)/角度(A)/修剪(T)/方式(E)/多个(M)]:

4．说明

（1）放弃：恢复在命令中执行的上一个操作。

（2）多段线：对整条多段线所有相邻元素边同时进行倒角。

（3）距离：设置距第一个对象和第二个对象的倒角距离。

（4）角度：设置距选定对象的倒角角度。

（5）修剪：分为修剪（选定对象倒角部分线段被删除）和不修剪（选定对象倒角部分线段不被删除）。

（6）方式：控制如何根据选定对象或线段的交点计算出倒角线。

距离：倒角线由两个距离设定。

角度：倒角线由一个距离和一个角度设定。

（7）多个：为多组对象创建斜角。

【例 3.8】请将图形倒角，其倒角距离为 10 和 15，如图 3.27 所示。

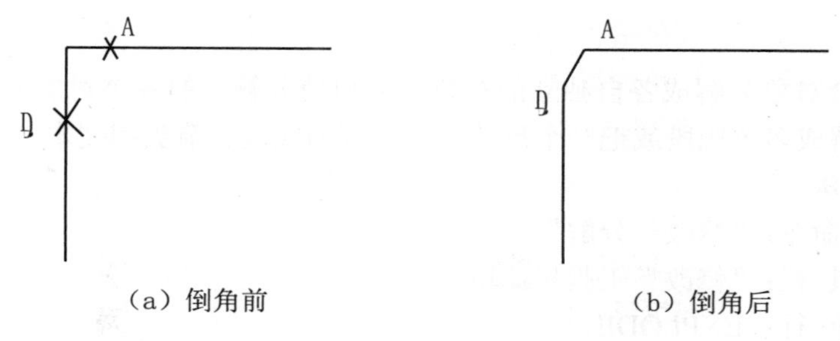

（a）倒角前　　（b）倒角后

图 3.27　图形倒角

操作过程：

命令:CHAMFER

命令: _chamfer

(“修剪”模式) 当前倒角距离 1 = 2.0000，距离 2 = 2.0000

选择第一条直线或 [放弃(U)/多段线(P)/距离(D)/角度(A)/修剪(T)/方式(E)/多个(M)]:D

指定 第一个 倒角距离 <2.0000>:10

指定 第二个 倒角距离 <10.0000>:15

选择第一条直线或 [放弃(U)/多段线(P)/距离(D)/角度(A)/修剪(T)/方式(E)/多个(M)]:

（选直线 A）

选择第二条直线，或按住 Shift 键选择直线以应用角点或 [距离(D)/角度(A)/方法(M)]:

（选直线 B）

3.2.19　圆角

1．功能

在两直线、圆弧、椭圆弧等之间用指定半径的圆弧连接。

2．输入方法

（1）菜单命令：“修改→圆角”。

（2）工 具 栏：“修改”工具栏按钮。

（3）命 令 行：FILLET。

3．命令操作及提示

命令：FILLET

提示：当前设置:模式 = 修剪，半径 = 0.0000

选择第一个对象或 [放弃(U)/多段线(P)/半径(R)/修剪(T)/多个(M)]:

4．说明

（1）放弃：恢复在命令中执行的上一个操作。

（2）多段线：对整条多段线所有相邻元素边同时创建圆角。

（3）半径：设置倒圆角的半径值。

（4）修剪：分为修剪（选定对象创建圆角部分线段被删除）和不修剪（选定对象创建圆角部分线段不被删除）。

（5）多个：为多组对象创建圆角。

3.2.20 分解

1．功能

用于将组合对象分解成各自独立的对象，从而使分解后的各个对象方便编辑。例如把整个多段线分解成多个线段或把一个尺寸标注分解为线段、箭头和文本。

2．输入方法

（1）菜单命令：“修改→分解”。

（2）工 具 栏：“修改”工具栏按钮。

（3）命 令 行：EXPLODE。

3．命令操作及提示

命令：EXPLODE

提示：选择对象:

选择对象:

3.2.21 编辑多段线

1．功能

用于编辑多段线。

2．输入方法

（1）工 具 栏：“修改 II ”工具栏按钮。

（2）命 令 行：PEDIT。

3．命令操作及提示

命令：PEDIT

提示：选择多段线或[多条(M)]: （选取一条或多条多段线）

输入选项 [闭合(C)/打开(O)/合并(J)/宽度(W)/拟合(F)/样条曲线(S)/非曲线化(D)/线型生成(L)/反转(R)/放弃(U)]:

4．说明

（1）闭合：闭合多段线。

（2）打开：使用“打开”选项打开多段线，否则程序将认为它是闭合的。

（3）合并：合并多段线。

（4）宽度：为整条多段线指定新的宽度。
（5）拟合：用圆弧曲线拟合多段线，使它变成光滑曲线。
（6）样条曲线：用近似的样条曲线拟合多段线。
（7）非曲线化：将曲线化的多段线非曲线化。
（8）线型生成：控制具有非连续线型的多段线在各顶点处的绘线方式。
（9）反转：可反转使用包含文字线型的对象的方向。
（10）放弃：还原操作，可一直返回到 PEDIT 任务开始时的状态。

3.2.22　样条曲线编辑

1．功能
用于编辑样条曲线。
2．输入方法
（1）工 具 栏：“修改Ⅱ”工具栏按钮。
（2）命 令 行：SPLINEDIT。
3．命令操作及提示
命令：SPLINEDIT
提示：选择样条曲线：(选取一条样条曲线)
　　输入选项 [闭合(C)/合并(J)/拟合数据(F)/编辑顶点(E)/转换为多段线(P)/反转(R)/放弃(U)/退出(X)] <退出>:
4．说明
（1）闭合：开放的样条曲线有两个端点，而闭合的样条曲线则形成一个环。
（2）合并：将选定的样条曲线与其他样条曲线、直线、多段线和圆弧在重合端点处合并，以形成一个较大的样条曲线。
（3）拟合数据：将一个新拟合点添加到曲线中或从样条曲线中删除指定的拟合点。
（4）编辑顶点：将一个新控制点添加到曲线中或从样条曲线中删除指定的控制点。
（5）转换为多段线：将样条曲线转换为多段线。
（6）反转：反转样条曲线的方向。
（7）放弃：取消上一操作。

3.2.23　多线编辑

1．功能
用于编辑多线，修改多线的交点及相交形式等。
2．输入方法
命 令 行：MLEDIT。
3．命令操作及提示
命令：MLEDIT
提示：AutoCAD 将弹出“多线编辑工具”对话框，如图 3.28 所示。
在对话框中，第一列是用于处理十字相交多线的交点模式，第二列是用于处理 T 字形相交多线的交点模式，第三列是用于处理多线的角点和顶点的模式，第四列是用于处理要被断开或连接的多线的模式。

图 3.28 “多线编辑工具”对话框

3.3 利用夹点编辑

3.3.1 夹点的基本概念

AutoCAD 预先为每种对象定义了一些特征点，例如直线和圆弧的特征点是中点和端点，圆和椭圆的特征点是中心点和象限点，文字的特征点是它的定位点等，如图 3.29 所示。用光标拾取对象时，各特征点处显示出一些小方格，这就是夹点。AutoCAD 对图形的另一种编辑方法就是夹点编辑。

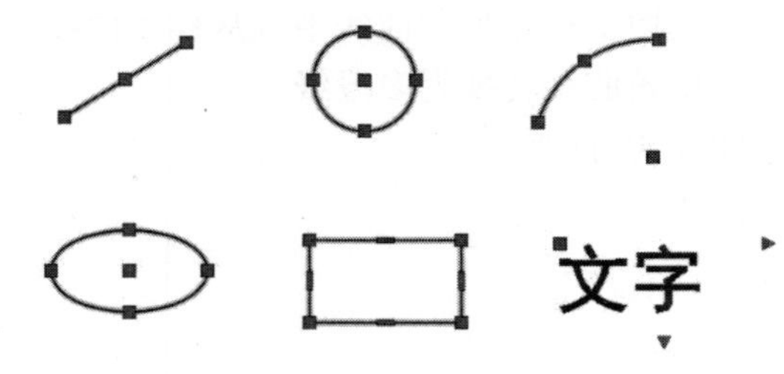

图 3.29 常用对象上夹点的位置

1．启用夹点方式

菜单命令：“工具→选项→选择集”。

AutoCAD 将弹出“选项”对话框，选取“选择集”选项卡，如图 3.4 所示。

2．对话框中夹点选区的内容

（1）夹点颜色：显示“夹点颜色”对话框，可以在其中指定不同夹点状态和元素的颜色。

（2）显示夹点：控制夹点在选定对象上的显示。

（3）在块中显示夹点：控制块中夹点的显示。

（4）显示夹点提示：当光标悬停在支持夹点提示的自定义对象的夹点上时，显示夹点的特定提示。此选项对标准对象无效。

（5）显示动态夹点菜单：控制在将鼠标悬停在多功能夹点上时动态菜单的显示。

（6）允许按 Ctrl 键循环改变对象编辑方式行为：允许多功能夹点的按 Ctrl 键循环改变对象编辑方式行为。

（7）对组显示单个夹点：显示对象组的单个夹点。

（8）对组显示边界框：围绕编组对象的范围显示边界框。

（9）选择对象时限制显示的夹点数：选择集包括的对象多于指定数量时，不显示夹点。有效值的范围从 1 到 32,767。默认设置是 100。

（10）夹点尺寸：控制夹点框的大小。

3.3.2　夹点的编辑操作

（1）用光标拾取待编辑的图形对象。

被拾取的对象将显示出夹点，可以选取多个对象参与编辑。

（2）在夹点中选取基点，作为操作时的夹持点。

把光标移到夹点上，单击左键，蓝色夹点红色，它就可以作为基点了。如需选多个夹点作为基点时，可按住 Shift 键不放，然后用光标依次拾取需要的夹点，选择后放开该键。

（3）激活夹点编辑模式。

若只有一个基点，在选择它时已激活了夹点编辑模式，否则还需在多个基点中再选一个做基点。夹点模式被激活时，命令行提示“拉伸方式”。

（4）选取所需的编辑模式。

1）按空格键或回车键，以“拉伸、移动、旋转、比例缩放、镜像”的顺序切换。

2）键入命令名或命令的前两个字母直接切换。

3）在夹点编辑状态下单击鼠标右键，将弹出“夹点编辑模式”快捷菜单，如图 3.30 所示。

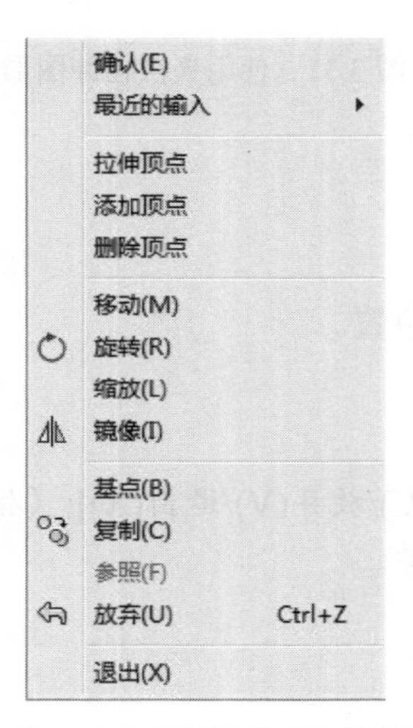

图 3.30　“夹点编辑模式”快捷菜单

（5）进行各种编辑，如后面所述。

（6）任何时候按 X 或 Esc 键，都可退出夹点编辑操作。

3.3.3 拉伸对象

1．功能

可将一个或多个基点连同其对象图形移动到新位置。

2．提示

拉伸

指定拉伸点或[基点(B)/复制(C)/放弃(U)/退出(X)]:

3．说明

（1）指定拉伸点或[基点(B)/复制(C)/放弃(U)/退出(X)]：指定基点被拉伸后的新位置。

（2）基点：指定夹点之外的任意点为基点进行拉伸。

（3）复制：多次复制对象。

【例 3.9】用夹点编辑功能把图 3.31（a）所示图形拉伸为图 3.31（d）所示的图形。

操作过程：

（1）用窗口方式选择要编辑的对象，如图 3.31（b）所示。

（2）按 Shift 键，用鼠标选择 A、B 两点为基点，如图 3.31（c）所示。

（3）放开 Shift 键，将基点移动到新位置，如图 3.31（d）所示。

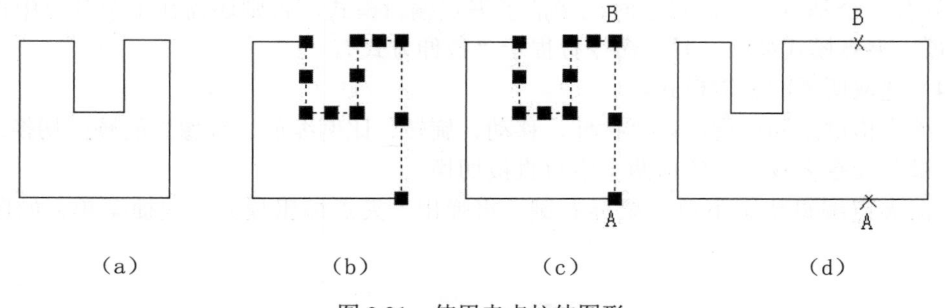

图 3.31 使用夹点拉伸图形

3.3.4 移动对象

1．功能

将对象从当前位置移动到新位置。

2．提示

位移

指定位移点或[基点(B)/复制(C)/放弃(V)/退出(X)]:（指定一个新的位置）

其他选项同利用夹点拉伸对象。

3.3.5 旋转对象

1．功能

以基点为旋转中心使对象旋转一定角度。

2．提示

旋转

指定旋转角度或[基点(B)/复制(C)/放弃(V)/参照(R)/退出(X)]:

3．说明

（1）指定旋转角度或[基点(B)/复制(C)/放弃(V)/参照(R)/退出(X)]：指定旋转角。

（2）指定旋转角度或[基点(B)/复制(C)/放弃(V)/参照(R)/退出(X)]:R：同利用编辑命令旋转对象。

（3）其他选项同利用夹点拉伸对象。

3.3.6 比例缩放对象

1．功能

按比例改变对象的大小。

2．提示

比例缩放

指定比例因子或[基点(B)/复制(C)/放弃(V)/参照(R)/退出(X)]:（指定比例因子）

其他选项同利用夹点拉伸对象。

3.3.7 镜像对象

1．功能

镜像已存在的对象。

2．提示

镜像

指定第二点或[基点(B)/复制(C)/放弃(V)/退出(X)]:（指定第二点）

其他选项同利用夹点拉伸对象。

3.4 特性编辑

3.4.1 特性

1．功能

修改对象的特性。

2．输入方法

（1）菜单命令：“修改→特性”。

（2）工 具 栏：“标准”工具栏按钮。

（3）命 令 行：PROPERTIES。

3．命令操作及提示

命令：PROPERTIES

提示：AutoCAD 将出现“特性”对话框，如图 3.32 所示。

4．说明

对话框按字母和按分类两种方法列出所选对象的各种特性，如没有选择对象，则显示整个图形的特性。

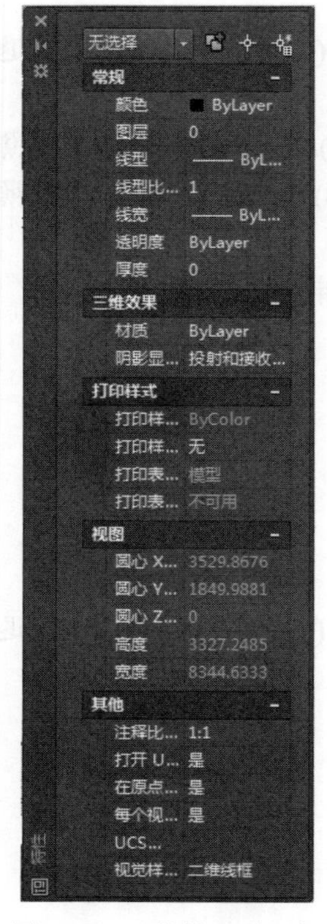

图 3.32 “特性”对话框

如要修改某一特性，单击列表框左边的特性名称，然后改变其特性值，按 Enter 键确认。修改的结果将在图形中显示出来。

3.4.2 特性匹配

1．功能

用于将选定特性从一个对象复制给另一个对象或其他更多的对象。

2．输入方法

（1）菜单命令：“修改→特性匹配”。

（2）工 具 栏：“标准”工具栏按钮。

（3）命 令 行：MATCHPROP。

3．命令操作及提示

命令：MATCHPROP

提示：选择源对象:（选择一个特性要被复制的对象）

选择目标对象或[设置(S)]:

4．说明

（1）选择目标对象或[设置(S)]：（拾取目标对象，把源对象的指定特性复制给目标对象）；

选择目标对象或[设置(S)]：回车。

（2）选择目标对象或[设置(S)]：S。

AutoCAD 将弹出“特性设置”对话框，如图 3.33 所示。

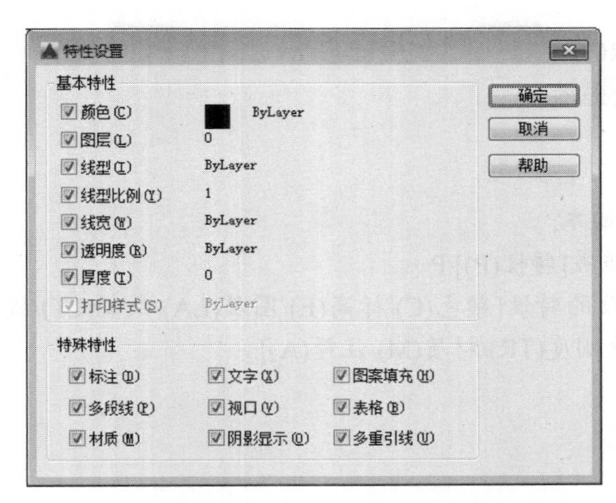

图 3.33　“特性设置”对话框

在其中选择源对象要被复制的特性项，选择完毕，单击“确定”按钮，关闭对话框。

选择目标对象或[设置(S)]:（拾取目标对象，把源对象的指定特性复制给目标对象）

选择目标对象或[设置(S)]:回车

3.4.3　特性修改命令

1．CHANGE 命令

（1）功能：修改图形对象的通用特性及某些几何特性。

（2）输入方法。

命 令 行：CHANGE。

（3）命令操作及提示。

命令：CHANGE

提示：选择对象:

　　　选择对象:

　　　指定修改点或[特性(P)]:

（4）说明。

1）指定修改点或[特性(P)]：（指定修改点）

对于不同的修改对象，操作结果不同。

① 直线：将直线的端点移到输入点处。

② 圆：改变半径，使圆周通过输入点而圆心不变。

③ 块：可重新确定块的插入点和旋转。

2）指定修改点或[特性(P)]：P

输入要修改的特性[颜色(C)/标高(E)/图层(LA)/线型(LT)/线型比例(S)/线宽(LW)/厚度(T)透明度(TR)/材质(M)/注释(A)]：（E 选项可改变对象在三维空间的高度，T 选项可改变对象的厚度，其他选项意义同前）。

2．CHPRCP 命令

（1）功能：修改图形对象的通用特性。

（2）输入方法。

命 令 行：CHPRCP。

（3）命令操作及提示

命令：CHPRCP

提示：选择对象:

选择对象:回车;

指定修改点或[特性(P)]:P

输入要修改的特性[颜色(C)/标高(E)/图层(LA)/线型(LT)/线型比例(S)/线宽(LW)/厚度(T) 透明度(TR)/材质(M)/注释(A)]:

第 4 章　绘图环境设置

- 掌握绘图环境设置
- 熟练掌握对象捕捉工具，提高绘图效率
- 熟练掌握正交、极轴工具
- 掌握创建图层的方法，学会控制与管理图层

4.1　设置绘图范围

用户可以将 AutoCAD 2016 的绘图区看作是一幅无穷大的图纸，在上面绘制任何尺寸的图形。而实际绘图过程中，任何对象都不可能是无穷大的。因此，用户可以根据自己要绘制的图形来设置绘图范围，其范围是通过左下、右上两个角点的坐标所确定的矩形区域来定义的，在这个绘图区域内栅格点可以显示，一般大于或等于整图的绝对尺寸。

1．调用命令方式

菜单命令："格式→图形界限"，如图 4.1 所示。

命 令 行：LIMITS。

LIMITS 命令的 OFF（默认设置）选项表示关闭图形界限检查，即图形界限不起作用，选择此选项后，用户可在图形界限之外拾取点画图；ON 选项表示打开图形界限检查，选择此选项后可以防止用户拾取点超出图形界限，从而确保绘图的准确性。通过上述方法随时改变作图范围或设置绘图界限的开关状态。

图形界限也可用于辅助栅格显示和图形缩放：

当单击状态栏的"栅格"（GRID）显示开关后，系统仅在图形界限内显示栅格；

当选择"视图"→"缩放"→"全部"菜单后，系统将按图形界限缩放图形。

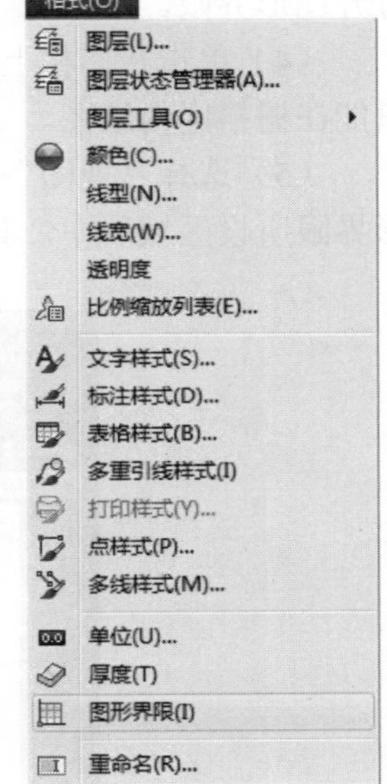

图 4.1　"图形界限"菜单

2．基本操作

【例 4.1】为一幅新图设置图形界限。

（1）新建一幅图面。

（2）选择"格式"→"图形界限"菜单命令或输入 LIMITS 命令，则命令窗口提示如图 4.2 所示。

设置左下角点为(0,0)，右上角点为(210,297)的矩形，以此作为图纸幅面，则该图纸的边界大小是 210×297，如图 4.3 栅格所示区域。

```
命令: LIMITS
重新设置模型空间界限:
指定左下角点或 [开(ON)/关(OFF)] <0.0000,0.0000>: 0,0
指定右上角点 <420.0000,297.0000>: 210,297
键入命令
```

图 4.2 图形界限命令窗口

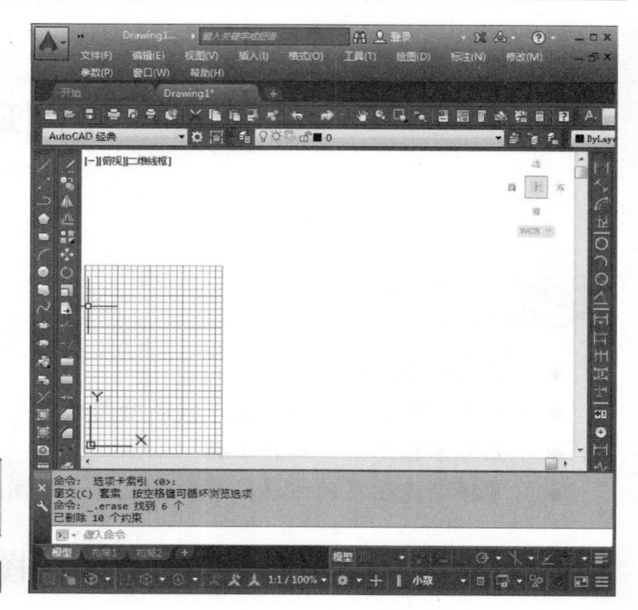

图 4.3 显示栅格

（3）重新选择“格式”→“图形界限”菜单，发出 LIMITS 命令，在命令行输入 ON，打开图形界限。

（4）单击状态栏上的“栅格”开关，打开栅格显示，此时图形界限起作用，限制用户只能在栅格区内绘图。

（5）选择“视图”→“缩放”→“全部”菜单，系统将按图形界限缩放图形，并使图形界限所设区域居中，其结果如图 4.4 所示。

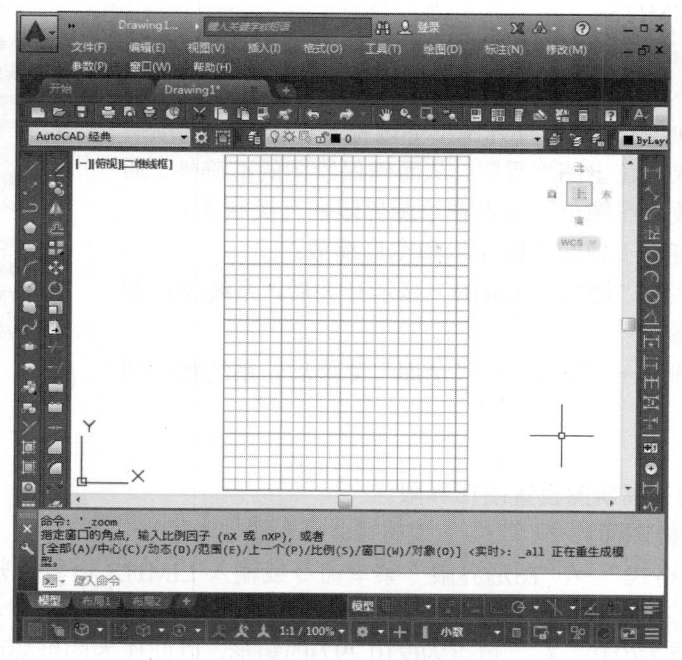

图 4.4 全部缩放图形界限

4.2　设置图形单位

AutoCAD 是使用笛卡尔坐标系来确定图形中点的位置的。两个点之间的距离以绘图单位来度量，在图形尚未用绘图机输出时，它的长度单位是抽象的、无量纲的，用户可以把它看作是毫米（mm）、厘米（cm）或英寸（inch）。当然 AutoCAD 也是以这样的测量单位来存储尺寸数据的，而且提供绘图精度的选择范围很大。当用绘图机输出时，需要确定长度单位和比例，这时图形单位相对于图纸才有了具体的物理量。

1．调用命令方式

（1）菜单命令：“格式→单位”。

（2）命　令　行：UNITS。

通过上述操作可以打开“图形单位”对话框，如图 4.5 所示。

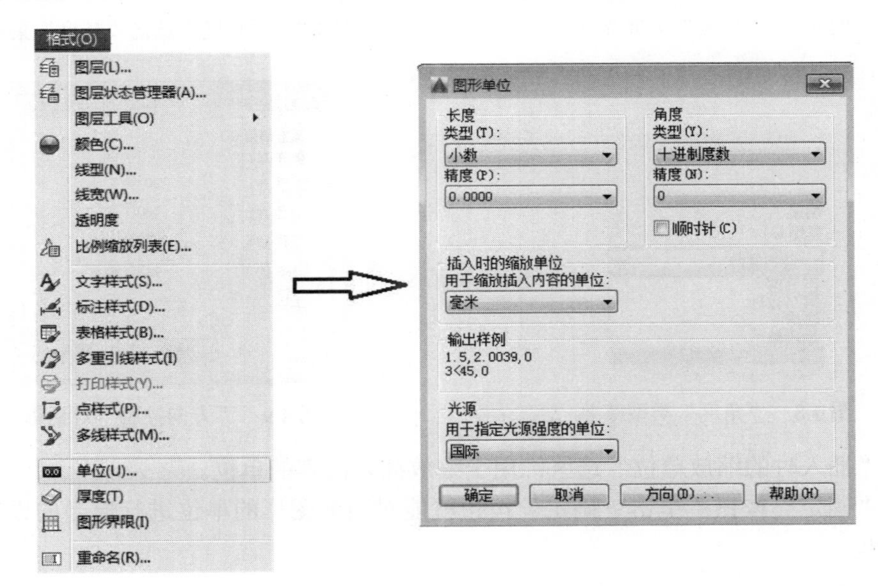

图 4.5　“图形单位”对话框

2．“图形单位”对话框各选项内容

用户在“图形单位”中可以设置当前长度和角度的测量单位格式及精度。

（1）“长度”选区：用于显示和设置当前长度的测量单位和精度。

类型：如图 4.6 所示。其中，如果用户选择“工程”和“建筑”单位格式，则单位将采用英制（如 5-8.0000″ 等）。

精度：单击右侧▾按钮，可以打开相应下拉菜单，用来选择绘图精度，如图 4.7 所示。

（2）“角度”选区：用于显示和设置当前的角度类型、精度和角度计算方向。

类型：单击右侧▾按钮，可以打开相应下拉菜单，选择角度的类型，如图 4.8 所示。

精度：单击右侧▾按钮，可以打开相应下拉菜单，选择角度精度。角度计算方向逆时针为正；若选中“顺时针”复选框，表示角度计算方向采用顺时针计算。

（3）“方向”按钮：单击该按钮，弹出控制角度方向的“方向控制”对话框，如图 4.9 所示。默认设置中 0°方向是向东的方向。

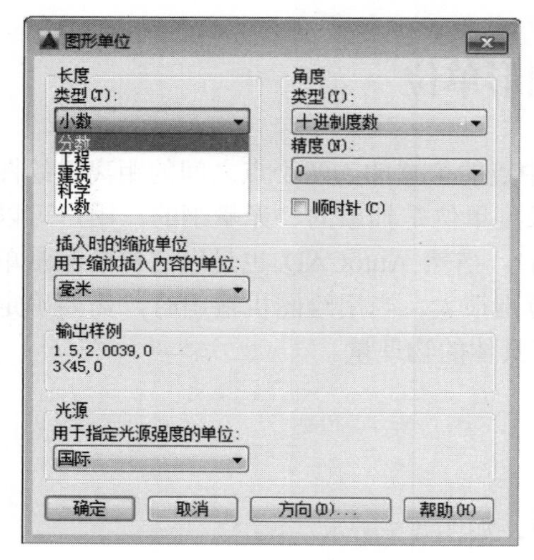

图 4.6 “长度”类型菜单

图 4.7 “长度”选区“精度”菜单

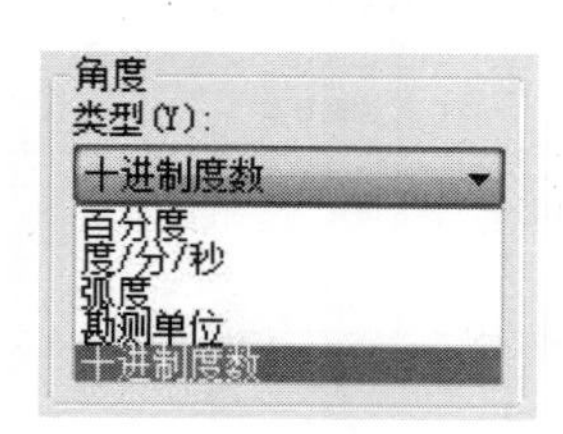

图 4.8 “角度”类型菜单

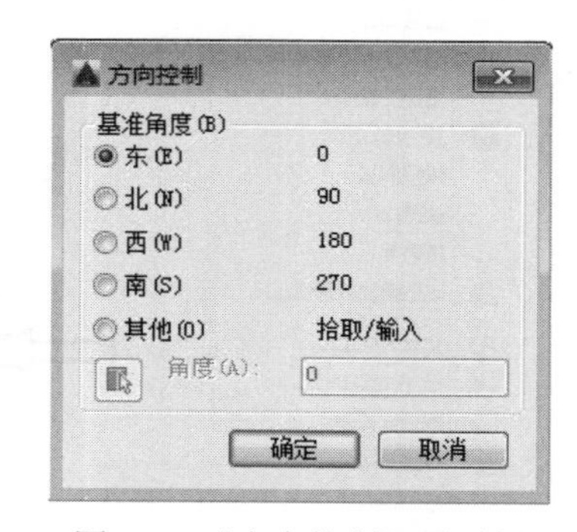

图 4.9 “方向控制”对话框

（4）“插入时的缩放单位”选区：用于缩放插入内容的单位。

（5）“确定”按钮：单击“确定”按钮就能对当前图形的单位进行恰当的设置，并关闭此对话框。

4.3 栅格、捕捉、正交模式

在实际绘图和修改图形的过程中，需要指定准确的坐标点。用鼠标在屏幕上定位拾取点方便快捷，但是精度不高，很难准确地指定某个位置，总会存在或多或少的误差。例如：如果想将光标定位在(200,350)坐标点上，移动光标时却总是不在此位置上，不是在(200.135,350.0153)，就是在(199.996,350.123)等等。为了定位准确，AutoCAD 提供了大量的辅助工具，用来帮助用户精确定位及辅助绘图。

4.3.1 栅格

栅格是按用户指定间距显示的点，给用户提供直观的距离和位置参照。它类似于可自定义的坐标纸，帮助用户定位对象，显示图形界限，如图 4.10 所示。栅格只是一种视觉辅助工具，不是图形的一部分，所以不会被打印输出。在 AutoCAD 中，用户不但随时可以控制栅格的显示或隐藏，而且可以改变栅格的间距、样式和类型。

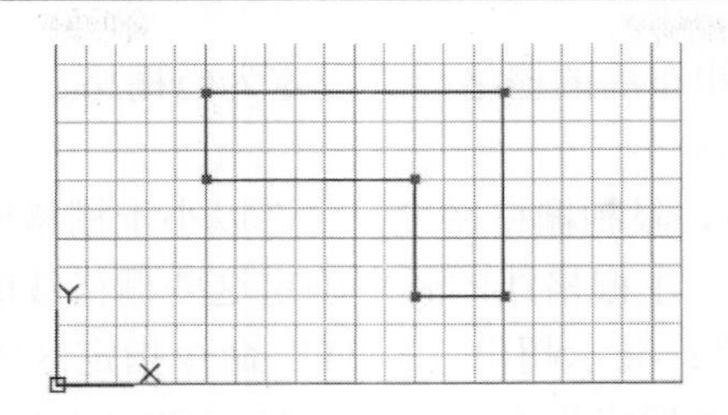

图 4.10　打开栅格显示

例如，如果图形界限为 42×36 个单位，栅格间距为 0.5 个单位，那么在 X、Y 方向分别有 84×72 个点。这样可以很容易觉察到图样相对于界限的大小。其次，在画整数倍间距单位的对象时，方便输入点。

1. 调用栅格显示命令

（1）状 态 栏：单击“栅格”按钮，控制栅格打开与关闭。

（2）快 捷 键：F7。

（3）命 令 行：GRID。

2. 栅格间距的调整

当要调整栅格间距时，用户在状态栏处单击右键，出现快捷菜单。在菜单中选择“网格设置”选项，出现“草图设置”对话框，如图 4.11 所示。

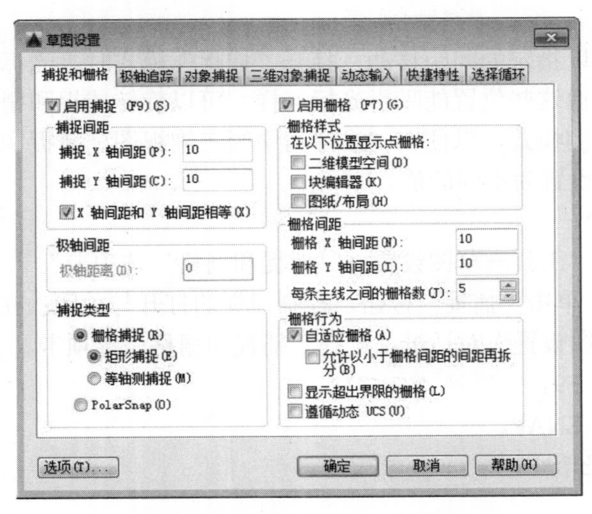

图 4.11　“草图设置”对话框

在“草图设置”对话框中单击“捕捉和栅格”选项卡，这里可以设置栅格的间距和开启状态。

（1）“栅格间距”选项区。

1）栅格 X 轴间距：文本框内输入栅格点阵在 X 轴方向的间距。

2）栅格 Y 轴间距：文本框内输入栅格点阵在 Y 方向的间距。

3）每条主线之间的栅格数：指定主栅格线相对于次栅格线的频率。

（2）“栅格样式”选项区。

1）二维模型空间：将二维模型空间的栅格样式设定为点栅格（传统版本的点阵式栅格）。

2）块编辑器：将块编辑器的栅格样式设定为点栅格。

3）图纸/布局：将图纸和布局的栅格样式设定为点栅格。

（3）“栅格行为”选项区。

1）自适应栅格：缩小时，限制栅格密度。允许以小于栅格间距的间距再拆分。放大时，生成更多间距更小的栅格线。主栅格线的频率确定这些栅格线的频率。

2）显示超出界限的栅格：显示超出 LIMITS 命令指定区域的栅格。

3）遵循动态 UCS：更改栅格平面以跟随动态 UCS 的 XY 平面。

注意：

① 设置栅格时，栅格间距不要太小，否则将导致图形模糊及屏幕重画太慢，甚至无法显示栅格。

② 如果用户设置了图形界限，则仅在图形界限区域内显示栅格。

（4）“捕捉类型”选项区。

1）栅格捕捉。

- 矩形捕捉：为平面图栅格捕捉方式。
- 等轴测捕捉：为轴测图栅格捕捉方式。

2）PolarSnap（极轴捕捉）：如果启用了“捕捉”模式并在极轴追踪打开的情况下指定点，光标将沿“极轴追踪”选项卡上相对于极轴追踪起点设置的极轴对齐角度进行捕捉。

4.3.2 捕捉

捕捉使光标只能以指定的间距移动。打开“捕捉”模式时，光标只能在一定间距的坐标位置上移动，就好像这些位置能吸引光标一样。可以旋转捕捉和栅格对齐方式，或将捕捉和栅格设置为等轴测模式，以便在二维空间中画三维视图。捕捉和栅格有共同的基点和旋转角度。间距可以设置为不同的值。

1．调用捕捉命令

（1）菜单命令：“工具→草图设置→‘捕捉和栅格’选项卡”。

（2）状 态 栏：单击“捕捉”按钮，控制捕捉的打开与关闭；在菜单中选择“网格设置”选项，出现“草图设置”对话框，选择“捕捉和栅格”选项卡。

（3）快 捷 键：F9。

（4）命 令 行：SNAP。

2．命令操作及提示

命令：SNAP

提示：指定捕捉间距或[打开(ON)/关闭(OFF)/纵横向间距(A)/传统(L)/样式(S)/类型(T)]:

3．说明

捕捉（SNAP）命令各选项意义：

（1）指定捕捉间距：设置捕捉增量。

（2）开：打开捕捉。

（3）关：关闭捕捉（默认）。

（4）纵横向间距：设置捕捉水平及垂直间距，用于设定不规则的捕捉。

（5）传统。

选择“是”：光标将始终捕捉到捕捉栅格。

选择“否”：光标仅在操作正在进行时捕捉到捕捉栅格。

（6）样式：提示选定标准（S）或等轴测（I）捕捉。其中，“标准”样式设置通常的捕捉格式，“等轴测”模式用于绘制三维图形。

（7）类型：用于设置捕捉的方式（栅格捕捉和极轴捕捉）。

另外，在捕捉选项区上面，选择“启用捕捉”复选框，自动捕捉功能被打开。要沿着特定的对齐方式或角度绘制对象，可以旋转捕捉角，即旋转十字光标和栅格。修改捕捉角度将同时改变栅格角度。

练习将捕捉角旋转 60°，则输入 60°。

4.3.3　正交

当直线很长时，用鼠标画水平和垂直线，光凭肉眼去观察和掌握，是很费力的。为了确保方向的精确性，AutoCAD 提供了一种正交功能用以进行方向的约束。可以选择下面任一操作完成。

调用正交命令方式：

（1）状态栏：单击按钮，控制正交的打开与关闭。

（2）快捷键：F8。

（3）命令行：ORTHOMODE。

4.4　对象捕捉

绘图过程中，一般情况无论用户怎样调整捕捉间距，都很难直接、准确地捕捉到圆、圆弧等图形对象上的大部分点。对象捕捉就是通过捕捉可见图形对象（包括对象延长线）上的一些几何特征点（如端点、交点、圆心、中点等）作为当前输入的点去定位新的点，画新的图形。AutoCAD 提供了“对象捕捉”功能，使用户可以准确地输入这些点，从而大大地提高绘图的准确性与速度。

调用对象捕捉方式：

（1）菜单命令：“工具→绘图设置（草图设置）→对象捕捉”，如图 4.12 所示。

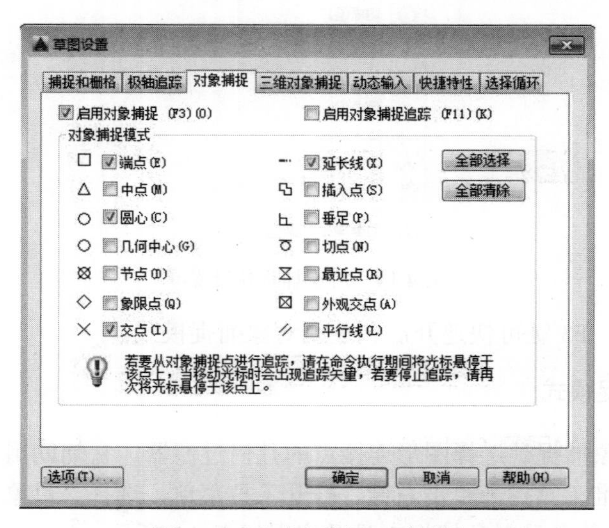

图 4.12　“对象捕捉”对话框

（2）工 具 栏：“标准”工具栏上单击右键，在弹出的下拉菜单中单击“对象捕捉”按钮，打开“对象捕捉”工具栏，如图 4.13 所示。

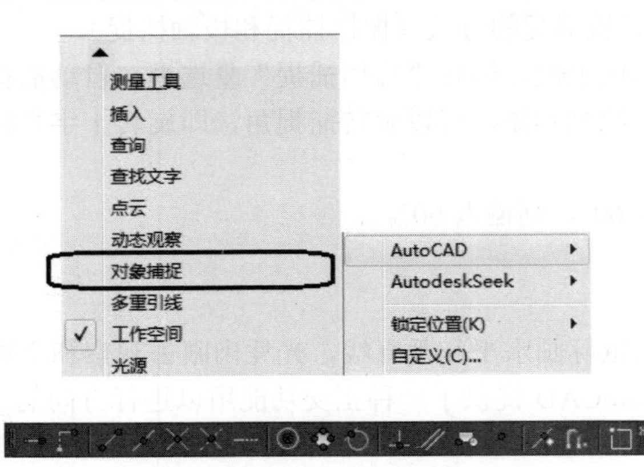

图 4.13 “对象捕捉”工具栏

（3）状 态 栏：“对象捕捉”按钮（或单击右键，从“对象捕捉设置”中打开“草图设置”→“对象捕捉”），如图 4.14 所示。

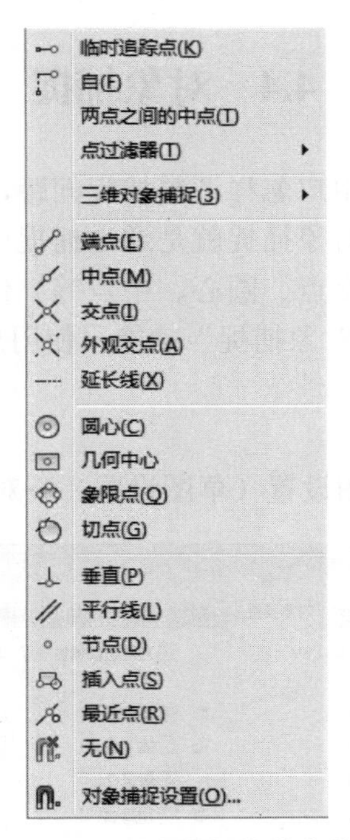

图 4.14 对象捕捉快捷菜单

（4）快 捷 键：F3 键可快速开启和关闭对象捕捉模式。

4.4.1 对象捕捉模式

AutoCAD 的对象捕捉是选择图形连接点的几何过滤器，它辅助用户选取指定点（如交点、垂点等）。在标准工具栏处单击右键，打开下拉菜单，选择“对象捕捉”工具栏，如图 4.13 所示。工具栏中的各种对象捕捉工具及作用如表 4.1 所示。

表 4.1　对象捕捉工具及其作用

序号	图标	名称	作用
1		临时追踪点	创建对象捕捉所使用的临时点
2		捕捉自	从临时相对点偏移
3		捕捉到端点	捕捉到线段或圆弧的最近端点
4		捕捉到中点	捕捉到线段或圆弧等对象的中点
5		捕捉到交点	捕捉线段、圆弧、圆等对象之间的交点
6		捕捉到外观点	捕捉两个实体的延伸交点
7		捕捉到延长线	捕捉到直线或圆弧的延伸线上的点
8		捕捉到圆心	捕捉圆弧、圆或椭圆的中心
9		捕捉到象限点	捕捉圆弧、圆或椭圆上的象限点
10		捕捉到切点	捕捉与圆、椭圆或圆弧相切的切点
11		捕捉到垂足	捕捉到垂直于直线、圆、圆弧或多段线上一点
12		捕捉到平行线	捕捉到指定线平行的线上的点
13		捕捉到插入点	捕捉插入块、图形、文字或属性的插入点
14		捕捉到节点	捕捉节点对象（包括尺寸的定义点）
15		捕捉到最近点	捕捉离拾取点最近的线段、圆、点等实体上的点
16		无捕捉	关闭对象捕捉模式
17		对象捕捉设置	设置自动捕捉模式

其中端点、中点、交点、圆心、象限点、垂足、插入点、节点 8 种类型的特征点的共同特点是：它们在图形对象上的位置是固定的。而最近点、切点、外观交点、平行点 4 种类型的特征点的共同特性是：它们在图形对象上的位置不是完全确定的，需要下一个输入才能确定它的位置。

注意：在 AutoCAD 2016 中，在进行捕捉时，当临近捕捉点便会在该点闪出一个带颜色的特定的小框，以提示用户捕捉到点了。

4.4.2　自动捕捉方式

在绘图过程中，如果每捕捉一个对象特征点就选择一次捕捉模式，将会使工作效率大大下降。AutoCAD 提供了一种自动对象捕捉工具。就是当用户把光标放在一个对象上时，系统会自动捕捉到该对象上的所有符合条件的几何特征点，并显示出相应的标记。如果把光标放在目标上多停留一会，系统还会显示该捕捉的提示。当有多个符合条件的目标点时，就不易捕捉到错误的点。设置自动捕捉功能后，绘图中一直保持着目标捕捉状态，直至取消该功能为止。

自动捕捉功能通过“草图设置”对话框进行设置。选择如图 4.12 所示的“对象捕捉”选项卡。在该选项卡中可以进行各种捕捉功能的设置。用鼠标在某一复选框中单击，便选择了该项捕捉功能。同时必须选中“启用对象捕捉”复选框，才能使捕捉功能于开启状态。设置完毕后，单击“确定”按钮即可。

注意：对象捕捉功能与捕捉栅格方式不同，前者主要捕捉特定的目标；后者则捕捉栅格的点阵。

【例 4.2】 使用自动对象捕捉工具绘制如图 4.15 所示的平面图形。

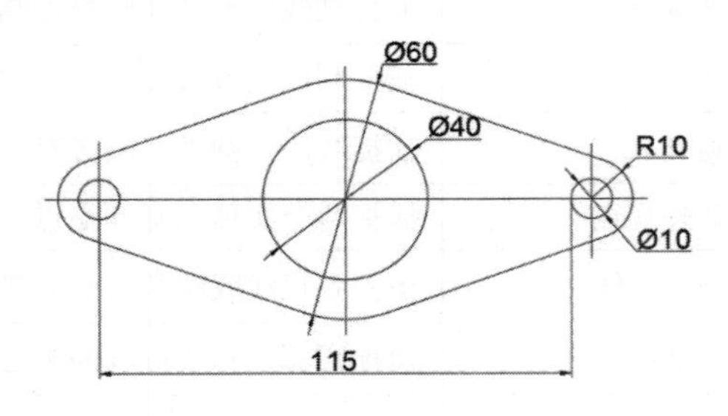

图 4.15　零件平面图

（1）选择“工具”→“草图设置”命令，打开“草图设置”对话框，在“对象捕捉”选项卡“对象捕捉模式”选项组中选“圆心”“交点”以及“切点”3 个复选框，即选择这 3 种捕捉模式，然后单击“确定”按钮。

（2）选择“绘图”→“构造线”命令，或在“绘图”工具栏中单击“构造线”按钮 。然后在绘图窗口中绘制一条水平构造线和三条垂直构造线，如图 4.16（a）所示。

（3）选择“绘图”→“圆”→“圆心、半径”命令，或在“绘图”工具栏中单击“圆”按钮 。将指针移到构造线之间的交点处，当显示“交点”标记时单击拾取该点，如图 4.16 所示，绘制一个半径为 30 的圆形，如图 4.17 所示。

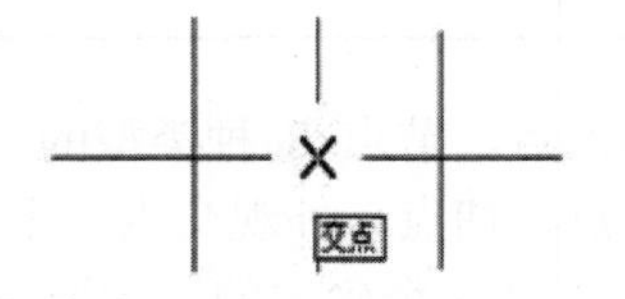

图 4.16　绘制中心线

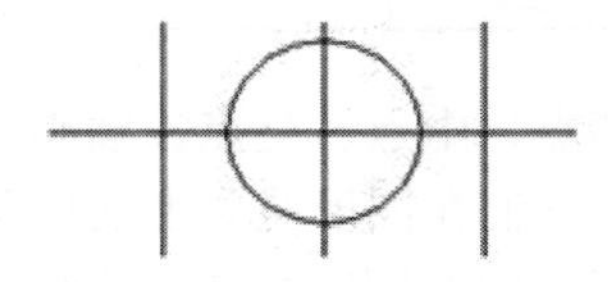

图 4.17　绘制圆

（4）使用同样方法在另外两个交点上绘制两个半径为 5 的圆形，如图 4.18 所示。

（5）再次选择“绘图”→“圆”→“圆心、半径”命令，将光标移到半径为 30 的圆形的圆心的位置，当显示“圆心”标记时，如图 4.19 所示，单击拾取点，绘制一个半径为 20 的圆形。

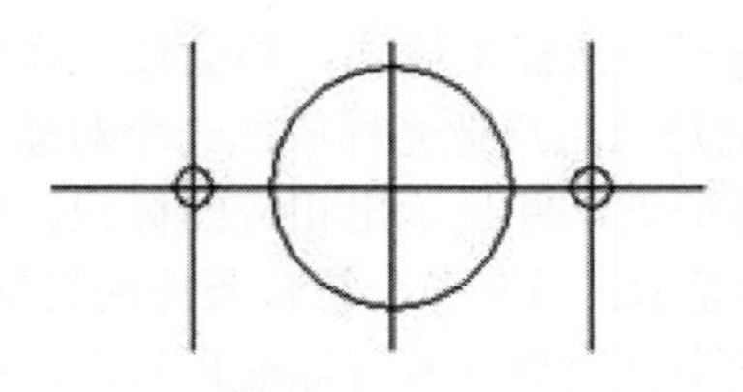

图 4.18　绘制圆

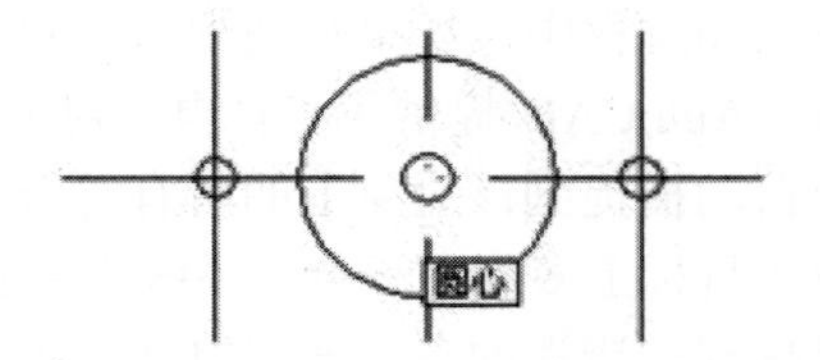

图 4.19　捕捉圆心

（6）使用同样的方法在另两个圆的圆心位置绘制两个半径为 10 的圆形，如图 4.20 所示。

（7）在“绘图”工具栏中单击“直线”按钮，在半径为 30 与 10 的圆之间画切线，如图 4.21、图 4.22 所示。

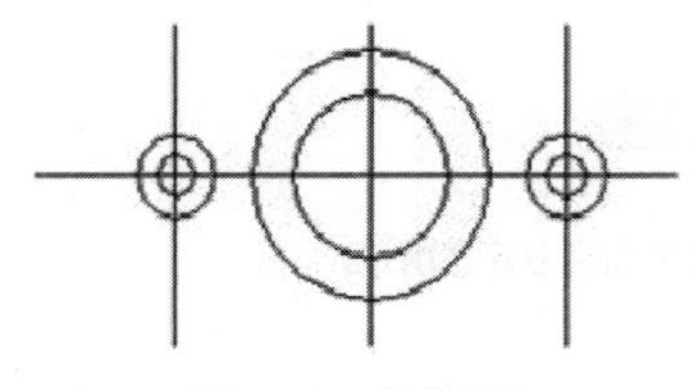
图 4.20　绘制圆

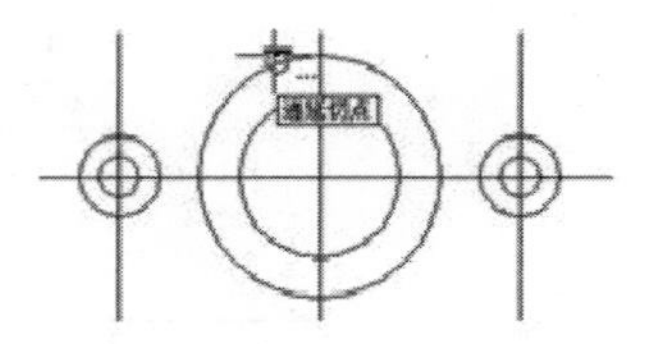
图 4.21　捕捉切点

（8）使用同样的方法绘制其余的切线（或用镜像命令）。

（9）绘制完毕后在“修改”工具栏中单击“修剪”按钮，选择两条切线为修剪边，然后分别单击半径为 10、20、30 的圆的边，对其进行修剪。同时去掉多余的线。结果如图 4.23 所示。

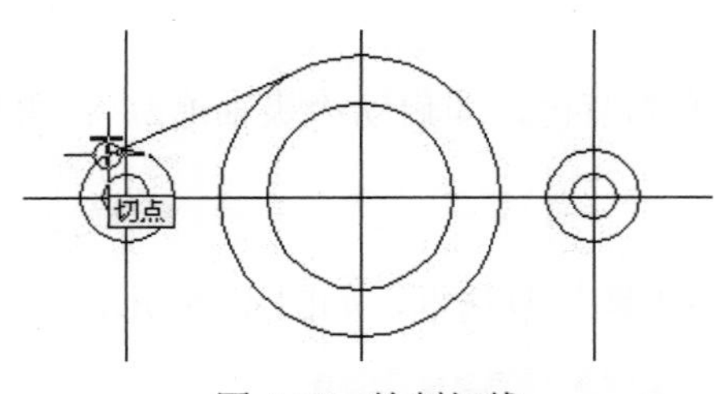

图 4.22　绘制切线

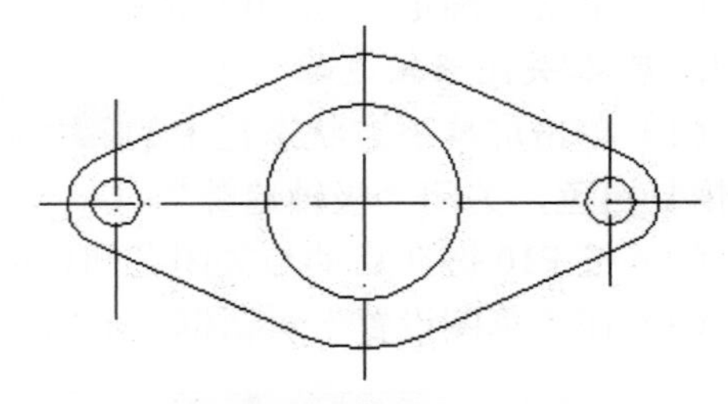
图 4.23　修正完善图形

4.5　自动追踪

自动追踪功能是一个非常有用的辅助绘图工具，使用它可按指定角度绘制对象，或者绘制与其他对象有特定关系的对象。当同时打开对象捕捉和对象追踪后，如果光标靠近某个捕捉点时，系统将在该捕捉点与光标当前位置之间拉出一条辅助线，并说明该辅助线与 X 轴正方向之间的夹角。沿着该辅助线拖动光标，即可精确定位。

自动追踪功能分极轴追踪和对象捕捉追踪。用户可以通过状态栏上的“极轴”或“对象追踪”按钮打开或关闭。对象追踪应与对象捕捉配合使用。

4.5.1　极轴追踪

极轴追踪是按事先给定的角度增量来追踪特征点。用极轴追踪定位点时，需要先设置追踪角度间隔，启动极轴追踪后，移动鼠标，追踪线将定位在设定角度间隔的整数倍的某一极角上，如图 4.24 所示，由用户输入相对极半径确定点。

注意：正交工具可以认为是角度增量为 90°的一种极轴追踪。极轴追踪的原理和操作方法与正交工具相同，两者不能同时选用。

1．设置追踪角度间隔

（1）选择“工具”→“绘图设置”命令，此时系统打开“草图设置”对话框。单击“极轴追踪”选项卡使其显示在最前边。

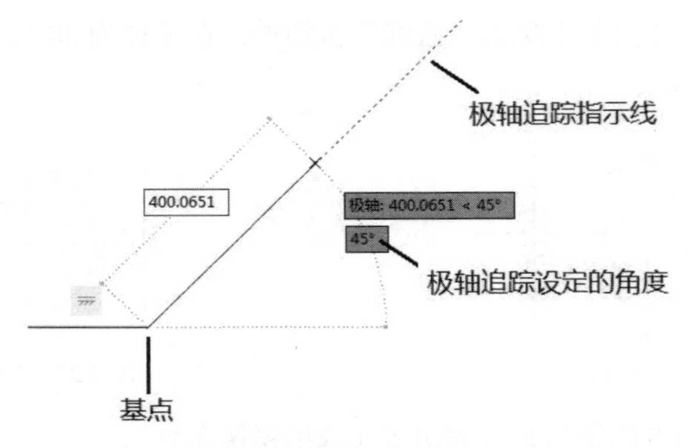

图 4.24 极轴追踪实例

（2）从“增量角”下拉列表选择角度增量。角度增量可以选择 5°、10°、15°、18°、22.5°、30°、45°、90°共 8 种。

（3）单击“确定”，退出对话框，完成设置。

2．*启动/关闭极轴追踪*

（1）单击屏幕下方状态栏上的按钮，使其变为蓝色，即启动“极轴追踪”；再单击使其恢复白色，关闭“极轴追踪”。

（2）按 F10 键在启动与关闭之间切换。

（3）在“草图设置”对话框中单击“启动极轴追踪”复选框，如图 4.25 所示。

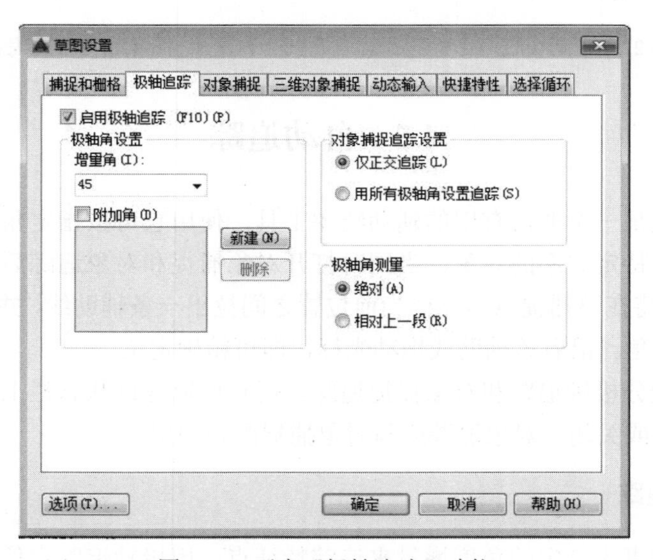

图 4.25 开启“极轴追踪”功能

（4）要设置附加追踪角度，选择“附加角”复选框。单击“新建”按钮，在文本框中输入相应角度值。

4.5.2 对象追踪

对象追踪与运行中的对象捕捉相同，调用后自动运行。对象追踪与运行中的对象捕捉配合使用，用以确定图线的长度和点的位置等，提高绘图效率。

1．调用对象追踪方式

（1）单击状态栏上的“对象捕捉追踪”按钮，设置对象捕捉追踪。

（2）按 F11 键。

（3）在“草图设置”对话框的“对象捕捉”选项卡中选择“启用对象捕捉追踪”按钮。

2．使用对象捕捉追踪功能的步骤

（1）单击状态栏上的“对象捕捉”按钮和“对象捕捉追踪”按钮，打开对象捕捉和对象捕捉追踪设置。

（2）启动一个绘图或图形编辑命令。

（3）将光标沿对齐路径移动，待找到满足条件的点后单击确定（例如在矩形下方边捕捉到中心点，如图 4.26（a）所示）。

（4）获取点之后，将光标沿正交方向或极轴移动打开对齐路径（如图 4.26（b）所示，光标上移，出现一条竖直虚线。继续将光标移至大概中间位置，再向右移动到右边，捕捉到右边中心点，如图 4.26（c）所示）。

（5）将光标沿对齐路径移动，待找到满足条件的点后单击确定点（光标向左移，出现一条水平虚线，继续向左移动，直到出现竖直虚线后，即找到矩形中心点，如图 4.26（d）所示）。

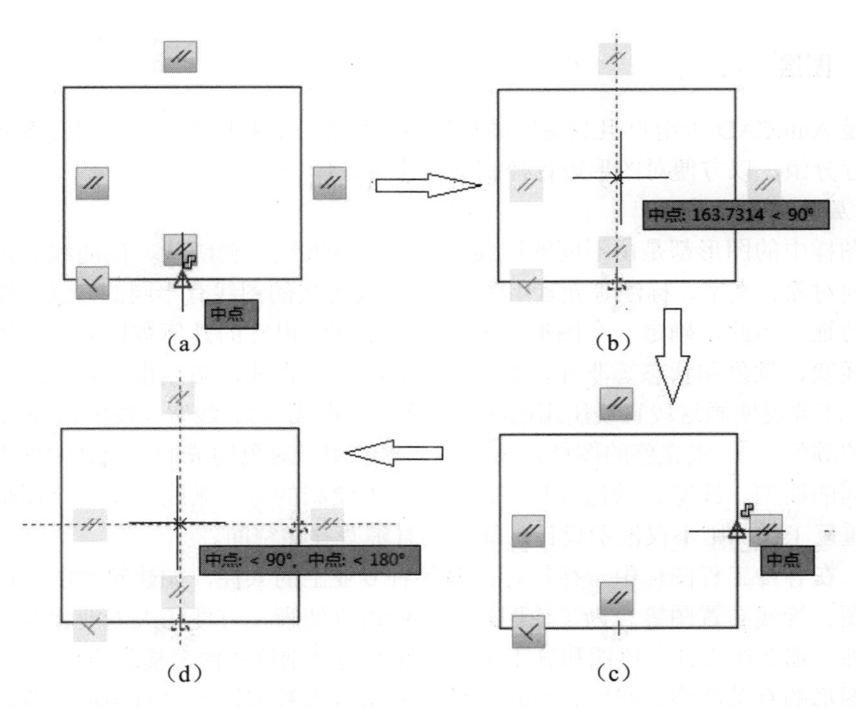

图 4.26　“对象追踪”实例

【例 4.3】过 A 点作线段 AB，AB 长 95 且延长后与圆相切，如图 4.27 所示。

操作步骤：

（1）在“草图设置”对话框中设置对象捕捉模式为“切点”和“节点”。

（2）在状态栏上打开“对象捕捉”和“对象追踪”。

（3）选择命令，将光标移至 A 点，出现标记符号和捕捉提示“节点”，单击左键，拾取 A 点。

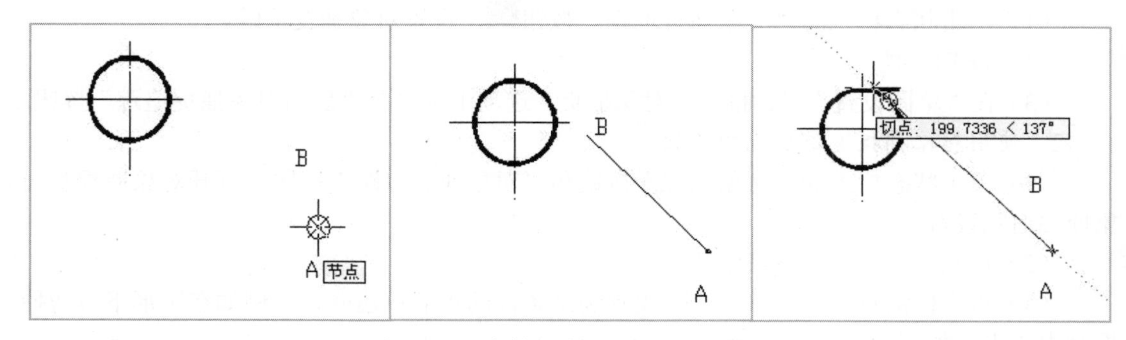

图 4.27　对象捕捉追踪和极轴追踪应用

（4）移动光标到圆周，出现标记符号和捕捉提示“切点”。输入“95”回车，AB 线画出。

（5）结束操作。

4.6　图元特性

4.6.1　图层

图层是 AutoCAD 中用户组织图形最有效的工具之一。利用图层，可以在图形中对相关的对象进行分组，以方便对图形进行控制与操作。

1．图层的意义

工程图样中的图形都是由不同的图线（例如：基准线、轮廓线、剖面线、尺寸线）以及图形几何对象、文字、标注等元素组成的。 不同形式的图线有不同的含义，用以识别图样的结构特征。因此，确定一个图形对象，除了必须给出它的几何数据以外，还要给出它的线型、线宽、颜色和状态等非几何数据。例如画一段直线，必须指定它的两个端点的坐标。此外，还要说明画这段直线所用的线型（实线、虚线等）、线宽（线的粗细）、颜色（显示各种线的颜色）。一张完整的图样是由许多基本的图形对象构成的，而其中的大部分对象都具有相同的线型、线宽、颜色或状态，如果对于绘制的每一条线、每一个图形对象都要进行这项重复工作，则不仅浪费设计时间，而且浪费存储空间。

另外，在各种工程图样中，往往存在着各种专业上的共性，如建筑物的平面布置图、电路布置图、管线布置图等。为了使图纸表达的内容清晰，方便相关专业相互提取信息，并便于管理，那么在设计、绘图和施工中，最好能为区别这些内容提供方便。

根据图形的有关线型、线宽、颜色、状态和组合性等属性信息对图形对象进行分类，使具有相同性质的内容归为同一类，对同一类共有属性进行描述，这样就大大减少重复性的工作和存储空间，方便对图形进行控制与操作，AutoCAD 为用户组织图形提供了最有效的工具，这就是所说的图层。更形象地说图层就像透明的覆盖层，用户可以在上面组织和编组各种不同的图形信息。即把具有相同的线型、线宽、颜色和状态等属性的图形放置于一层。当把各层画完后，再把这些层对齐重叠在一起，就构成了一张完整的图形，如图 4.28 所示。

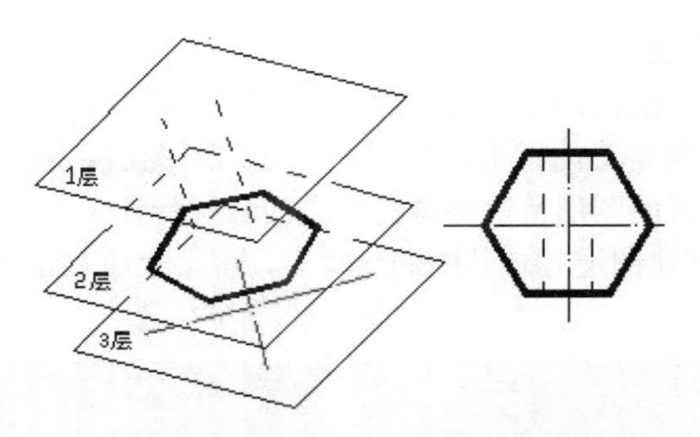

图 4.28　图层的假想和实际效果

2．图层的性质

（1）一幅图形可以包含许多图层，所有图层均采用相同的图限、坐标系统和缩放比例因子。每一图层上可以绘制的图形对象不受限制，因此足以满足绘图的需要。

（2）每一个图层都有一个图层名，以便在各种命令中引用某图层时使用。该图层名最多可以由 255 个字符组成，这些字符可以包括字母、数字、专用符号。例如："粗实线""点划线"等。

（3）每一图层被指定带有颜色号、线型名、线宽和打印式样。对于新的图层都有系统默认的颜色号（7 号）、线型名（实线）、线宽（0.25mm）。

（4）在一幅工程图中包含有多个图层，但是只能设置一个"当前层"。用户只能在当前层上绘图，并且使用当前层的颜色、线型、线宽。因此在绘图前首先要选择好相应的当前层。

（5）图层可以被控制，即可以被打开或关闭、被冻结或解冻、被锁定和解锁。

3．图层的控制

（1）图层的打开或关闭。

打开后，图形才能在屏幕上显示，并且可以在绘图机上绘出。被关闭的图层上的图形，仍然是整个图形上的内容，但是它不能被显示出来或打印出来。因此合理地打开和关闭一些图层，可以方便绘图或看图。

（2）图层的冻结或解冻。

处于冻结层上的图形不被显示出来，并且也不能参与图形之间的运算；处于解冻层的图形则与之相反。

冻结的图层与关闭的图层的区别：被冻结图层上的图形对象不参加图形处理过程中的运算，而被关闭图层上的图形对象则要参加。因此在工程设计时，往往是在复杂图样中冻结不需要的图层，可以大大加快系统重新生成图形的速度。但是当前层不能被冻结。

（3）图层的锁定和解锁。

锁定一个图层并不影响其上图形的显示状况。处于锁定层上的图形仍然可以显示出来，但是不能对图形进行编辑。

4．新图层的设置方式

（1）创建新图层方式。

1）菜单命令："格式→图层"。

2）工 具 栏："对象特性"工具栏按钮。

3）命 令 行：LAYER。

（2）新图层设置步骤。

使用图层绘图时，系统自动创建的图层是 0 层。新对象的各种特性将默认随层，如果用户要使用图层重新绘制自己的图形，就需要先创建新图层。通过以上操作用户可以对图层特性重新设置，新设置的图形特性将覆盖原来的随层特性。

1）通过以上三种创建图层方式其中的一种后，屏幕上将显示“图层特性管理器”对话框。如图 4.29 所示。

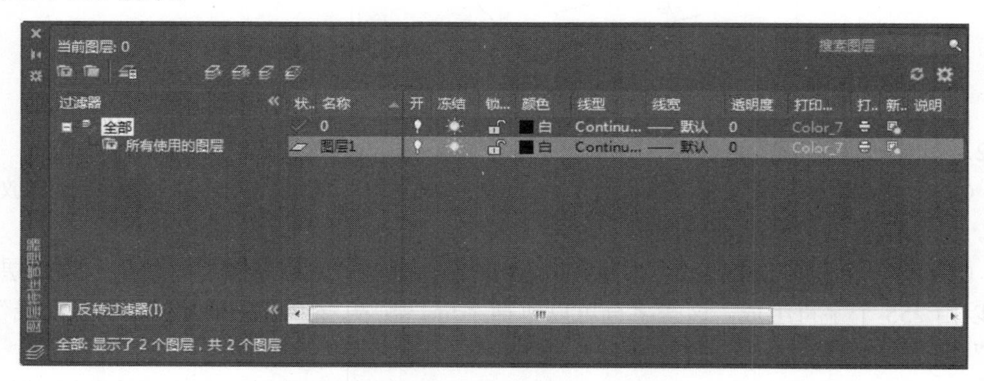

图 4.29 “图层特性管理器”对话框

2）在对话框中单击图标可新建一个名称为“图层 1”的新图层或在“0”图层上单击右键弹出快捷菜单，选择“新建图层”选项。默认情况新图层与当前图层的状态、颜色、线型及线宽等设置相同。

3）用户可以在“名称”列对应的文本框中输入新的图层名（如“粗实线”等），表示将要绘制的图形元素的特性。对图层的各类设置应符合我国的技术制图标准。

4.6.2 设置颜色

在 AutoCAD 2016 中，设置图层颜色的作用主要在于区分对象的类别，因此在同一图形中，不同的对象可以使用不同的颜色。

1．设置图层颜色步骤

（1）在“图层特性管理器”对话框的图层列表中单击所需要设置的图层。

（2）在该图层中，单击颜色图标白，打开“选择颜色”对话框，如图 4.30 所示。

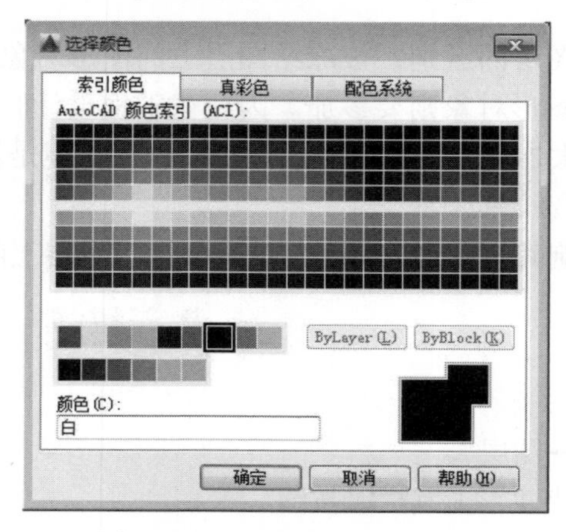

图 4.30 “选择颜色”对话框

（3）在“选择颜色”对话框中选择一种颜色，单击“确定”按钮完成。

2. “选择颜色”对话框选项卡说明

“选择颜色”对话框包含“索引颜色”“真彩色”“配色系统”三个选项卡。

（1）索引颜色选项卡。用户可以在颜色调色板中根据颜色的索引号来选择颜色。它包含了 240 多种颜色。标准颜色有 9 种：

- 灰度颜色：在该选区可以将图层的颜色设置为灰度色。
- 颜色：可以显示与编辑所选颜色的名称或编号。
- ByLayer：单击该按钮，确定颜色为随层方式。即所绘制的图形实体的颜色总是与所在图层颜色一致。
- ByBlock：单击该按钮，可以确定颜色为随块方式。

（2）真彩色、配色系统选项卡。如果还需要使用索引颜色以外的颜色，可使用“真彩色”和“配色系统”选项卡，如图 4.31 所示。

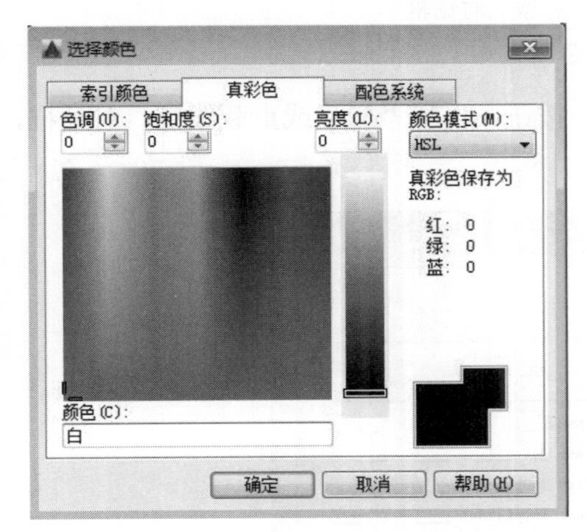

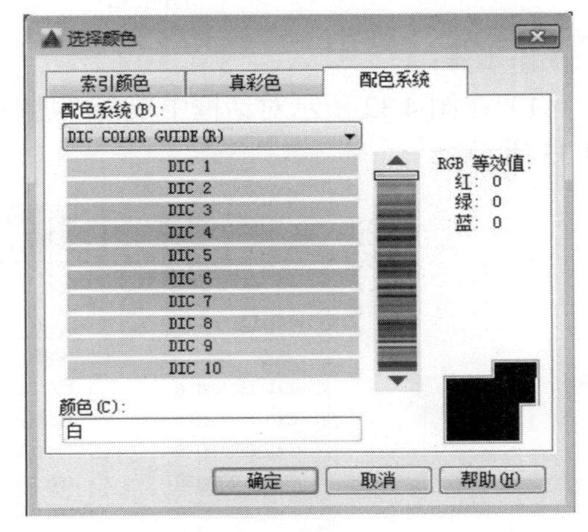

图 4.31　使用“真彩色”和“配色系统”选项卡设置颜色

4.6.3　线型设置

我们把图形中基本元素的线条组成和显示方式称为线型。例如虚线、实线等，在 AutoCAD 2016 中，既有简单的线型，也有由一些特殊符号组成的复杂线型，利用这些线型基本可以满足不同国家和不同行业的标准。

1. 加载线型

绘制不同对象时，用户可以使用不同的线型，如果给一个图层制定一种线型，则绘制在该图层上的所有图线都使用该线型。AutoCAD 提供了多种线型，这些线型都存放在 acad.lin 和 acadiso.lin 文件中。在使用一种线型之前，用户还没有设置线型，系统默认的线型为“实线”。若要使用新线型必须先在“线型管理器”对话框中进行加载。

打开“线型管理器”对话框的方法有：

（1）菜单命令：“格式→线型”。

（2）工 具 栏：“特性”工具栏下拉列表中选择“其他”。

（3）命 令 行：Linetype。

通过上述操作，打开“线型管理器”对话框，如图 4.32 所示，即可加载线型。

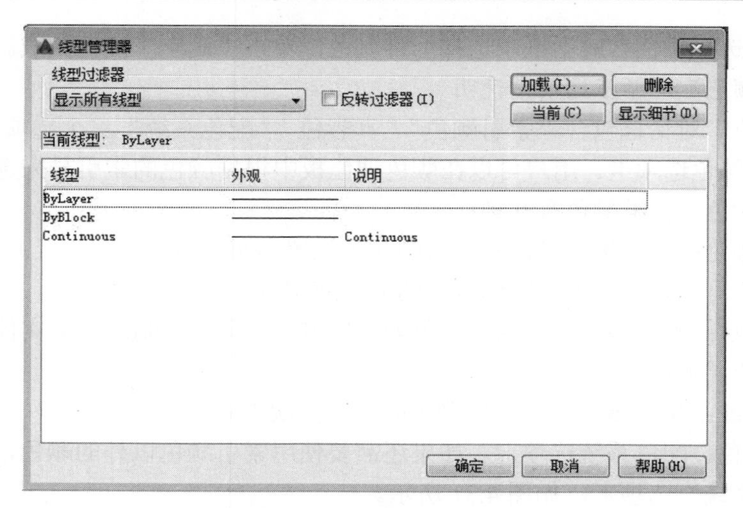

图 4.32　“线型管理器”对话框

操作步骤：

（1）在图 4.32 所示对话框中单击“加载”按钮，出现“加载或重载线型”对话框，如图 4.33 所示。

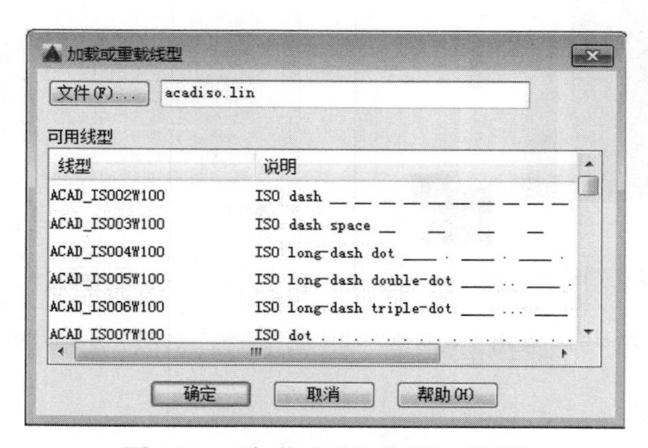

图 4.33　“加载或重载线型”对话框

（2）在“加载或重载线型”对话框中选择所需线型名后，单击“确定”按钮。在“线型管理器”对话框的线型列表中就可以看到选择的线型已加载。

（3）单击“确定”按钮，关闭“线型管理器”对话框，完成线型加载。

注意，要同时指定多个线型时，如果线型名是连续排列的，则可以按住 Shift 键，然后单击第一个和最后一个线型名；如果线型名是非连续排列的，则可以按住 Ctrl 键，分别单击要加载的线型名。被选中的线型名将高亮显示。

2．设置线型

加载线型后，可在“图层特性管理器”对话框中将其赋给某个图层。

操作步骤：

（1）打开“图层特性管理器”，如图 4.29 所示。

（2）在“图层特性管理器”对话框中选择一个图层，单击该图层的初始线型名称，弹出“选择线型”对话框，如图 4.34 所示。

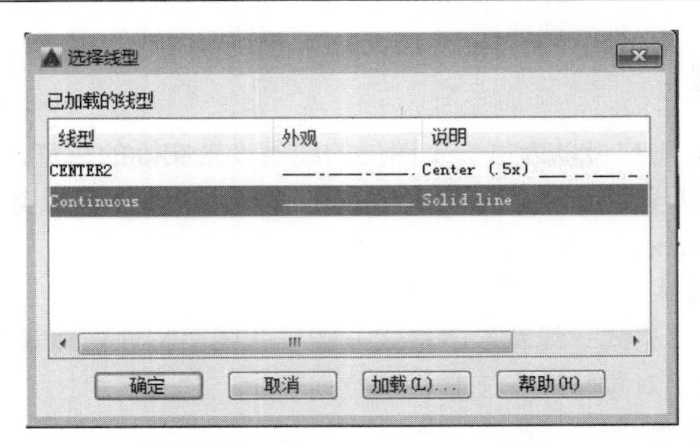

图 4.34　“选择线型”对话框

（3）在此对话框中单击“加载”按钮，弹出“加载或重载线型”对话框，选择所需的线型，再单击“确定”按钮。

（4）在“图层特性管理器”对话框中，单击“确定”按钮，完成线型设置。

3．线型比例

AutoCAD 除了提供实线线型外，还提供了大量的非连续线型。这些线型包括点划线、虚线等。用户可以用 Ltscale 命令来更改线型的短线间隔和点的相对比例。线型比例的默认值为 1。一般情况下，线型比例和绘图比例相协调，如果绘图比例 1:20，则线型比例应设为 20。

设置线型比例的方法：

（1）在“线型管理器”对话框中单击“显示细节”按钮，打开细节选项组，用户可以在“全局比例因子”文本框中输入线型比例值，如图 4.35 所示。

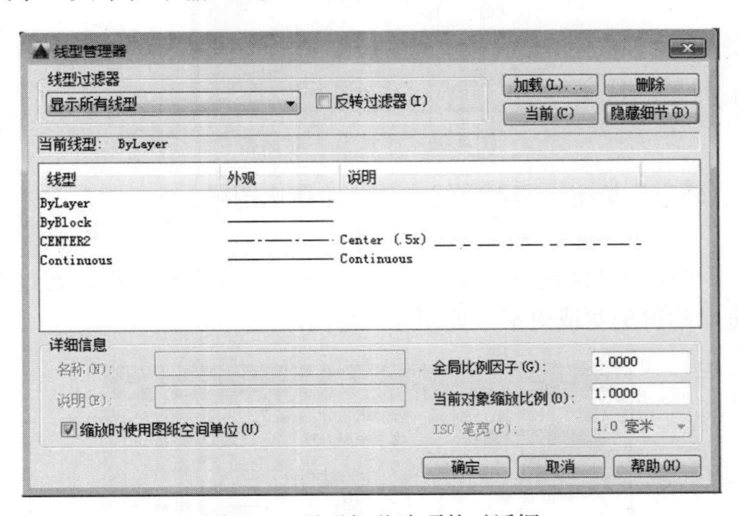

图 4.35　显示细节选项的对话框

（2）在命令提示符下输入 ltscale 命令，命令窗口提示：

输入新线型比例因子<XXX>:

（其中“XXX”表示原来的线型比例）。输入新线型比例因子后，回车即可。

（3）“标准”工具栏中按钮。

在弹出的“特性”对话框中，修改“线型比例”值，如图 3.32 所示。

4.6.4 线宽设置

在 AutoCAD 中，用户可以为每一个图层的线条设置实际的线宽，从而使图形中的线条保持固定的宽度。用户为不同的图层定义线宽之后，无论对图形预览还是在打印输出时，这些线宽均可以实际显示。

1．设置线宽的方式

（1）菜单命令：“格式→线宽”（“格式→图层→图层特性管理器”）。

（2）工 具 栏：“对象特性”工具栏下拉列表。

2．设置线宽的步骤

方法一：

（1）选择菜单命令“格式→图层”，打开“图层特性管理器”对话框。

（2）可在对话框中单击与层名相应的“线宽”标志，系统将打开“线宽”对话框，如图 4.36 所示。用户可以直接从该对话框的线宽列表中选择一种符合制图要求的线宽。

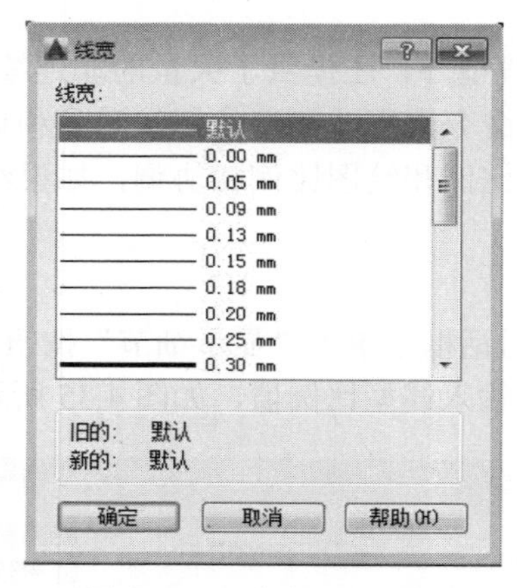

图 4.36 “线宽”对话框

（3）单击“确定”按钮，即可将线宽值赋给所选图层。

方法二：

（1）选择菜单命令“格式→线宽”，打开“线宽设置”对话框。通过调整线宽比例，使图形中的线宽显示得更宽或更窄，如图 4.37 所示。

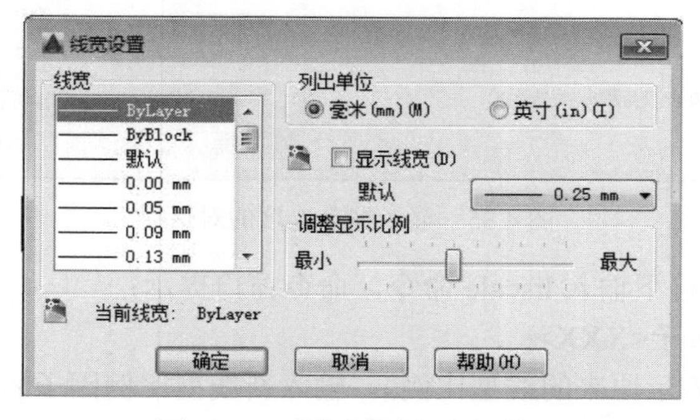

图 4.37 “线宽设置”对话框

（2）“线宽设置”对话框中各主要选项如下：

1）线宽：用于选择线条的宽度。AutoCAD 2016 中有 20 多线宽可供选择。

2）调整显示比例：调整滑块，选择线宽显示比例。

3）列出单位：设置线宽单位，可用“毫米”或“英寸”。

4）显示线宽：用于设置是否在窗口中按照实际线宽来显示图形。

5）默认：用于设置默认线宽值（当关闭显示线宽时，AutoCAD 所显示的线宽）。

4.6.5　“图层”和“对象特性”工具栏

通过“图层”和“对象特性”工具栏也可以更改图层或图层特性，是选择当前层最好的工具，如图 4.38 所示。

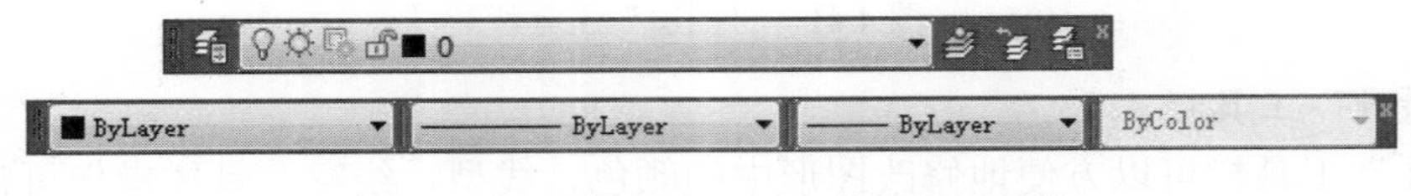

图 4.38　“图层”和“对象特性”工具栏

1. 设置当前层

建立多个图层时，在每一个图层上都可以绘制图形，要将图形画在哪一个图层上，就将该图层设置为当前层。设置当前层最简单的方法是利用“图层”工具栏。单击“图层”工具栏上按钮右边图层条的，打开图层下拉列表，如图 4.39 所示。单击要设置为当前层的图层名称。我们也可以用“将对象的图层置为当前”按钮设置当前层。

【例 4.4】用“将对象的图层置为当前”命令，将“点划线”层变为当前层，如图 4.40 所示。

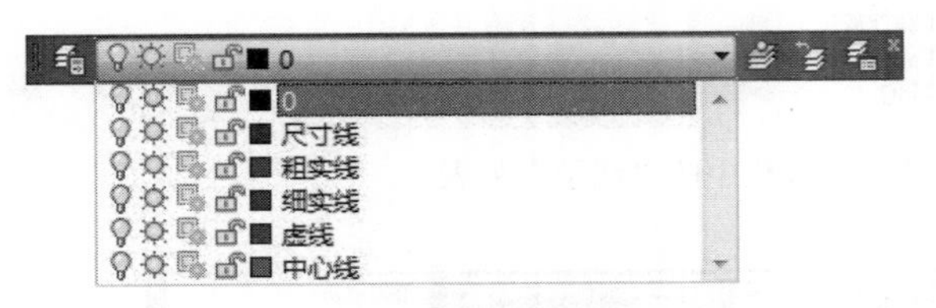

图 4.39　当前层练习

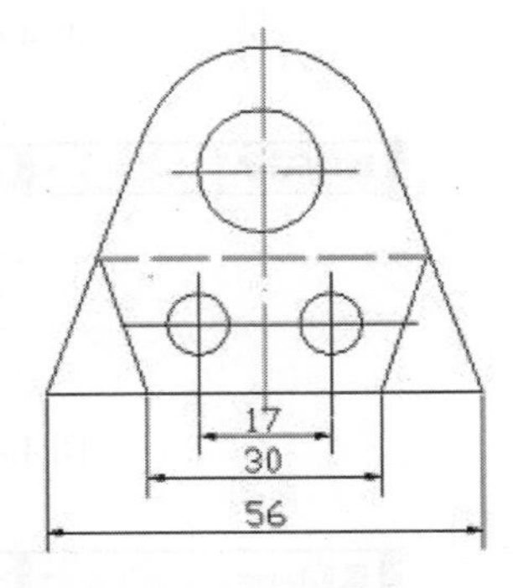

图 4.40　当前层练习

（1）单击“将对象的图层置为当前”按钮。

（2）选择将要使其图层成为当前层的对象（单击任意点划线）。

（3）中心线为当前层。

（4）此时画的线为点划线。

或者在图层上直接单击需要的当前层。

2. 管理图层

管理图层主要控制图层的打开/关闭、冻结/解冻、锁定/解锁等特性。“图层”工具栏如图 4.41 所示。

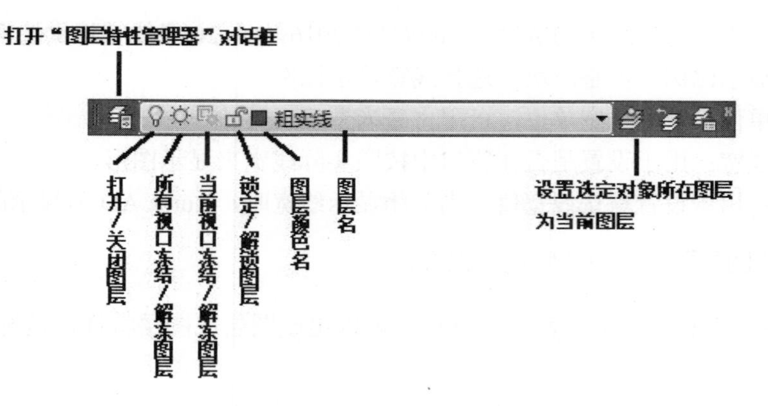

图 4.41 “图层”工具栏

3．“特性”工具栏

“特性”工具栏可以方便地修改图形中的颜色、线型、线宽。具体操作可在下拉列表中选择，如图 4.42 至图 4.44 所示。

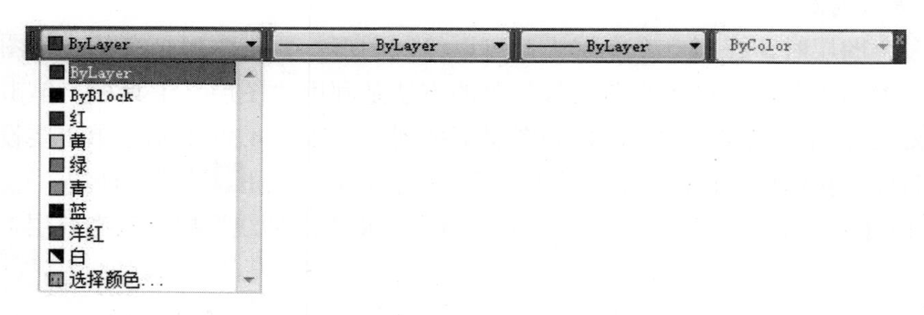

图 4.42 “特性”工具栏中的“颜色”列表

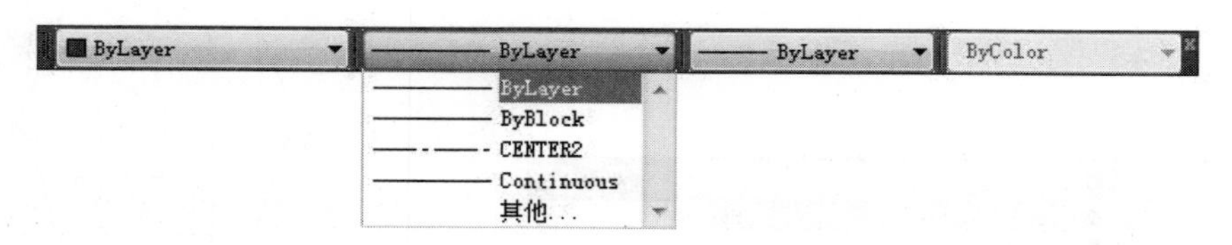

图 4.43 “特性”工具栏中的“线型”列表

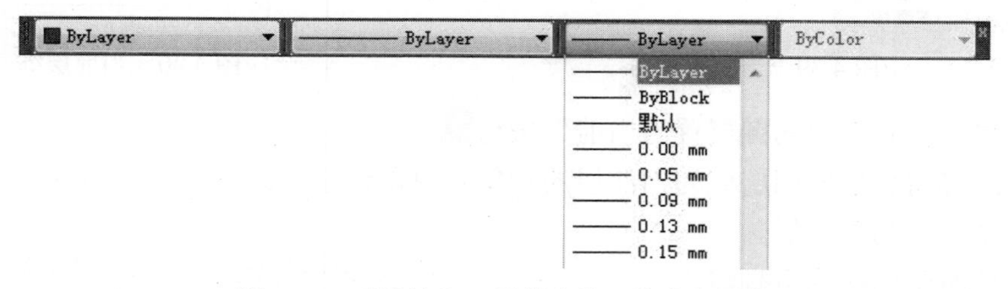

图 4.44 “特性”工具栏中的“线宽”列表

【例 4.5】练习关闭/打开“粗实线”层。

（1）打开所要操作的图形。

◆ 在“图层”工具栏中单击按钮，打开“图层特性管理器”对话框。

◆　单击“图层”下拉列表右边的▼按钮，打开图层下拉列表。

（2）单击“粗实线”行中的，使之变为，在下拉列表外单击，粗实线从屏幕上消失。如果再单击一次，又使变为，在下拉列表外单击，粗实线重新显示出来。

【例 4.6】练习锁定/解锁“粗实线”层。

◆　单击“粗实线”行中的，使之变为，锁定了粗实线层，可以看到被锁定图层上的粗实线仍然显示在屏幕上。

◆　选择图形上任意粗实线，单击按钮，命令窗口提示：“一个在锁定的层上”。这时我们看到删除命令结束后，选择的粗实线没有被删除。

◆　图层锁定状态下，在绘图区绘制粗实线。可以看到不仅能画上线，而且还能捕捉到线上的点。

第 5 章　图形显示控制

- 掌握缩放、平移视图的方法
- 灵活使用多种方法来观察图形的整体效果与局部细节
- 掌握刷新屏幕的方法

5.1　缩放视图

在绘图过程中，常常需要把图形以任何比例放大或缩小，或需要在视口中重点显示图形的某一部位，以便更清晰、更容易地读图或编辑图样。AutoCAD 显示控制功能在工程设计和绘图领域的应用极其广泛。它可以控制图形在屏幕上的显示方式。即放大和缩小某一个区域，但是实体对象的真实尺寸并不改变，灵活掌握和使用这些命令，对于提高绘图效率和绘图质量都是非常必要的。

缩放命令用来改变视图的显示比例，以便操作者在不同的比例下观察图形。

1．调用缩放命令方法

（1）菜单命令：“视图→缩放”，如图 5.1 所示。

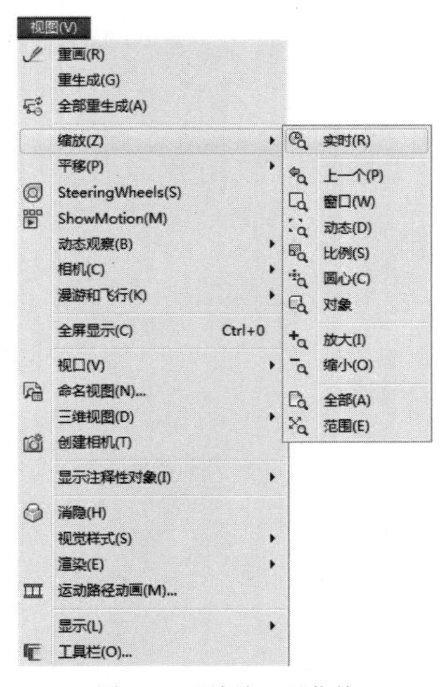

图 5.1　“缩放”子菜单

（2）工 具 栏：“标准”工具栏，如图 5.2 所示。

（3）工 具 栏：“缩放”工具栏，如图 5.3 所示。

图 5.2　“缩放”标准工具栏

图 5.3　“缩放”工具栏

（4）命 令 行：ZOOM，如图 5.4 所示。

图 5.4　“缩放”命令窗口

在绘制工程图样中，绘制图形的局部细节时，一般使用缩放工具放大该绘图区域，当绘制完后，再使用缩放工具缩小图形来观察整体图形的效果。

2．缩放选项含义及具体操作

（1）实时缩放。

1）菜单命令：“视图→缩放→实时”。

2）工 具 栏：“标准”工具栏按钮。

通过上述任意一种操作都可以进入实时缩放模式，此时鼠标变为放大镜符号。按住鼠标左键向上拖动光标可放大整个图形，方便观察图形；向下拖动光标可以缩小整个图形；释放鼠标按键后将停止缩放，如图 5.5 所示。

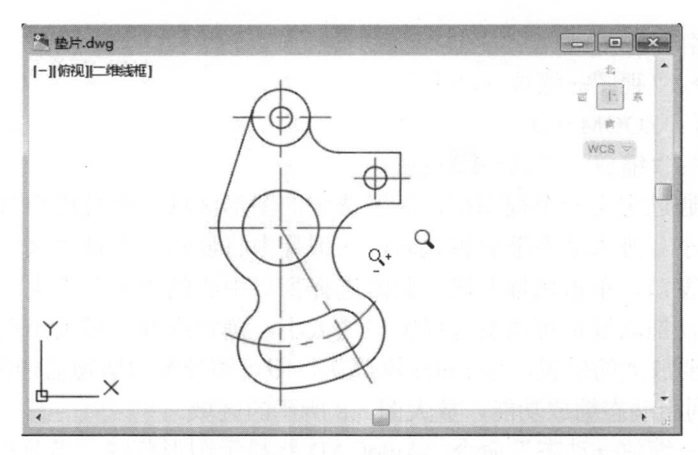

图 5.5　实时缩放

按 Enter 或 Esc 键，也可随时退出实时缩放模式。

（2）窗口缩放。

1）菜单命令：“视图→缩放→窗口”。

2）工 具 栏：“标准”工具栏按钮。

3）命 令 行：ZOOM→W。

要求用户在屏幕上指定两个点，以确定矩形窗口的位置和大小。

键入命令后，命令窗口出现提示，如图 5.6 所示。

图 5.6 窗口缩放命令

确定第一个角点：（用光标确定窗口的第一角点）

确定对角点：（用光标确定窗口的对角点）

选择该选项后，用户可以通过指定要查看区域的两个对角，快速放大该矩形区域。在新视图中，所定义的区域将被放大到充满当前视图，如图 5.7 所示。当使用“窗口”缩放时，应尽量使所选矩形对角点与屏幕成一定比例，并非一定是正方形。

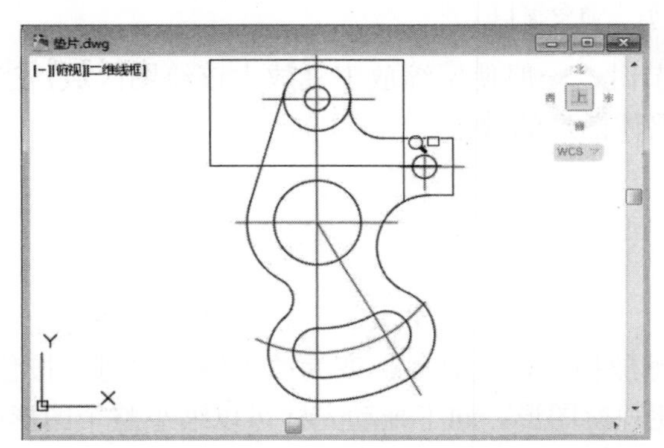

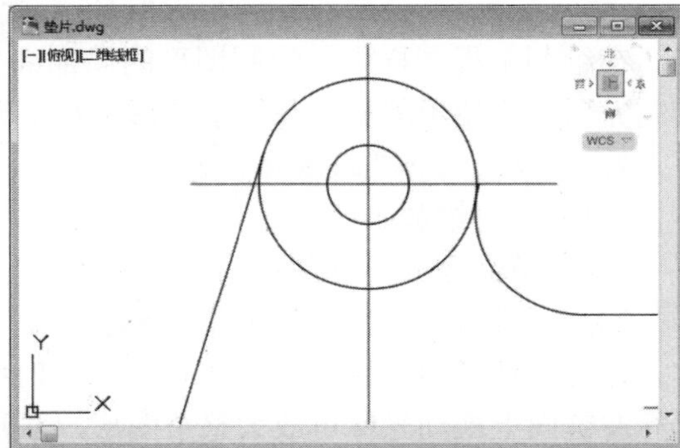

图 5.7 缩放指定窗口中的图形

（3）动态缩放。

1）菜单命令：“视图→缩放→动态”。

2）命 令 行：ZOOM→D。

3）工 具 栏：“缩放”工具栏按钮。

动态缩放是通过定义一个视图框，显示选定的图形区域。而且用户可以移动视图框和改变视图框的大小。进入动态缩放模式时，在屏幕中将显示一个带“×”的矩形方框，该矩形框表示新的窗口。单击鼠标左键，此时选择窗口中心的“×”消失，显示一个位于右边框的方向箭头，拖动鼠标可改变选择窗口的大小，确定选择区域大小后单击左键确认，把该窗口移动到要放大的位置，按 Enter 键确认，即可缩放窗口所覆盖的图形。

【例 5.1】利用动态缩放功能，放大图 5.8 所示的区域。

选择“视图→缩放→动态”命令，AutoCAD 将显示图形范围、当前视图指示框、视图框如图 5.9 所示。

① 当前视图框中心显示“×”标记时，可在屏幕上拖动视图框以选择区域，如图 5.9 所示。

② 要缩放视图框，可以按下鼠标左键，视图框中心的“×”标记将变成一个指向视图框边界的箭头，如图 5.10 所示。左右移动指针可调整图框尺寸，上下移动鼠标光标可调整图框

位置，如果视图框较大，则显示出的图形较小；如果视图框较小，则显示出的图形较大。

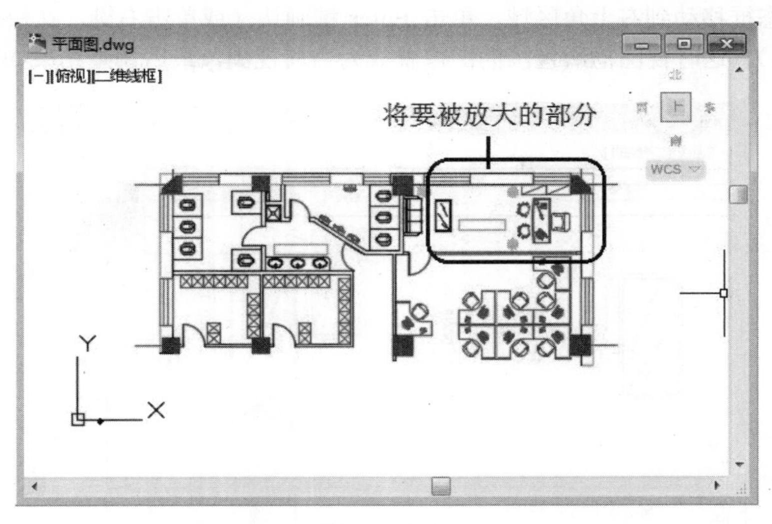

图 5.8　例图

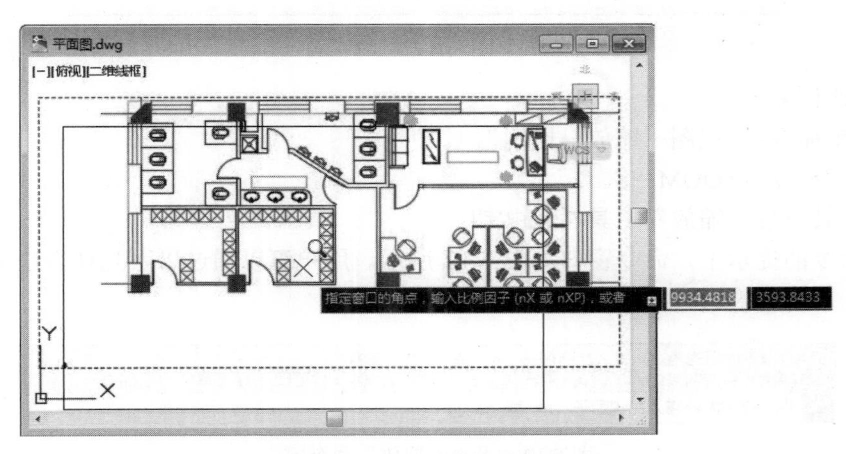

图 5.9　进入动态缩放状态

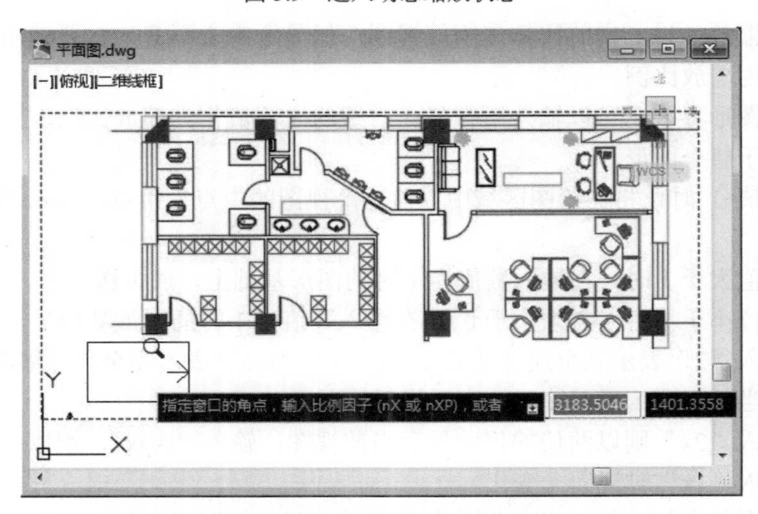

图 5.10　调整视图框大小和位置

③ 调整完毕，再次单击鼠标左键。

④ 把动态框移动到右上角区域，单击 Enter 键确认（或单击右键，在快捷菜单上单击“确认”选项）。这时视图框所包围的图像就成为当前视图，最后调整结果如图 5.11 所示。

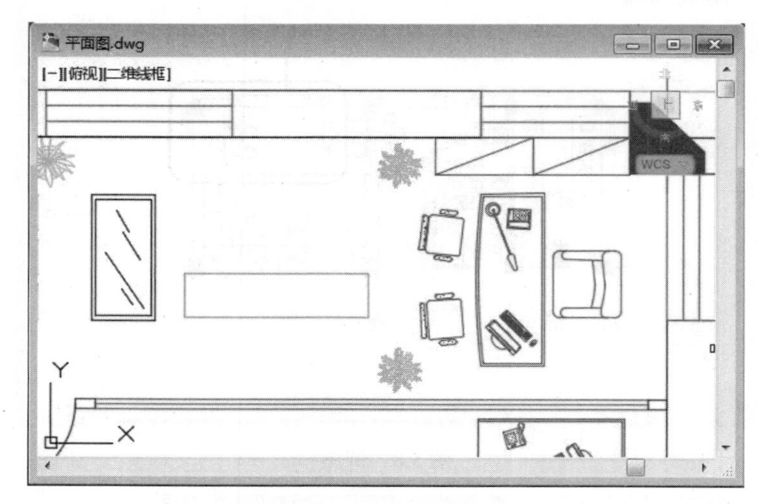

图 5.11 放大后的效果

（4）比例缩放

1）菜单命令：“视图→缩放→比例”。

2）命 令 行：ZOOM→S。

3）工 具 栏：“缩放”工具栏按钮。

在此命令的提示下，命令窗口如图 5.12 所示。用户可以通过以下几种方法来指定缩放比例：

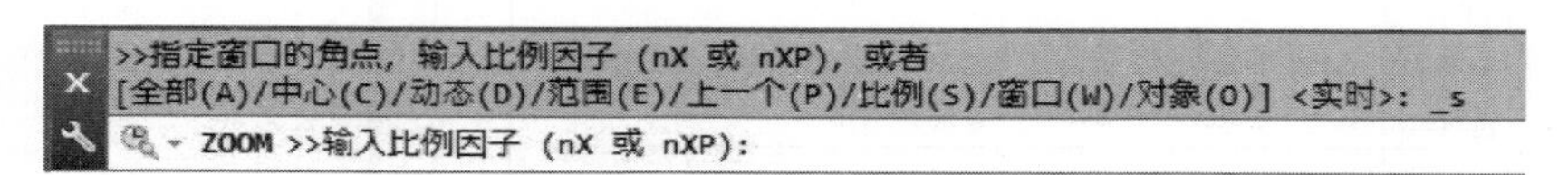

图 5.12 “比例缩放”命令窗口

- 比例缩放：以一定的比例来缩放视图，但显示中心不变。它要求用户输入一个数字作为缩放比例。
- 相对图形界限：可以输入不带任何后缀的比例值作为缩放比例因子，该比例因子适用于整个图形。

当输入数值 1 时，将在绘图区域中以前一个视图的中点为中点，显示尽可能大的图形界限；

当输入数值大于 1 时，在输入数值为 1 时的图形基础上，放大图形；

当输入数值小于 1 时（必须大于 0），在输入数值为 1 时的图形基础上缩小图形。

例如，输入“2”表示完全尺寸放大 2 倍；输入“0.5”表示完全尺寸缩小一半。

- 相对当前视图：需要输入的比例值后加上“x”。

例如，输入“2x”则以两倍的尺寸显示当前视图；输入“0.5x”，则以一半的尺寸显示当前视图；输入“1x”时视图无变化。

- 相对图纸空间单位：当工作在布局中时，要相对图纸空间单位按比例缩放视图，只需要在输入的比例值后加上“xp”。它指定相对当前图纸空间按比例缩放视图，并且它可在打印前缩放视口。

（5）中心点缩放。

1）菜单命令：“视图→缩放→圆心”。

2）工 具 栏：“缩放”工具栏按钮。

3）命 令 行：ZOOM→C。

这一功能可以重新定义新视图的中心，从而平移视图。用户还可以在后面的提示中输入一个缩放比例因子，或者输入以图形单位为单位的指定高度值来缩放图形。

例如：输入“2x”将显示比当前视图大两倍的视图。

① 指定中心点位置，如图 5.13 所示。

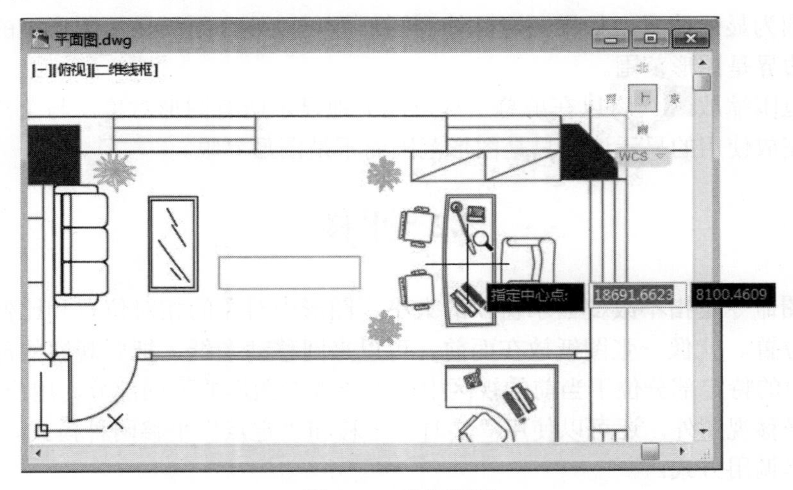

图 5.13　当前视图

② 输入比例 2x，将显示比当前视图大两倍的视图，如图 5.14 所示。

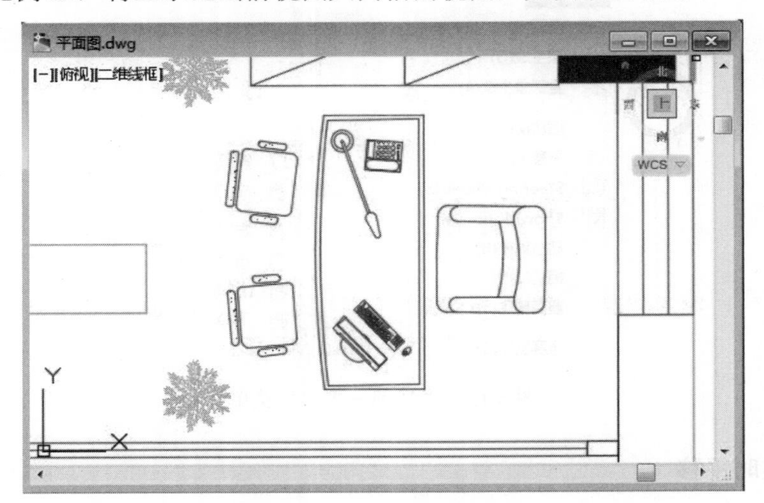

图 5.14　中心点缩放结果

（6）上一个视图缩放。

1）菜单命令：“视图→缩放→上一个”。

2）工 具 栏：“缩放”工具栏按钮。

3）命 令 行：ZOOM→P。

在图样设计中，经常需要将图形放大或缩小以观察局部或总体布局，然后又希望重新显示前一个视图状态。这样就要使用系统提供的显示上一个视图功能，快速回到最初的一个视图。

如果正处于实时缩放模式，则可单击右键，从快捷菜单中选择“缩放为原窗口”选项。按按钮可逐步退回到前边 10 个显示过视图。

（7）缩小缩放。系统将整个视图缩小 1 倍。即默认比例因子为 0.5。

（8）放大缩放。系统将整个视图放大 1 倍。即默认比例因子为 2。

（9）全部缩放。可以显示整个图形中的所有对象。在平面视图中，它以图形界限或当前图形范围为显示边界。如果图形延伸到图形界限以外，则仍显示图形中的所有对象。此时的显示边界是图形范围。

（10）范围缩放。可以在屏幕上尽可能大地显示所有图形对象。与全部缩放模式不同的是范围缩放使用的显示边界只是图形范围而不是图形界限。

5.2 平移

平移视图命令是指不改变显示窗口的大小、图形中对象的相对位置和比例，只是重新定位图形的位置。就像一张图纸放在面前，可以来回移动图纸，把要观察的部分移到眼前一样。使图中的特定部分位于当前的视区中，以便查看图形的不同部分。用户除了可以左、右、上、下平移视图外，还可以使用“实时”平移和“定点”平移两种模式。

平移菜单调用方式：

菜单命令：视图→平移，如图 5.15 所示。

图 5.15 “视图→平移”菜单

5.2.1 实时平移

调用命令方式：

（1）菜单命令：“视图→平移→实时”。

（2）工 具 栏：“标准”工具栏按钮。

（3）命 令 行：PAN。

（4）快捷菜单：单击右键，如图 5.16 所示。

激活该命令，光标变为小手形状。按住鼠标左键同时移动光标，窗口中的图形将按光标移动的方向移动。当显示出所需要的部位释放拾取键则平移停止，如图 5.17 所示。

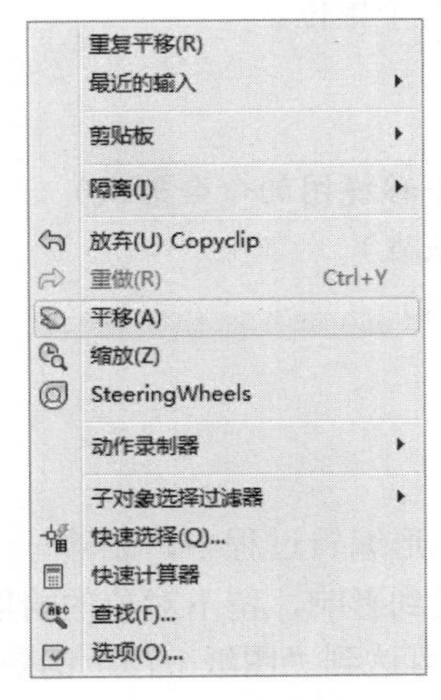

图 5.16　快捷菜单

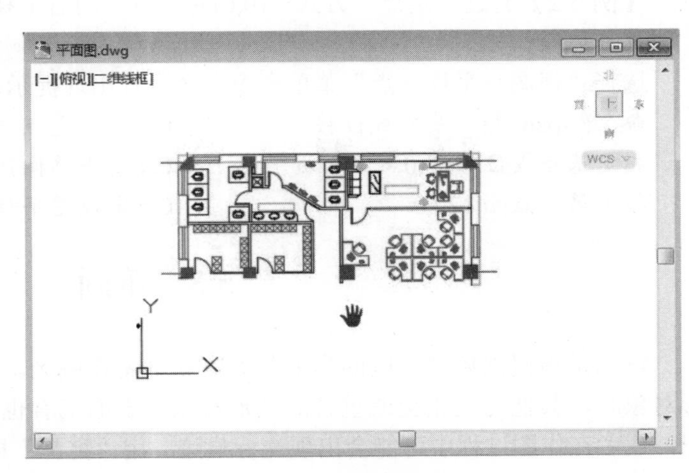

图 5.17　实时平移图形

5.2.2　定点平移

调用命令方式：

菜单命令：“视图→平移→点”。

该模式可通过指定基点和位移值来移动视图。按命令行上的提示，给定两个点的坐标或在屏幕上拾取两个点，AutoCAD 会计算出这两个点之间的距离和移动方向，相应地把图形移到指定的位置。如果以回车响应第二个点，则系统认为是相对于坐标原点的位移，命令窗口如图 5.18 所示。

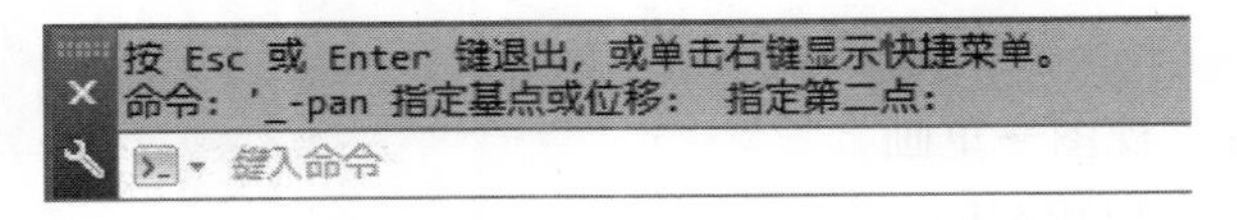

图 5.18　定点平移命令窗口

5.2.3　自动平移

1．自动向左平移

菜单命令：“视图→平移→左”。

自动向左平移，位移量同当前图形的显示比例有关。

2．自动向右平移

菜单命令：“视图→平移→右”。

自动向右平移，位移量同当前图形的显示比例有关。

3．自动向上平移

菜单命令：“视图→平移→上”。

自动向上平移，位移量同当前图形的显示比例有关。

4．自动向下平移

菜单命令：“视图→平移→下”。

自动向下平移，位移量同当前图形的显示比例有关。

【例5.2】通过“定点”方式以(0,0)为基点，向右平移120个单位。

其具体操作如下：

选择“视图→平移→点”菜单命令，命令行出现提示：

命令:_-pan 指定基点或位移:　　　　（表示以定点方式平移视图的命令形式）

指定基点或位移: 0,0　　　　（表示平移操作的基点）

指定第二点:@120,0　　　　（指定视图平移距离）

5.3　重画

重画是指根据帧缓冲区的当前数据刷新屏幕作图区。在图形编辑过程中，删除一个图形对象时，其他与之相交或重合的图形对象从表面上看也会受到影响，留下对象的拾取标记，或者在作图过程中可能会出现光标痕迹。用“重画”刷新可达到“图纸干净”的效果，清除这些临时标记，如图5.19所示。

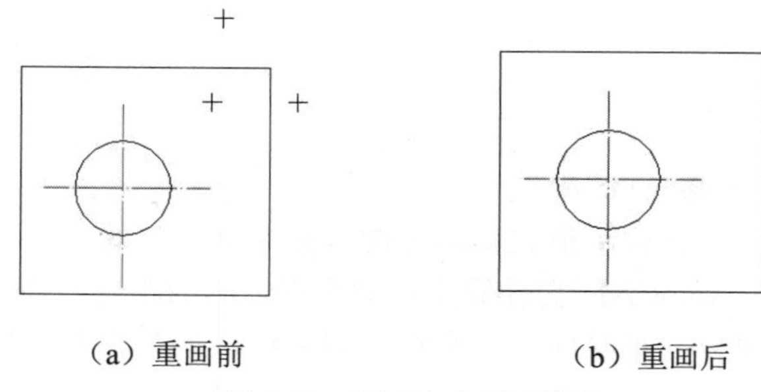

（a）重画前　　　　（b）重画后

图5.19　重画命令前后比较

调用命令方式

（1）菜单命令：“视图→重画”。

（2）命 令 行：REDRAW。

这个命令是透明命令，并且可以同时更新多个视口。

5.4　重生成和全部重生成

5.4.1　重生成

为了提高显示速度，图形系统采用虚拟屏幕技术保存了当前最大显示窗口的图形矢量信息。由于曲线和圆在显示时分别是用折线和正多边形矢量代替的，相对于屏幕较小的圆，多边形的边数也较少，因此放大之后就显得很不光滑。重生成即按当前的显示窗口对图形重新进行裁剪、变换运算，并刷新帧缓冲器，因此不但“图纸干净”，而且曲线也比较光滑，如图5.20所示。调用“重生成”命令方式，如图5.21所示。

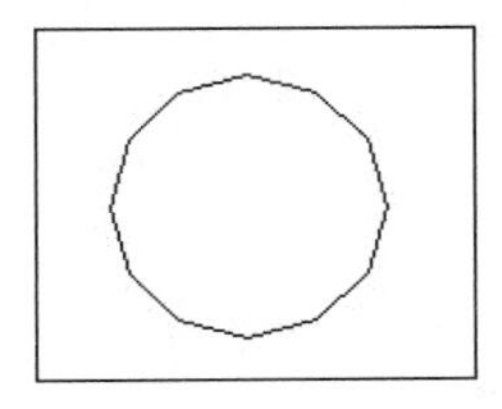

（a）重生成前

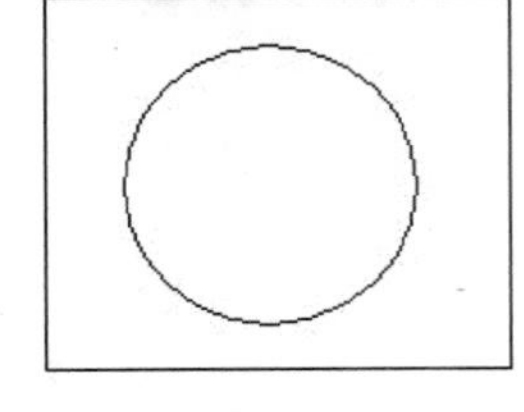

（b）重生成后

图 5.20　重新生成前后比较

图 5.21　“重生成”与“全部重生成”菜单命令

（1）菜单命令：“视图→重生成”。

（2）命 令 行：REGEN。

重生成与重画在本质上是不同的，利用“重生成”命令可以重生成屏幕，此时系统从磁盘中调用当前图形的数据，比“重画”命令执行的速度慢，更新屏幕花费时间较长。

5.4.2　全部重生成

本命令与重生成命令操作方法相似，但是处理对象是所有视口中显示的图形。多用于三维绘图。

调用方法：

（1）菜单命令：“视图→全部重生成”。

（2）命 令 行：REGENALL。

5.4.3　自动重生成

命 令 行：Regenauto（或 'Regenauto，用于透明使用）

输入模式[mk:@MSITStore:F:\AutoCAD2004\help\acad_acr.chm::/acr_r16.html - 2164092 开 (ON)/mk:@MSITStore:F:\AutoCAD2004\help\acad_acr.chm::/acr_r16.html - 2164131 关 (OFF)] <当前模式>: 输入 ON 或 OFF，或按 Enter 键

AutoCAD 图形在开关 REGENAUTO 设置为开（ON）时自动重生成。当要处理一个很大的图形，可能需要将 REGENAUTO 设置为关（OFF），以节省时间。当前设置存储在 REGENMODE 系统变量中。如果不设置 REGENAUTO，则不能使用需要重新生成图形的透明命令。

第 6 章　图案填充

- 熟练掌握 AutoCAD 提供的图案填充方法
- 熟练掌握图案填充命令及其对话框操作
- 熟练掌握图案填充的编辑
- 学会设置图案填充样式
- 学会图案填充区的边界与孤岛检测
- 学会设置关联图案填充

在绘制机械图、建筑图、地质构造图等各类图样时，经常需要对某个图形区域填入剖面线、阴影线或图案，以表示该物体的材料或区分各个组成部分等，这种操作就是图案填充。AutoCAD 提供了快捷有效的图案填充功能，即在对图形进行图案填充时，用户不但可以使用系统提供的各种图案，还可以使用自己事先定义好的图形。

6.1　图案填充命令

6.1.1　通过对话框进行图案填充

1．功能

该命令用于选择图案及填充方式，并将它们填入指定的封闭区域。

2．输入方法

（1）菜单命令：“绘图→图案填充”。

（2）工 具 栏：“绘图”工具栏“图案填充” 按钮。

（3）命 令 行：HATCH。

3．提示及说明

命令输入后，AutoCAD 弹出“图案填充和渐变色”对话框，如图 6.1 所示。对话框提供了“图案填充”和“渐变色”两个选项卡以及其他一些选项按钮。

“图案填充”选项卡：用户可以利用以下控件设置填充的图案及其特性参数。

（1）“类型和图案”区域。

1）类型：“类型”下拉列表，如图 6.2 所示，用于设置填充图案的类型。即“预定义”“用户定义”和“自定义”。其中：

- 预定义：AutoCAD 提供了 70 多种预定义填充图案，包括 ISO、ANSI 及其他行业标准填充图案。填充图案都在 acad.pat 和 acadiso.pat 文件中定义。
- 用户定义：用户用当前线型临时定义一个简单的图案，使用指定的间距、角度、颜色和其他特性来定义个性填充图案。用户可以设置它们的角度和间距。

◆ 自定义：这是用户预先定义并保存为“.PAT”文件的图案。

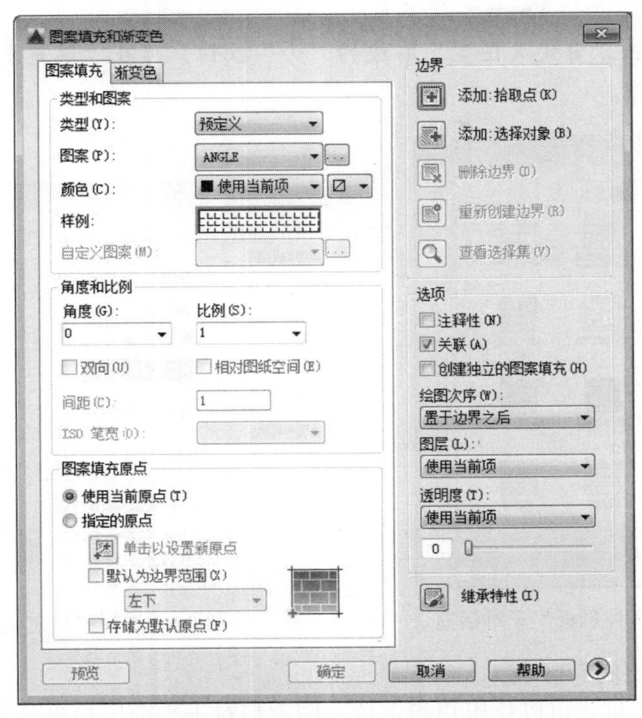

图 6.1　“边界图案填充”对话框（“图案填充”选项卡）

2）图案：用户可在“图案”下拉列表框中选择填充图案。此列表框只有在“类型”下拉列表框中的“预定义”选项被选中时才有用。在“图案”下拉列表框中，列出了所有可用的“预定义”填充图案，最近使用过的 6 个图案出现在列表的顶部。可以单击其中的图案名来选择所需图案，如图 6.3 所示。

图 6.2　“类型”下拉列表

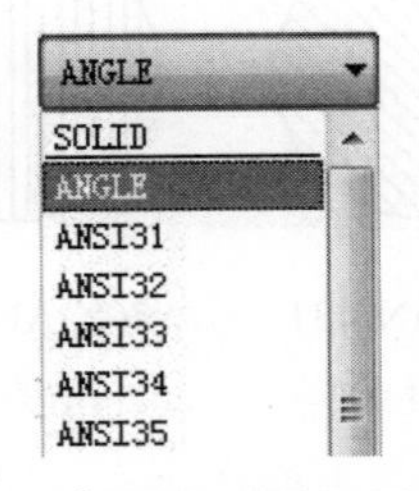

图 6.3　最近使用的“图案”

用户还可以单击“图案”右边的“…”按钮，AutoCAD 显示出“填充图案选项板”子对话框，如图 6.4 所示。可按类型分 4 个选项卡显示所有“预定义”和“自定义”填充图案的微缩图形。单击对话框中的微缩图形就可确定所需图案。

3）样例：显示了所选中填充图案的预览图片。单击此框可显示如图 6.4 所示的“填充图案选项板”对话框。

4）“自定义”列表框：当在“类型”中选择了“自定义”，则对话框中弹出“自定义图案”列表框，如图 6.5 所示。列出了所有可用的“自定义”图案。最近使用的 6 个自定义图案出现在列表的顶部。AutoCAD 将所选定的图案保存在系统变量 HPNAME 中。

注意：“自定义图案”只有在“类型”中选择“自定义”时才可用，否则该选项不可用（灰色显示）。

同样，用户单击“自定义图案”右边的“…”按钮，可在“填充图案控制板”对话框中选择一种填充图案。

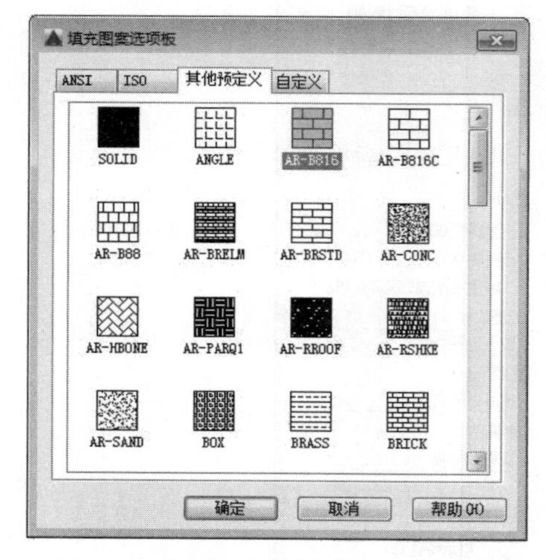

图 6.4 “填充图案控制板”子对话框

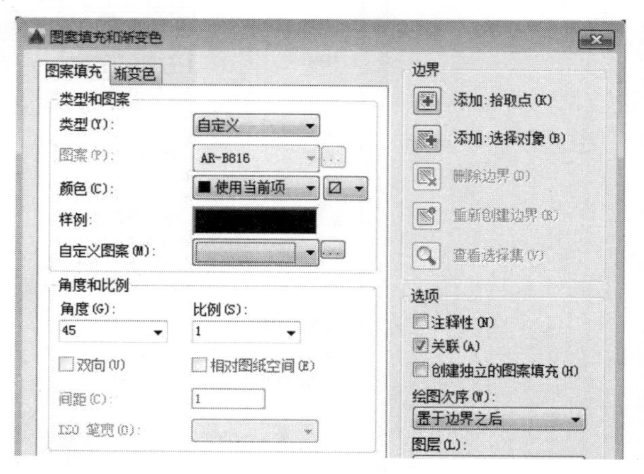

图 6.5 选择“自定义图案”

（2）“角度和比例”区域。

1）“角度”列表框：可以让用户指定填充图案相对于当前用户坐标系 UCS 的 X 轴的旋转角度，显示的微缩图形默认为 0°。如图 6.6 所示是同样填充图案不同旋转角度的填充效果。

2）“比例”列表框：用于设置填充图案的比例系数，系数大图案稀疏，默认值为 1。图 6.7 所示是不同比例因子下的同一图案的填充。

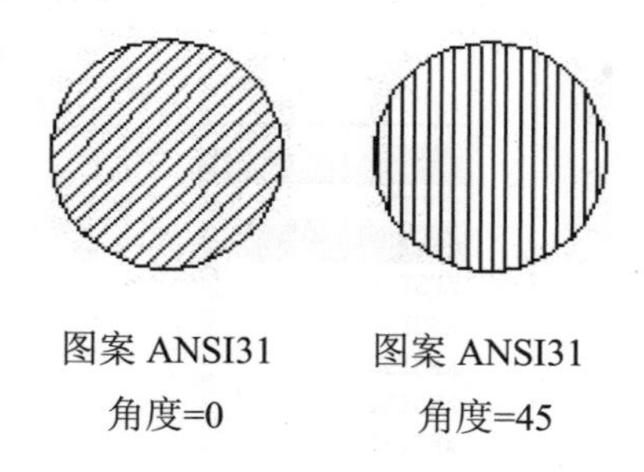

图 6.6 同样填充图案不同角度的填充

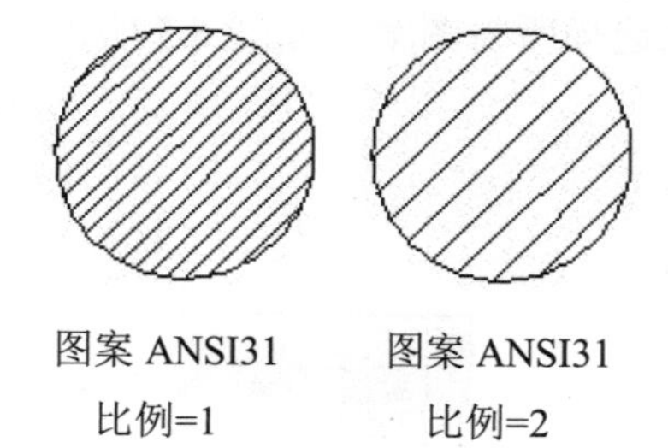

图 6.7 不同比例因子下的同一图案的填充

注意：“比例”列表框只有当“类型”列表框中选择了“预定义”或“自定义”时才有效。

3）“相对图纸空间”复选框：用于设置填充图案按图纸空间单位比例缩放。使用此选项后，用户可以非常方便地将填充图案以一个适合于用户布局的比例显示。该选项只有在此布局视图中才有效。

4）“间距”：用于设置用户定义图案时填充线的间距。AutoCAD 将间距值保存在系统变量 HPSPACE 中。

注意：只有在“类型”列表框中选择了“用户定义”时才可用。

5）“双向”复选框：在使用“用户定义”类型时显示的复选框，与原始线垂直方向画第二组线，从而创建一个相交叉的填充图案。AutoCAD 将该信息存储在系统变量 HPDOUBLE 中。

（3）“图案填充原点”区域。

可以通过指定图案基于的原点来更改图案填充的对齐方式。

（4）“边界”区域。

在说明本区域按钮之前，先介绍一下孤岛检测方式。用户可以在边界内拾取点或选择边界对象时（即单击了“拾取点”按钮或单击了“选择对象”按钮之后），在图形区单击鼠标右键，从弹出的快捷菜单，如图 6.8 所示，共有三种孤岛检测方式供选择，如图 6.9 所示。

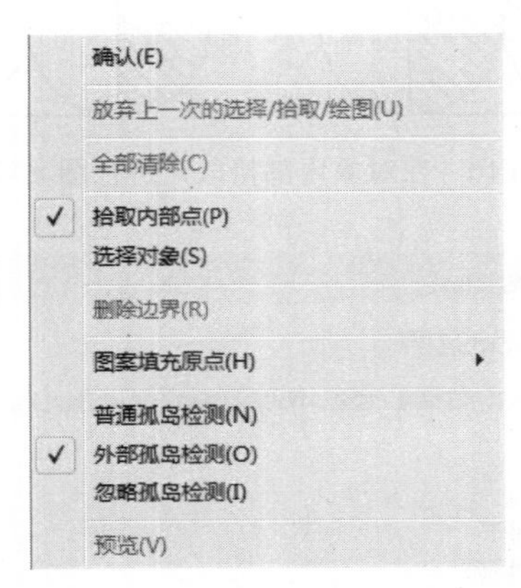

图 6.8　图案填充右键快捷菜单

普通

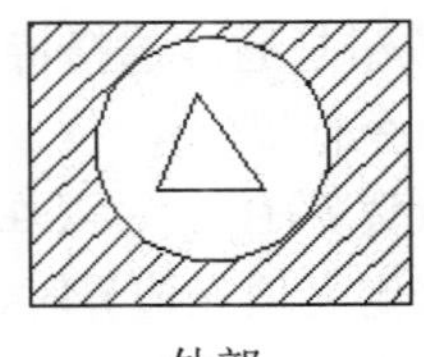
外部

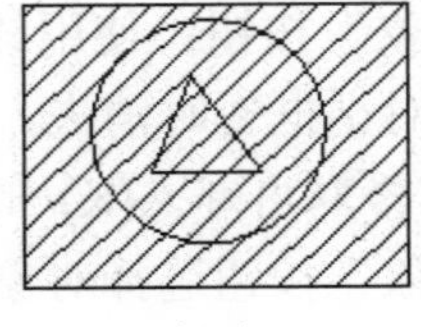
忽略

图 6.9　孤岛检测样式

- 普通：填充从最外面边界开始往里进行，在交替的区域间填充图案。这样由外往里，每奇数个区域被填充。
- 外部：仅仅对最外边区域进行图案填充。
- 忽略：只有最外的边界组成了一个闭合的多边形，AutoCAD 将忽略所有的内部对象，对最外端边界所围成的全部区域进行图案填充。

1）“拾取点”按钮：可通过拾取内部一点来确定边界，从而进行图案填充。

操作方式：单击“拾取点”按钮将暂时关闭“图案填充和渐变色”对话框，AutoCAD 命令行提示在填充区域的内部拾取一点。

拾取内部点或[选择对象(S)/删除边界(B)]:　　（在图案填充区域内拾取一个点）

- 选择对象：指定边界内的对象，按当前孤岛检测样式填充对象。

◆ 删除边界：从边界定义中删除之前添加的任何对象。

当在欲填充的区域内拾取一个点，AutoCAD 会在指定点周围按设置自动形成一个封闭边界，并用虚线形式亮显出来。可以在多个区域内重复选择。按 Enter 键结束选择回到对话框。在要求拾取内部点的时候，用户也可以在绘图区右击鼠标，AutoCAD 将显示一个快捷菜单，如图 6.8 所示。用户可以通过该快捷菜单取消最近或所有的拾取点，改变选择方式，改变孤岛检测样式或预览图案填充等多项功能。

在对象内部拾取点定义填充边界进行图案填充时，拾取点位置不同，边界不同，填充效果不同，如图 6.10 所示。当选择的点在边界线外或边界对象并非完全闭合时，将弹出“边界定义错误”提示框，如图 6.11 所示，提示未找到有效的图案填充边界。

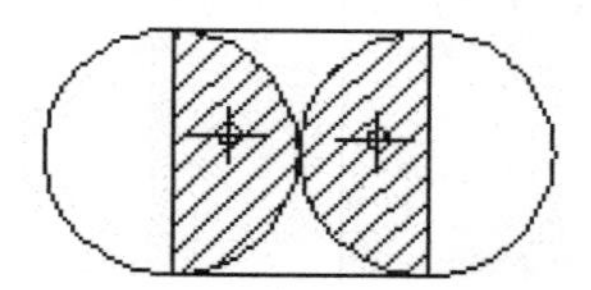 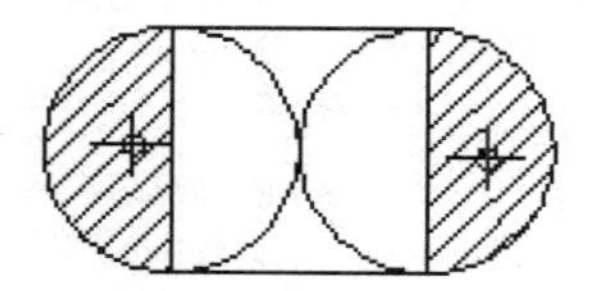

图 6.10 在对象内部拾取点进行图案填充

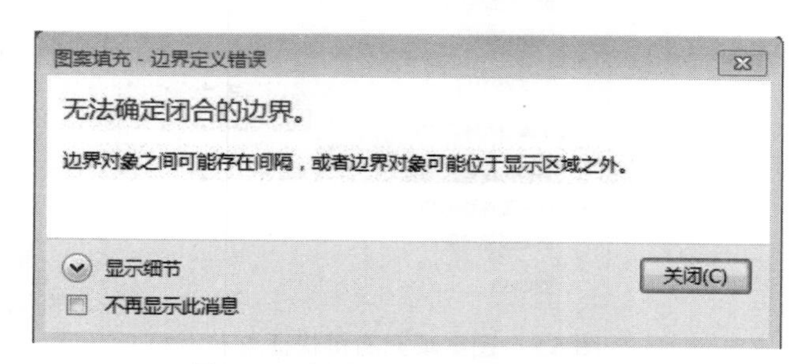

图 6.11 “边界定义错误”提示框

2）“选择对象”按钮：使用该按钮是通过选择特定的对象作为边界来进行图案填充。选择该按钮后，对话框暂时消失，命令行提示：

选择对象或[拾取内部点(K)/删除边界(B)]: （在图案填充区选择作为边界的图形）

用“选择对象”按钮选择对象来定义填充边界时，AutoCAD 不会自动检测边界内部的孤岛。内部的孤岛是否作为边界，由用户自己选择。选择时的注意事项：

◆ 当填充带文字的区域时：如果没有选择内部的文字，则形成的填充覆盖该文字；如果用户选择文字对象，则文字作为边界的一部分不被填充，并在文字的周围留有一部分区域以使文字显示清晰易懂，如图 6.12 所示。

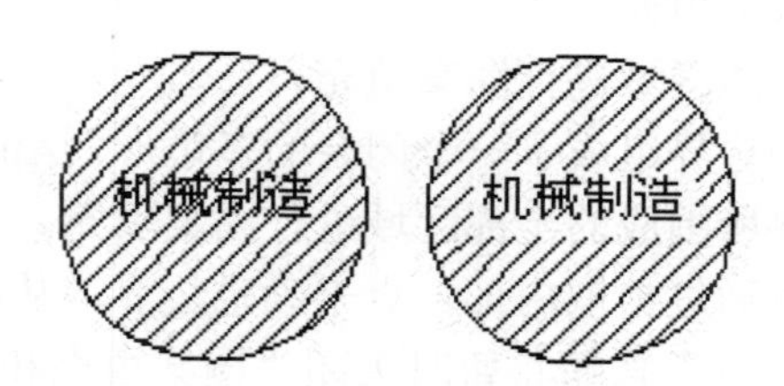

不选文字作为边界 选中文字作为边界

图 6.12 文字区域的填充效果

注意：当选中了“选择对象”按钮后，是用户自己选择边界，AutoCAD 不再自动地建立一个闭合的边界。因此被选定的对象都将要作为边界，这就要求所有选中对象的端点必须在填充边界上，且端点重合构成一条封闭的回路，否则可能填充不正确，如图 6.13 所示。

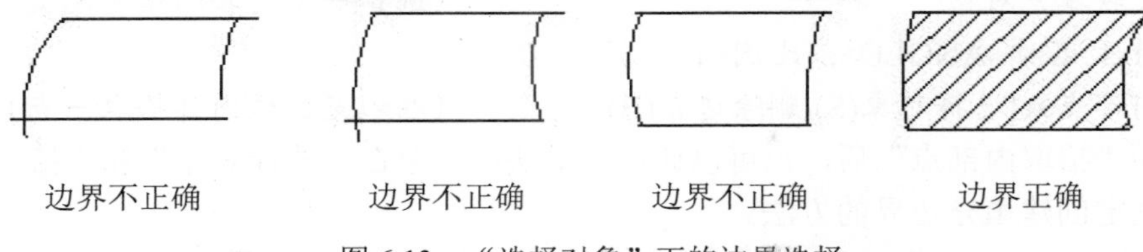

图 6.13　“选择对象”下的边界选择

- 当填充带尺寸标注的区域时：只要尺寸标注变量 DIMASO 被打开，并且尺寸标注还没有被分解时，尺寸标注就不会受填充的影响。如果尺寸标注是在 DIMASO 关闭（或者被分解成独立对象）时进行的，则有关的线（尺寸线和尺寸界线）对填充图案会有着不可预见的影响。因此，在这种情况下，应通过屏幕上选择独立对象来完成选择工作。
- 当对块进行填充时，是把它们作为分离的对象来进行的，要注意的是，当把块作为对象选定时，组成该块的所有对象都被选定作为要被填充的一部分。
- 当对一个填充区域（solid）或宽线（trace）对象进行图案填充时，AutoCAD 不能在该填充区域和宽线内进行图案填充，图案填充将在填充对象的外廓处停止。

3）“删除边界”按钮：删除当前选中的边界，从而选择新边界。

4）“重新创建边界”按钮：可以在图案填充周围重新创建一个边界并将其与图案填充对象相关联（后者为可选操作）。重新创建的图案填充边界可以是多段线或面域对象。

5）“查看选择集”按钮：将加亮显示所定义的边界集。在没有选取对象或没有指定一点以定义边界时，此选项不可用。

（5）“选项”区域。

1）“关联”复选框：如果选择“关联”复选框，则随着填充边界的改变填充也随着变化，如图 6.14 左边所示；如果不选择，则填充相对于它的填充边界是独立的，边界的修改不影响填充对象的改变，如图 6.14 右边所示。

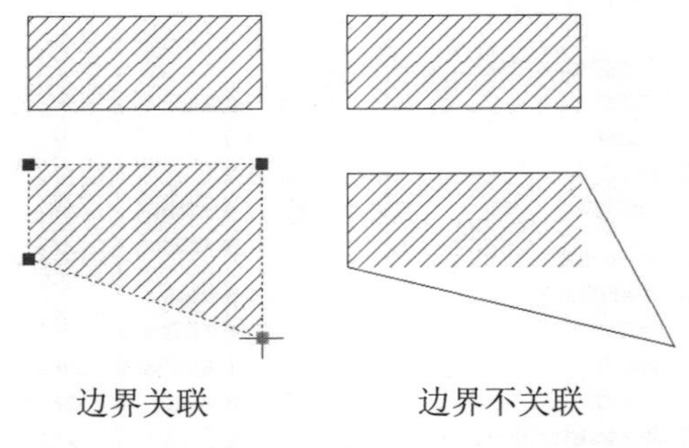

图 6.14　填充边界的关联性

2）“创建独立的图案填充”复选框：将同一个填充图案同时应用于图形的多个区域时，可以指定每个填充区域都是一个独立的对象。以后可以修改一个区域中的图案填充，而不会改变所有其他图案填充。

（6）“继承特性”按钮：用户使用与图形当中已存在的填充图案一样的图案来填充新

的区域时，可以选择“继承特性”按钮，表示一种特性的继承性。单击该按钮后，AutoCAD 在命令行提示：

选择关联填充对象: （选择一个关联的填充图案）

继承特性:名称<ANGLE>，比例<1>，角度<0>

拾取内部点或[选择对象(S)/删除边界(B)]: （在填充区域内部拾取一点）

在出现“拾取内部点”后，也可以通过右键快捷菜单在“选择对象”和“拾取内部点”之间重新确定创建填充边界的方法。

注意：AutoCAD 不能继承不关联的填充图案的特性。

（7）“预览”按钮：填充边界被选定后，选择“预览”按钮，暂时关闭对话框，显示图案填充的结果。当预览完毕后，按回车键或右击鼠标按钮重新显示“边界图案填充”对话框，从而决定采用还是修改所选定的边界。如果没有边界被选定，则此选项无效。

4．图案填充的操作步骤

（1）激活 HATCH 命令。

（2）在图案填充选项卡中设置填充图案及其特性参数。

（3）在高级选项卡中设置填充图案的边界。

（4）用“拾取点”或“选择对象”方式在图形中确定边界后，回车返回对话框。

（5）查看所选的边界集。单击“查看选择集”按钮，将隐去对话框并加亮显示所定义的边界集。

（6）预览。

（7）图案填充。若对预览效果满意，则可单击“确定”按钮，关闭对话框并实施图案填充。

6.1.2 添加填充图案和实体填充

除通过上节填充方法外，还可以通过工具选项板添加填充。

菜单命令：“工具→选项板→工具选项板”，即可打开工具选项板，如图 6.15 所示。在工具选项板左下角单击鼠标，选择“图案填充”选项，如图 6.16 所示。工具选项板改变为图案填充选项板，如图 6.17 所示。

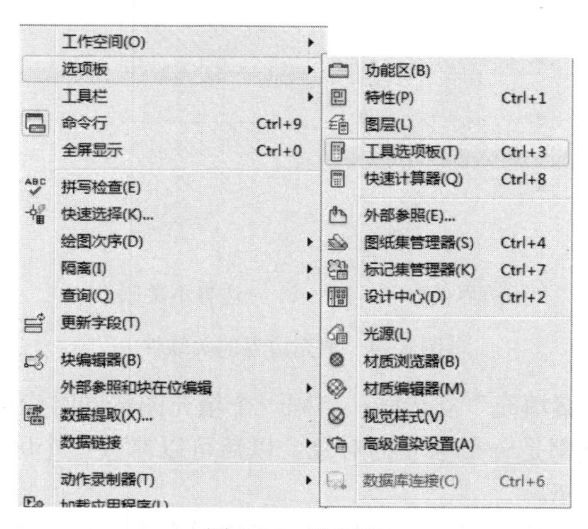

图 6.15 选项板

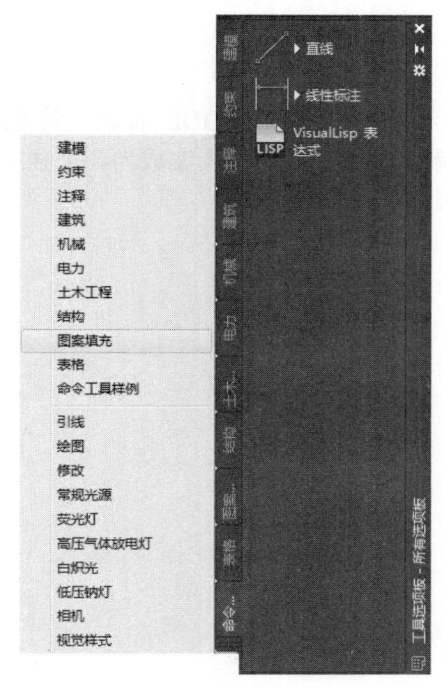

图 6.16　工具选项板

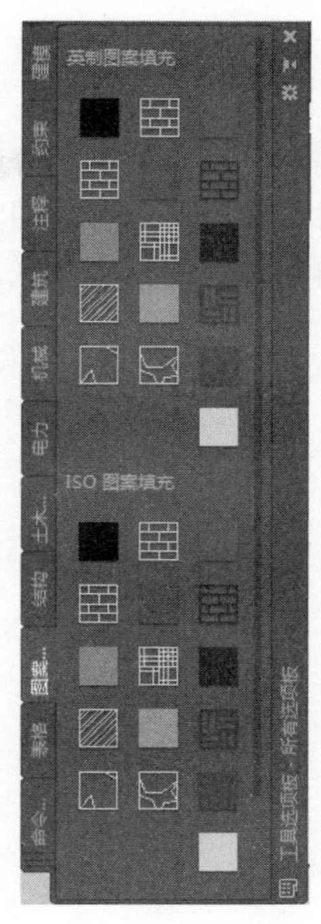

图 6.17　图案填充选项板

6.2　编辑图案填充

填充图案可以被认为是一个无名的块，用户可以对填充的图案进行编辑，当用鼠标任意单击填充图案上的一点，便可选中整个图案填充对象。

6.2.1　编辑填充图案

1．功能

用于修改已有图案填充及其某些特性。

2．输入方法

（1）菜单命令：修改→对象→图案填充。

（2）工 具 栏："修改Ⅱ"工具栏"编辑图案填充"按钮。

（3）命 令 行：HATCHEDIT。

3．命令及提示

命令：HATCHEDIT

提示：选择关联填充对象：（选择要编辑的图案填充）

4．说明

用户选择一个关联图案填充对象后，AutoCAD 显示"图案填充编辑"对话框。"图案填充编辑"对话框与"边界图案填充"对话框完全一样，只是在编辑图案时，其中的某些项不可用。利用"图案填充编辑"对话框，用户可对已填充的图案进行诸如改变填充图案、改变填充比例和角度以及孤岛检测样式等操作。用户可参照前面所讲的"边界图案填充"对话框使用。

6.2.2 图案填充分解

如果需要，可以将图案分解成多个独立的元素。执行 EXPLODE 命令，系统提示选择对象，此时选取需要分解的图案，即可将其分解。分解后，填充图案成为各个独立的对象，它也就不再与边界对象相关联。详见编辑命令。

第 7 章　文本与编辑

- 熟练掌握单/多行文字输入方法
- 学会创建和使用文本样式、输入特殊符号
- 学会编辑文本
- 了解文本对正、文本比例缩放的基本操作步骤

7.1　文本输入

添加到图形中的文字可以表达多种信息，例如规格、说明、标签等。AutoCAD 2016 提供了单行文字命令和多行文字命令两种文字处理功能。这两种命令各有特点，分别适合不同的输入情况。一般而言，对简短的输入项使用单行文字；对带有内部格式的较长的输入项使用多行文字。

7.1.1　单行文字输入

单行文字可以创建一行或多行文字，其中，每行文字都是独立的实体。用户可以对其进行重定位、调整格式或进行修改等。在默认情况下，工作界面不显示单行文字名。

1．调用命令方式

（1）菜单命令："绘图→文字→单行文字"。

（2）工 具 栏："文字"工具栏A图标。

（3）命 令 行：TEXT。

2．操作方式

（1）指定文字的起点，按左对齐方式定位文字（默认方式）。通过菜单命令或在命令行输入 TEXT，AutoCAD 提示：

当前文字样式:Standard;当前文字高度:2.5;注释性:否;对证:左

指定文字的起点或[对正(J)/样式(S)]:

此时可以输入一个点，作为该行文字第一个字符的基线左下角位置，在对齐方式中，它也是该行文字的"插入点"。其中"对正(J)"选项用于设置文字对齐方式；"样式(S)"选项用于设置文字使用的文本样式。

（2）按其他方式定位文字。如果希望采用其他的文字对齐方式，可以输入"J"并按 Enter 键，此时将出现下列提示：

指定文字的起点或[对正(J)/样式(S)]:　　　　（输入选项）

[左(L)/居中(C)/右(R)/对齐(A)/中间(M)/布满(F)/左上(TL)/中上(TC)/右上(TR)/左中(ML)/正中(MC)/右中(MR)/左下(BL)/中下(BC)/右下(BR)]:

其中各选项内容：

左：在由用户给出的点指定的基线上左对正文字。

居中：从基线的水平中心对齐文字，此基线是由用户给出的点指定的。

右：指定文字行最后一个字符右下角的基线位置为对齐点。

对齐：通过指定基线端点来指定文字的高度和方向。字符的大小根据其高度按比例调整。文字字符串越长，字符越矮。

中间：指定底线与顶线之间距离的两个方向的中间点为对齐点。

布满：指定文字按照由两点定义的方向和一个高度值布满一个区域。

左上：指定文本行顶线的左端点为对齐点。

中上：指定文本行顶线的中点为对齐点。

右上：指定文本行顶线的右端点为对齐点。

左中：指定文本行中线的左端点为对齐点。

正中：指定文本行中线的中点为对齐点。

右中：指定文本行中线的右端点为对齐点。

左下：指定文本行底线的左端点为对齐点。

中下：指定文本行底线的中点为对齐点。

右下：指定文本行底线的右端点为对齐点。

旋转角度：指基线以中点为圆心旋转的角度，它决定了文字基线的方向。可通过指定点来决定该角度。

AutoCAD 为文字行规定了四条定位线：顶线、中线、基线和底线，如图 7.1 所示。

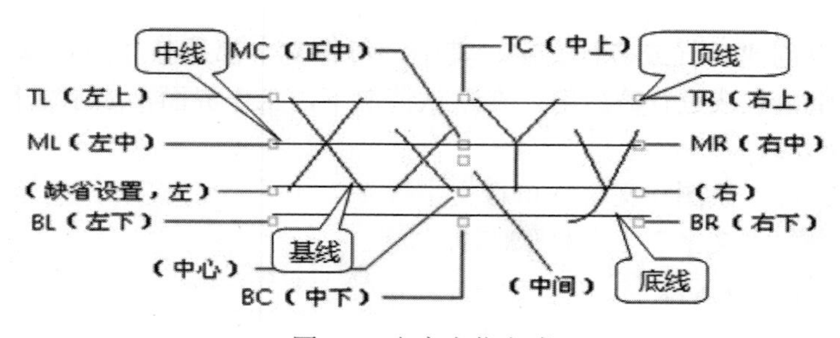

图 7.1 文字定位方式

顶线是所有大写字母顶部对齐的线；基线是大写字母底部所对齐的线；底线是长尾小写字母底部所在的线；中线在顶线与基线的正中间。汉字则在顶线与基线之间。

（3）如果设置文字样式，可以输入“S”，按 Enter 键。

（4）设置文字的对齐方式及文本样式后，按系统提示，在工作界面上单击一点作为文字的起点。

系统将给出如下提示：指定高度<20>:

（5）用户通过单击一点，利用该点与文本起点之间的垂直距离作为文字的高度，也可以直接输入一个数值，指定文字高度。

系统将给出如下提示：指定文字的旋转角度<0>:

（6）用户可在此提示下直接输入文本行的旋转角度，或单击某点，以该点与前面所设文字起点之间的连线角度（与 X 轴的夹角）作为旋转角度。例如，假定在此输入 30，并且按 Enter 键，表示将文字行按逆时针旋转 30°。

系统接下来将给出如下提示：输入文字:

用户可以在该提示下输入文字内容，此时输入的文字将会即时出现在绘图窗口中。命令窗口中继续提示“输入文字”，输入另一行文字，结束输入可在行尾按 Enter 键，如图 7.2 所示。

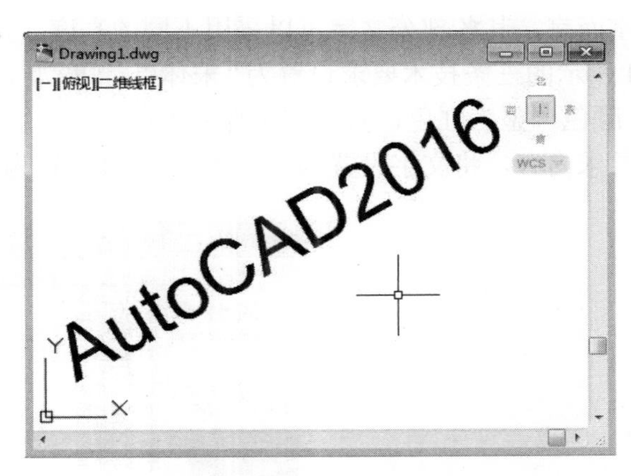

图 7.2　输入单行文字

7.1.2　多行文字输入

1．调用命令方式

（1）菜单命令：“绘图→文字→多行文字”。

（2）工 具 栏：“绘图”工具栏 A 按钮。

（3）命 令 行：MTEXT。

2．操作方式

通过上述命令，当用户在工作界面上指定第一角点和对角点后，系统将弹出“文字格式”工具栏，如图 7.3 所示。

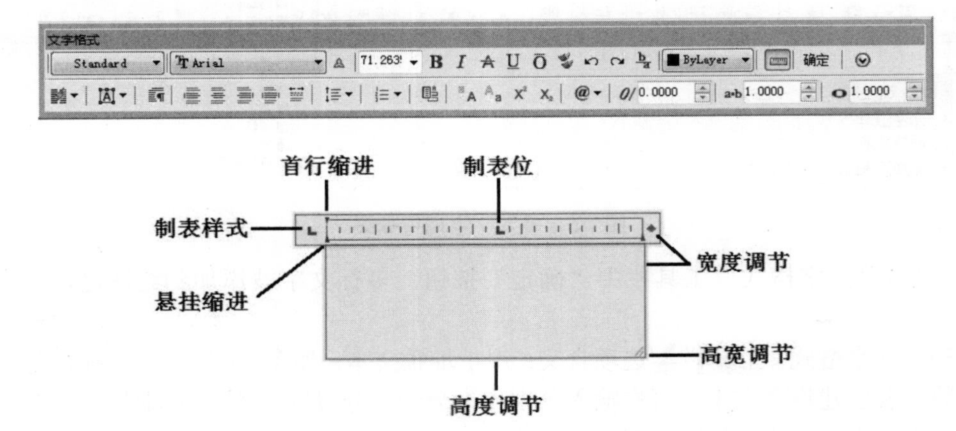

图 7.3　“文字格式”工具栏

（1）使用“文字格式”工具栏设置文字的样式、字体、高度、颜色等。在文字编辑区内输入所需要的文字，如图 7.4 所示。

要设置制表格，单击标尺设置制表位（有点类似 Word 操作）。结束输入文字和设置好文字格式后，要想保存更改并退出“文字格式”，可使用下列方法之一：

1）单击工具栏上的“确定”按钮。

2）单击“文字格式”外部的图形。

3）按 Ctrl+Enter 组合键。

（2）对于多行文字而言，其各部分文字可以采用不同的高度、文字和颜色等。

【例 7.1】将图 7.4 所示的三条技术要求设置为“宋体”，高度为 1.5；“技术要求”为“楷体”，高度调整为 2.5，颜色调整为红色，其操作步骤如下：

1）选择三行技术要求内容，将文字设置为“宋体”，高度设置为 1.5，如图 7.5 所示。

技术要求
1、未注圆角R5
2、时效处理
3、未加工表面涂二遍防腐漆

图 7.4 输入多行文字

图 7.5 设置多行文字的字体、高度

2）选择“技术要求”文字，将文字设置为“楷体”，高度调整为 2.5，颜色调整为红色，如图 7.6 所示。

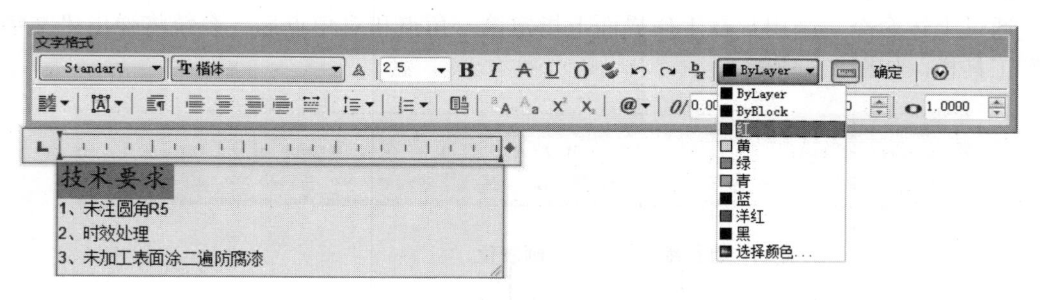

图 7.6 多行文字调整效果

3）单击“文字格式”工具栏中“确定”按钮，多行文字被添加到绘图区，如图 7.7 所示。

（3）“文字格式”工具栏 $\frac{b}{a}$ 选项含义：用于堆叠文本，如图 7.8 所示。即垂直对齐的文本或分数。要创建堆叠文本，可先输入分别作为分子和分母的文本，其间使用“/”分隔，然后通过光标拖动方法选择这一部分文本，并且单击 $\frac{b}{a}$ 按钮。

【例 7.2】创建配合尺寸“ø50$\frac{H7}{h6}$”。

1）输入“H7/h6”。

2）选择“H7/h6”。

3）单击 按钮。

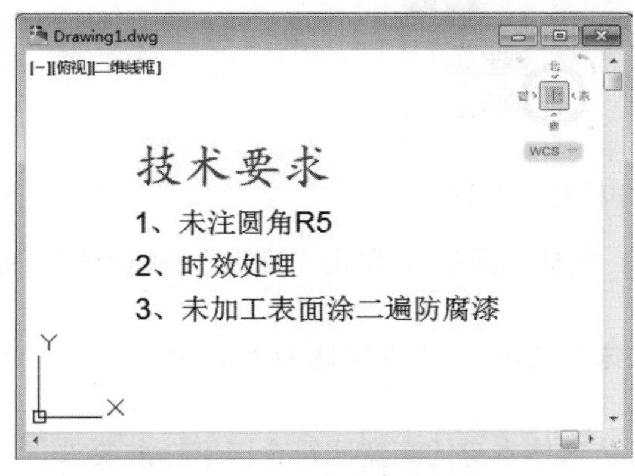

图 7.7　多行文字添加绘图区

图 7.8　堆叠文本

7.2　创建和使用文本样式

按国家技术制图标准规定，各种专业图样中文字的字体、字宽、字高都有一定的样式。为了达到国家标准要求，在输入文字以前，要先设置文字样式或者调用已经设置好的文字样式。文字样式定义了文本所用的字体、字高、宽度比例、倾斜角度等其他文字特征。

如果不选文字样式，AutoCAD 将使用当前默认的 STANDARD 文字样式。当创建新的文字样式，就将新文字样式置于当前。

1．调用命令方式

（1）菜单命令：“格式→文字样式”。

（2）工 具 栏：“样式”工具栏“文字样式” 按钮。

（3）命 令 行：STYLE。

2．操作方式示例

（1）单击菜单“格式”→“文字样式”（或单击 ），弹出“文字样式”对话框，如图 7.9 所示。

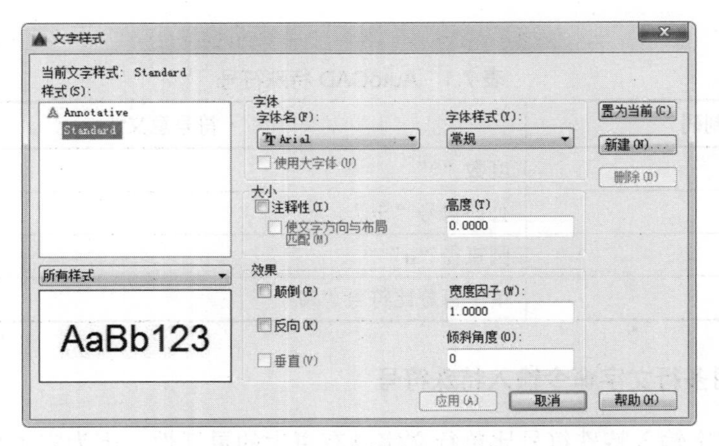

图 7.9　“文字样式”对话框

（2）单击“新建”按钮，弹出“新建文字样式”对话框，如图 7.10 所示。

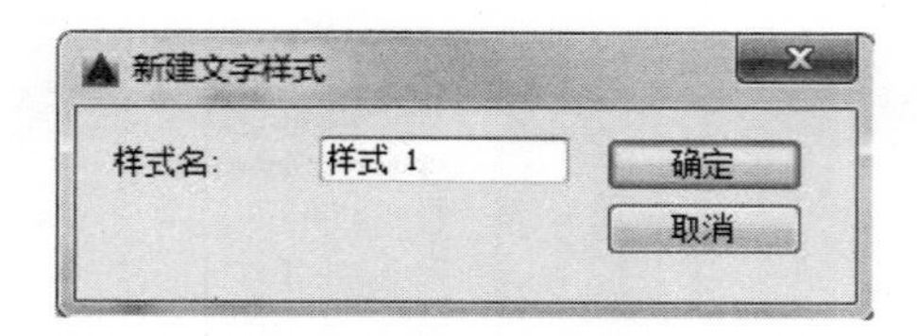

图 7.10 “新建文字样式”对话框

（3）在“样式名”文本框中输入样式名称。例如“汉字”，单击“确定”按钮返回“文字样式”对话框。

（4）从“字体名”下拉列表中，选择“仿宋”选项，（不要误选为“@仿宋”)。

（5）在“高度”文本框中输入文字高度。

（6）在“宽度比例”输入宽度比例，因为仿宋体本身的高宽比符合国家标准要求。

（7）在“倾斜角度”文本框输入文字倾斜角度（文字可以向右倾斜 15°)。

（8）单击“应用”按钮，表示“汉字”为当前样式。

（9）单击“关闭”按钮，退出“文字样式”对话框，完成设置。

说明：

- 若在文本框中输入文字高度为 0.0，则文字的高度为上次使用的文字高度；输入文字高度大于 0.0，为此样式设置文字高度。在右下角的“预览”区，实时显示设置结果。
- 选择字体时，要注意@表示字体是竖排的。
- 字体倾斜角度大于 0，文字向右倾斜；小于 0，文字向左倾斜。如果采用斜体字，应在“倾斜角度”文本框中输入倾斜角度，按国家标准要求输入 15°。

7.3 输入特殊符号

7.3.1 利用单行文字命令输入特殊符号

AutoCAD 将“ø”和“°”等符号视为特殊符号。常见的特殊符号的输入形式见表 7.1 所示。

表 7.1 AutoCAD 特殊符号

控制码	符号意义
%%d	度数“°”
%%p	公差符号“±”
%%c	圆直径“ø”
%%%	单个百分比符号“%”

7.3.2 利用多行文字命令输入特殊符号

利用多行文字输入特殊符号比单行文字具有更大的灵活性，因为它本身就具有一些格式化选项。例如，利用编辑文字快捷菜单，用户可以直接输入“ø”“°”等。下面通过生成字符串 4×ø8±0.025，说明其操作步骤。

（1）选择菜单命令“绘图→文字→多行文字”，单击两对角点设置输入框，打开“文字格式”编辑区。

（2）在文字编辑区中输入数字“4”，然后进入中文输入状态。右击输入法提示条的软键盘，从中弹出的菜单中选择“数学符号”，打开数学符号软键盘。

（3）单击数学符号软键盘中的“×”，将其输入文字编辑区中，如图 7.11 所示。

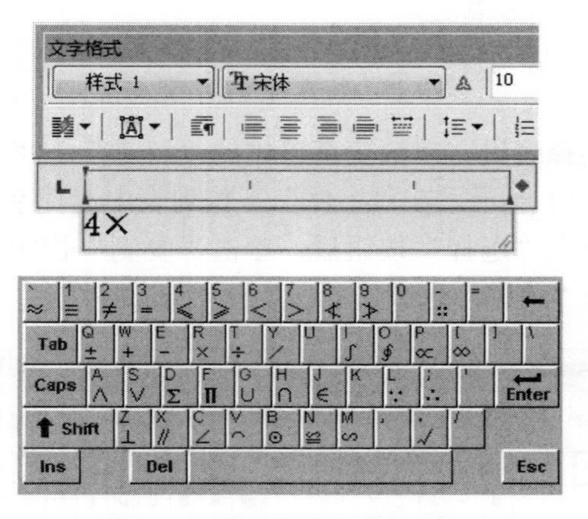

图 7.11　利用软键盘输入“×”

（4）在文字编辑区中右击显示出编辑文字快捷菜单，选择“符号”菜单中的“直径”选项，如图 7.12 所示，然后输入 8。

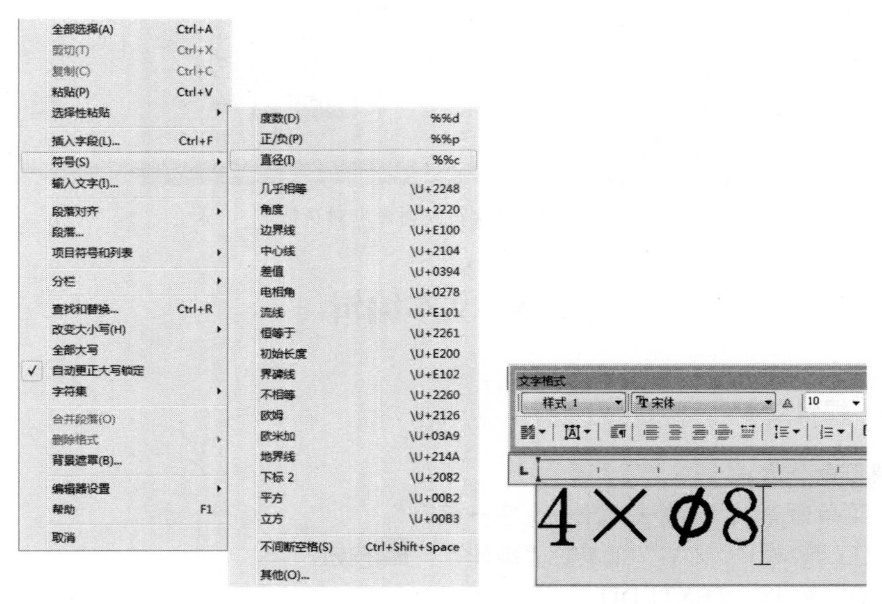

图 7.12　输入符号“直径”

（5）再次显示编辑文字快捷菜单，选择“符号”菜单中的“正/负”选项，然后输入“0.025”。

（6）单击“确定”按钮，结果如图 7.13 所示。

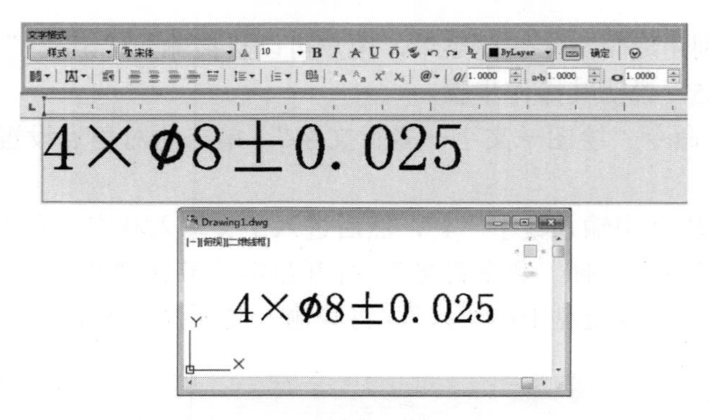

图 7.13 特殊符号输入效果

此外，用户也可以选择编辑文字快捷菜单中的“符号”→“其他”选项，打开“字符映射表”对话框，如图 7.14 所示。在“字体”下拉列表中选择字体名，在“符号”选区中选择需要的特殊符号，单击“选择”按钮后，单击“复制”按钮，返回文字编辑区，单击右键，在快捷菜单中选择“粘贴”选项。

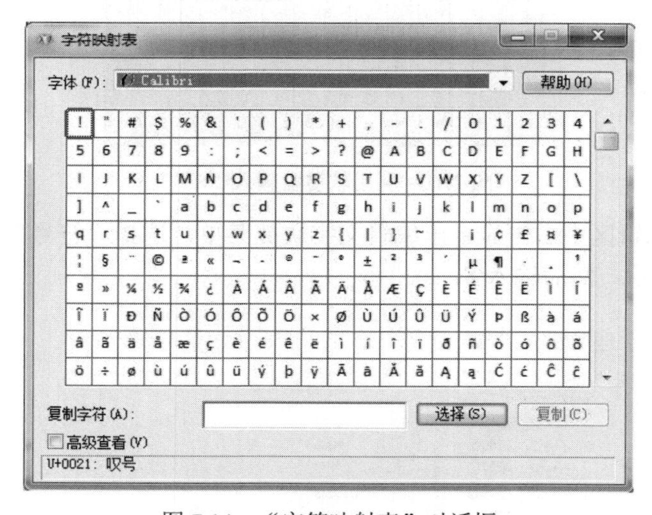

图 7.14 “字符映射表”对话框

7.4 文本编辑

7.4.1 编辑文本

1．调用命令方式

（1）菜单命令：“修改→对象→文字→编辑”。

（2）工 具 栏：“文字”工具栏“编辑...”按钮。

（3）命 令 行：TEXTEDIT。

2．操作方式

（1）编辑单行文字和多行文字方式。

1）当用户双击要修改的单行文字，就可以重新编辑修改文本。

2）当用户双击要修改的多行文字，系统打开“文字格式”工具栏，如图 7.3 所示，可以在此编辑修改文本。

3）当用户要编辑文字的其他属性，主要是指文字样式、字高、倾斜角。可以通过单击“特性”按钮（或选择“修改→特性”），显示“特性”对话框，在“文字”或“多行文字”区作相应的修改。

（2）用户可以用一般编辑图形对象命令对文本进行操作，例如复制、移动、旋转、删除和镜像等。也可以利用夹点编辑技术对文本进行操作。

7.4.2　文本对正

1．调用命令方式

（1）菜单命令：“修改→对象→文字→对正”。

（2）工 具 栏：“文字”工具栏按钮。

（3）命 令 行：JUSTIFYTEXT。

2．操作方式

通过上述命令操作，命令行提示：

指定文字的起点或 [对正(J)/样式(S)]:

当输入“J”回车后将出现：

[左对齐(L)/对齐(A)/布满(F)/居中(C)/中间(M)/右对齐(R)/左上(TL)/中上(TC)/右上(TR)/左中(ML)/正中(MC)/右中(MR)/左下(BL)/中下(BC)/右下(BR)]:

此时就可以选择单行文字的对正方式。其各项意义如同 TEXT 命令中的选项。

7.4.3　文本比例缩放

绘制复杂图形时，往往需要修改许多的文本对象，如果一个一个修改它们的比例，是一件非常复杂的工作。利用 SCALETEXT 命令可将多个文字同时缩放成同一高度或按相同比例缩放，而不变更它们的基点位置，使改变比例输出图形变得非常方便。

1．调用命令方式

（1）菜单命令：“修改→对象→文字→比例”。

（2）工 具 栏：“文字”工具栏按钮。

（3）命 令 行：SCALETEXT。

2．操作方式

（1）当选择“修改→对象→文字→缩放”时，命令提示如下：

命令: _scaletext

选择对象: 找到 1 个　　　　（选择要缩放的文字）

选择对象:　　　　（回车）

输入缩放的基点选项

[现有(E)/左对齐(L)/居中(C)/中间(M)/右对齐(R)/左上(TL)/中上(TC)/右上(TR)/左中(ML)/正中(MC)/右中(MR)/左下(BL)/中下(BC)/右下(BR)] <左对齐>: *取消*

（2）各选项的含义：

1）现有：以各文字写入时的插入点为现在执行缩放的基点。

2）其他选项含义与 TEXT 命令相同。选择它们则以对应的插入点为现在执行缩放的基点，命令行提示：

指定新模型高度或 [图纸高度(P)匹配对象(M)/比例因子(S)] <当前高度>: *取消*

此时三种缩放比例选项的含义：

1）默认选项：输入文字的新高度，则缩放后所选文字都是该高度。

2）匹配对象：使所选文字与已有的某文字高度一致。

3）比例因子：直接输入缩放比例系数。

第 8 章　块和外部参照及其他辅助功能

- 掌握块的基本知识与操作、块属性及应用块的编辑和管理
- 学会使用外部参照
- 学会利用 AutoCAD 设计中心管理图形
- 熟悉各种查询命令

8.1　块的基本知识与操作

块是一个或多个对象形成的对象集合，常用于绘制复杂、重复的图形。将一组对象组合成块之后，就可根据作图需要将这组对象插入到图中任意指定位置，也可以按不同的比例和旋转角度插入。

8.1.1　定义块

（1）菜单命令：“绘图→块→创建”。

（2）工 具 栏：“绘图”工具栏“创建块”按钮。

（3）命 令 行：BLOCK。

系统将打开“块定义”对话框，利用该对话框，可以将已绘制的对象定义为内部块，内部块只能在本图形中插入，如图 8.1 所示。

图 8.1　“块定义”对话框

【例 8.1】将图 8.2 所示的图形定义为块。

（1）选择“绘图”→“块”→“创建”命令，打开“块定义”对话框。

			比例		
			件数		
设计			重量		共 张第 张
制图					
审核					

图 8.2　用于定义块的图形

（2）在“名称”文本框中输入块的名称，如“标题栏”。

（3）在“基点”选项区域中单击“拾取点”按钮，然后单击图形的某一点确定基点位置。

（4）在“对象”选项区域中选择“保留”单选按钮，再单击“选择对象”按钮，切换到绘图窗口，选择所有图形，然后按 Enter 键返回“块定义”对话框。

（5）在“设置”选项区域中可设置“块单位”“按统一比例缩放”“允许分解”。

（6）在“说明”文本框中输入对图块的说明，如“标题栏”。

（7）设置完毕，单击“确定”按钮保存设置。

8.1.2　存储块

命 令 行：WBLOCK。

系统打开“写块”对话框，如图 8.3 所示。

图 8.3　“写块”对话框

【例 8.2】将【例 8.1】中创建的块写入磁盘中。

（1）打开【例 8.1】中使用的文档，然后在命令行输入命令“WBLOCK”，并按 Enter 键，打开“写块”对话框。

（2）在对话框的“源”选项区域中选择“块”单选按钮，然后在其后的下拉列表框中选择创建的块“标题栏”。

（3）在“目标”选项区域的“文件名和路径”文本框中，输入文件名和路径，并在“插入单位”下拉列表框中选择“毫米”选项。

（4）单击“确定”按钮，将块存入磁盘。

8.1.3　插入块

（1）菜单命令：“插入→块”。

（2）工 具 栏：“绘图”工具栏按钮。

系统打开“插入”对话框，如图 8.4 所示。利用该对话框，用户可以在图形中插入块或其他图形，且在插入的同时还可以改变所插入块或图形的比例与旋转角度。

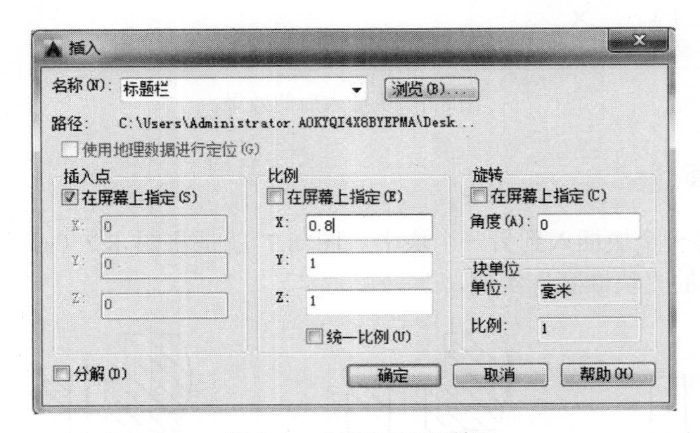

图 8.4　“插入”对话框

【例 8.3】在图 8.5 所示的图形右侧插入【例 8.1】中定义的块。并设置缩放比例为 80%。

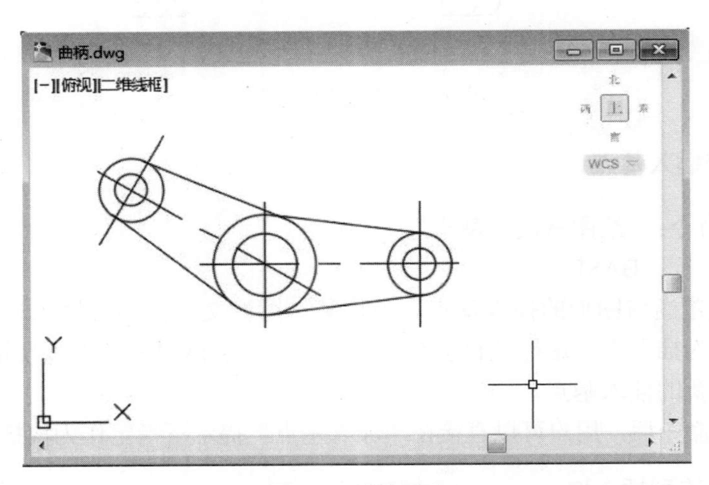

图 8.5　原始图形

（1）选择“插入”→“块”命令，打开“插入”对话框。

（2）在“名称”下拉列表框中选择“标题栏”。

（3）在“插入点”选项区域中选择“在屏幕上指定”复选框。

（4）在“缩放比例”选项区域中选择“统一比例”复选框，并在 X 文本框中输入“0.8”，然后单击“确定”按钮。

（5）在绘图窗口中需要插入块的位置单击，将块插入，效果如图 8.6 所示。

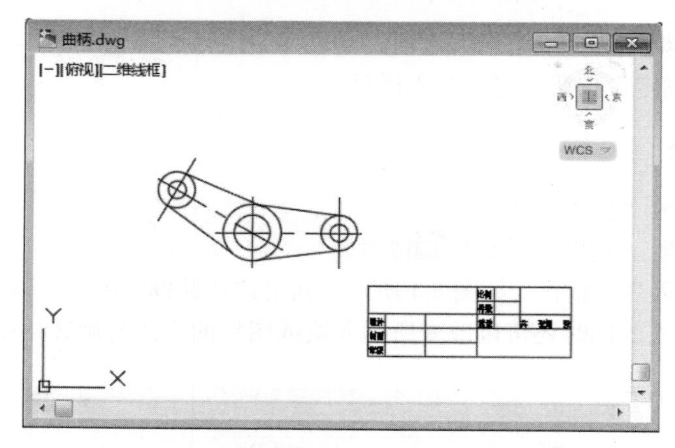

图 8.6 块插入后的效果

8.1.4 块嵌套

块嵌套就是将一个块插入到另一个块中。图 8.7 就是将图 8.7（a）圆柱销块插入到图 8.7（b）零件块中的“块嵌套”实例。

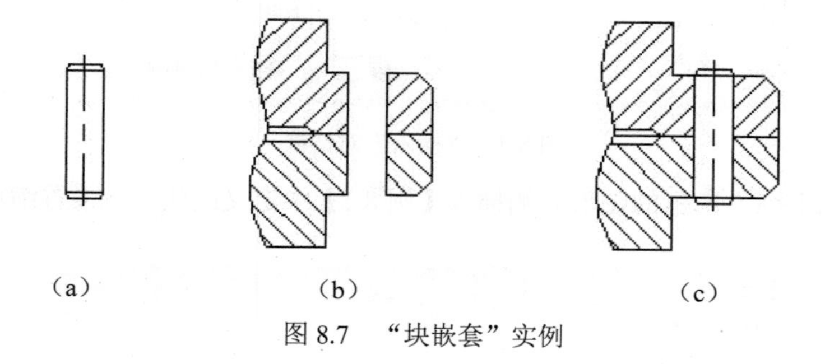

（a） （b） （c）

图 8.7 “块嵌套”实例

8.1.5 设置插入基点

（1）菜单命令：“绘图→块→基点”。
（2）命 令 行：BASE。

用户可以设置当前图形的插入基点。当把某一图形文件作为块插入时，系统默认将该图的坐标原点作为插入点，这样往往会给绘图带来不便。这时，就可以使用“基点”命令，对图形文件指定新的插入基点。

执行 BASE 命令后，用户可以直接在“输入基点”提示下指定作为块插入基点的坐标。

8.1.6 矩形阵列插入块

命 令 行：MINSERT。

根据提示输入各选项即可按矩形阵列的方式插入块。

【例 8.4】 将“CIRCLE”图块（半径为 5mm 的圆）以 3 行 5 列，行间距为 20mm，列间距为 15mm 的形式插入到新建图形中。

（1）在命令行输入“MINSERT”命令。
（2）输入块名“CIRCLE”。

（3）在屏幕上拾取一点为插入基点。

（4）指定 X 方向上比例因子为 1。

（5）指定 Y 方向上比例因子为 1。

（6）默认旋转角度为 0。

（7）行数为 3 行。

（8）列数为 5 列。

（9）行间距为 20mm。

（10）列间距为 15mm。插入后的效果如图 8.8 所示。

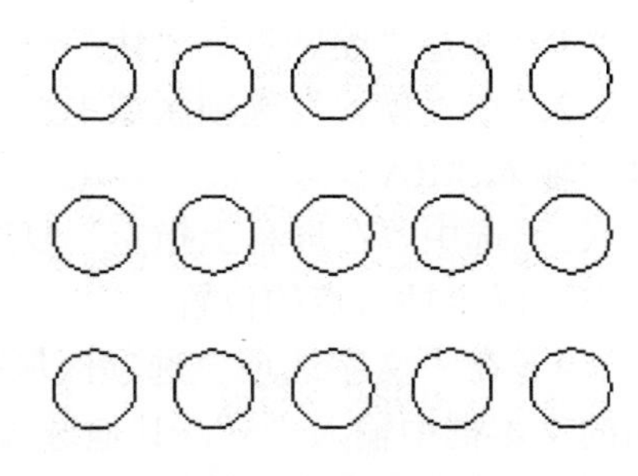

图 8.8　块插入后的效果

8.2　块属性及其应用

块属性是附属于块的非图形信息，是块的组成部分，是特定的可包含在块定义中的文字对象，并且在定义一个块时，属性必须预先定义而后被选定。通常情况下，属性用于在块的插入过程进行自动注释。

8.2.1　创建带属性的块

菜单命令：“绘图→块→定义属性”。

系统将打开“属性定义”对话框，利用该对话框，用户可以创建块属性，如图 8.9 所示的“属性定义”对话框。

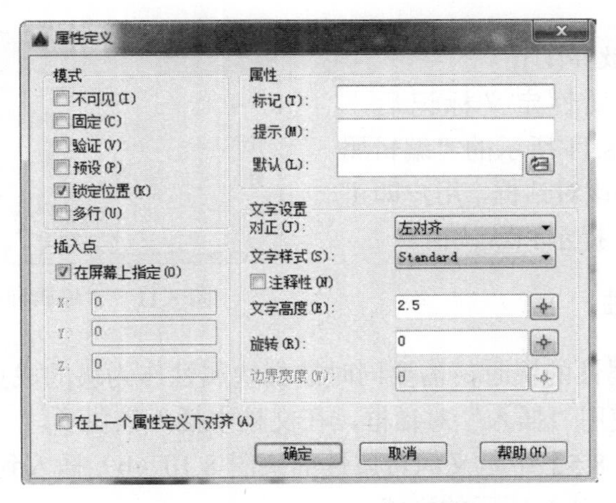

图 8.9　“属性定义”对话框

【例 8.5】将图 8.10（a）所示的图形定义为块并存储，块名为“粗糙度块”，并且把块的属性分别定义为图 8.10（b）和图 8.10（c）的形式。

（a）　（b）　（c）

图 8.10　在图块中插入一个或多个属性

（1）选择“绘图”→“块”→“定义属性”命令，打开“属性定义”对话框。

（2）在“模式”选项区域中选择“固定”复选框，在“属性”选项区域的“标记”文本框中输入“RA”。

（3）选中“在屏幕上指定”复选框，然后在表面粗糙度符号的左端点的左上方适当位置单击，确定插入点的位置。

（4）在“文字选项”选项区域的“对正”下拉列表框中选择“左”，在“高度”按钮后面的文本框中输入“5”，其他选项采用默认设置。

（5）单击“确定”按钮，完成第一个属性的定义，同时在图中的定义位置将显示出该属性的标记，如图 8.10（b）所示。

（6）重复步骤（1）～（5），创建属性标记“3.2”和“6.3”（此为在机械图样上标注粗糙度的范围，需将其最大值和最小值上下排列），不同的是输入的“属性标记”应为 3.2。将最大值 6.3 定义为属性的方法与上述操作类似，输入的“属性标记”应为 6.3，在绘图区域内拾取的插入点应为 3.2 的左端正上方，结果如图 8.10（c）所示。

（7）参照前面介绍的方法，将图形定义为块并存储。

8.2.2 修改属性定义

（1）菜单命令：“修改→对象→文字→编辑”。

（2）命 令 行：TEXTEDIT。

双击块属性标记，均可实现该操作。

对块定义属性后，用户还可以修改属性定义中的属性标记、提示及默认值。AutoCAD 提示：

选择注释对象或[放弃(U)]:

在该提示下选择属性定义标记后，AutoCAD 将弹出如图 8.11 所示的“编辑属性定义”对话框，利用该对话框，用户即可修改属性定义的标记、提示和默认值。

编辑属性定义
标记: RA
提示:
默认:
确定 取消 帮助(H)

图 8.11 “编辑属性定义”对话框

8.2.3 插入块属性

在创建带有附加属性的块时，需要同时选择块属性作为块的成员对象。带有属性的块创建完成后，就可以使用“插入”对话框，在文档中插入该块了。

【例 8.6】 把【例 8.5】中定义的带属性的块图 8.10（b）插入到图 8.12（a）中标注表面粗糙度，变成图 8.12（b）所示的样式。

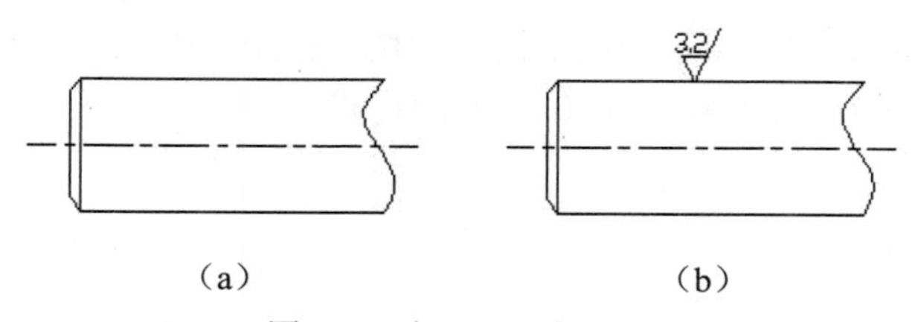

（a） （b）

图 8.12 插入带属性的块

选择“文件”→“打开”命令，打开“选择文件”对话框，选择已创建的如图 8.12（a）

所示的图形，打开此图形文件。

选择“插入”→“块”命令，打开“插入”对话框。单击“浏览”按钮，选择创建的块“粗糙度块.dwg”并打开。

在“插入点”选项区域中选择“在屏幕上指定”复选框，然后单击“确定”按钮。

在绘图窗口中单击，确定插入点的位置，并在命令行的“粗糙度<6.3>:”提示下输入粗糙度“3.2”，然后按 Enter 键，结果如图 8.12（b）所示。

8.2.4　块属性显示的控制

（1）菜单命令：“视图→显示→属性显示”。

（2）命 令 行：ATTDISP。

执行 ATTDISP 命令后，AutoCAD 提示：

输入属性的可见性设置[普通(N)/开(ON)/关(OFF)]<普通>:

在该提示下选择某一项，即可控制块属性的显示。

【例 8.7】图 8.2 所示的图形包括表 8.1 所示的 3 个属性，将它们的属性显示控制为普通、开、关，对比图 8.13（a）、图 8.13（b）、图 8.13（c）的效果。

表 8.1　图 8.2 块的属性信息

模式	属性标记	属性提示	属性默认值
固定	NAME	无	张宇
无	DATE	制图日期	2016.04
不可见	DATE	审核日期	2016.10

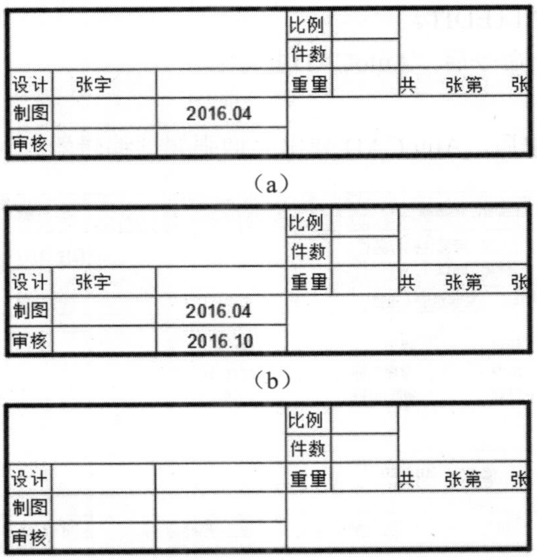

			比例		
			件数		
设计	张宇		重量		共　张第　张
制图		2016.04			
审核					

（a）

			比例		
			件数		
设计	张宇		重量		共　张第　张
制图		2016.04			
审核		2016.10			

（b）

			比例		
			件数		
设计			重量		共　张第　张
制图					
审核					

（c）

图 8.13　三种属性显示控制的对比效果

（1）选择“视图”→“显示”→“属性显示”→“普通”，效果如图 8.13（a）所示。

（2）选择“视图”→“显示”→“属性显示”→“开”，效果如图 8.13（b）所示。

（3）选择“视图”→“显示”→“属性显示”→“关”，效果如图 8.13（c）所示。

8.2.5 块属性的提取

命 令 行：ATTEXT。

在命令行输入“ATTEXT”命令，弹出“属性提取”对话框，如图 8.14 所示。

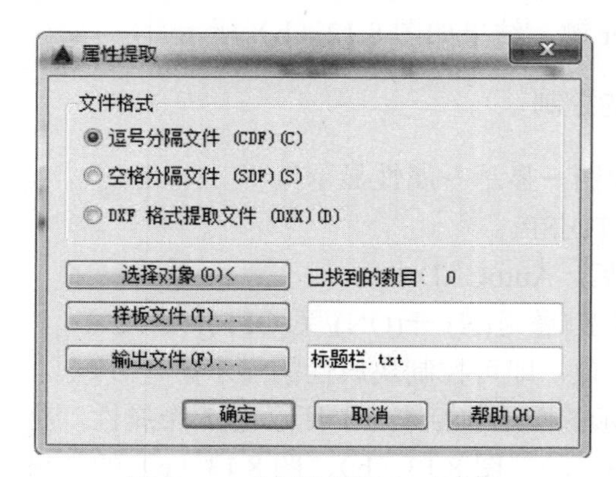

图 8.14 “属性提取”对话框

利用此对话框可以指定属性信息的文件格式，要从中提取信息的对象、信息样板及其输出文件名。

8.2.6 编辑块属性

（1）菜单命令：“修改→对象→属性→单个”。

（2）工 具 栏：“修改Ⅱ”工具栏“编辑属性”按钮。

（3）命 令 行：EATTEDIT。

执行“EATTEDIT”命令后，AutoCAD 提示：

选择块:

在提示下选择块对象后，AutoCAD 弹出“增强属性编辑器”对话框，如图 8.15 所示。

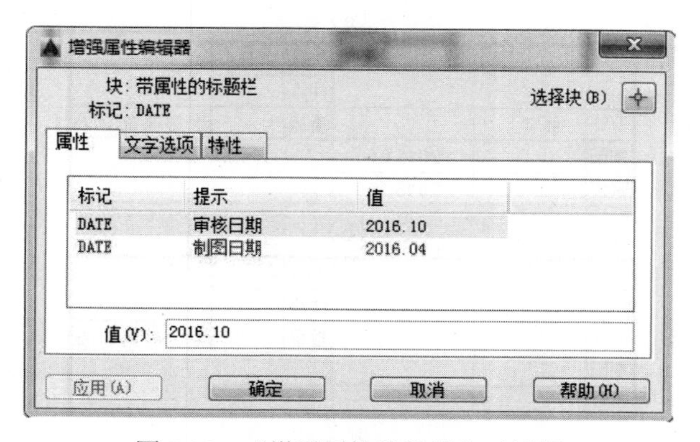

图 8.15 “增强属性编辑器”对话框

该对话框中包含“属性”“文字选项”和“特性”选项卡，各选项卡的功能如下。

1．“属性”选项卡

“属性”选项卡的列表框中显示了块中每个属性的标记、提示和值。在列表框中选择某一属性后，“值”文本框中将显示出该属性对应的属性值，用户可以通过它修改属性值。

2. “文字选项”选项卡

“文字选项”选项卡用于修改属性文字的格式，如图 8.16 所示。用户可以在“文字样式”文本框中设置文字的样式，在“对正”下拉列表框中设置文件的对齐方式，在“高度”文本框中设置文字高度等。

3. “特性”选项卡

“特性”选项卡用于修改属性文字的图层以及它的线宽、线型、颜色及打印样式等，如图 8.17 所示。

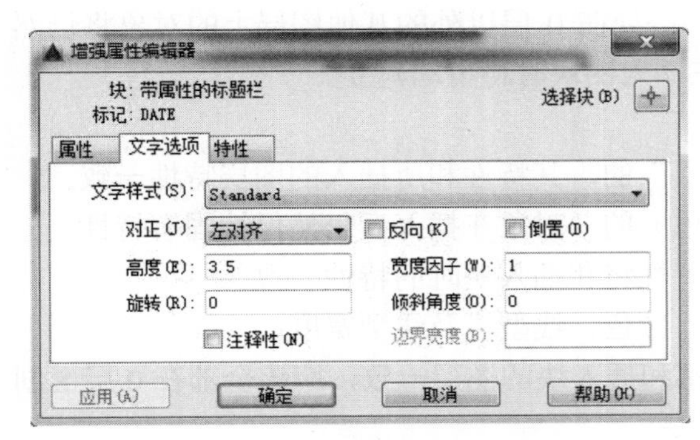

图 8.16　“文字选项”选项卡

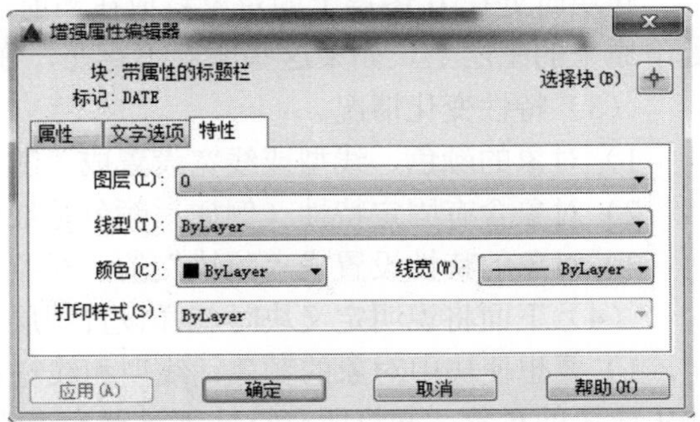

图 8.17　“特性”选项卡

在“增强属性编辑器”对话框中，除上述 3 个选项卡外，还有“选择块”和“应用”等按钮，其中，单击“选择块”按钮，可以切换到绘图窗口并选择要编辑的块对象；单击“应用”按钮，可以确认已进行的修改。

此外，用户也可以使用 ATTEDIT 命令编辑块属性。执行该命令后，AutoCAD 提示：

选择块参照:

在该提示下选择包含属性的块对象后，AutoCAD 弹出“编辑属性”对话框，如图 8.18 所示。利用该对话框，也可以编辑或修改块的属性值。

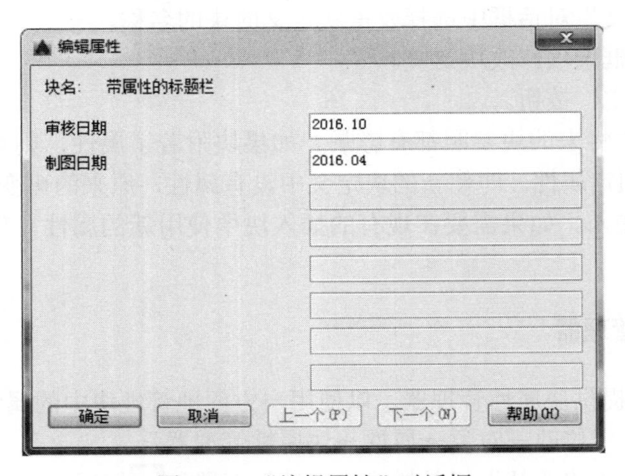

图 8.18　“编辑属性”对话框

8.3 块的编辑和管理

8.3.1 块插入时对象的特性变化

（1）当插入块时，块中所含对象的图层、颜色、线型和线宽仍和创建图块时对象的特性一致。

（2）图层变化情况。

建块时处在 0 图层上的对象将放在当前层；处在 0 层以外的其他图层上的对象将仍然处于原来的图层上。如果这些图层不存在，在插入图块时将自动建立。

（3）特性变化情况。

1）对象的颜色、线型或线宽设置成“随层”的，其特性和所插入的图层特性一致。

2）对象含有固定特性（例如，颜色是红色）的，对象在插入后仍然保持固有特性。

3）对象的特性设置成“随块”的，对象特性将和插入块时的特性一致。

（4）下面将说明定义块时怎样设置图层、颜色、线型以及线型宽度。

1）要想使块中对象的颜色、线型和线宽都和插入块的图层一致，应该全部在 0 层上创建生成块的对象，并将所有特性都设置为“随层”。

2）要想使块中对象的颜色、线型和线宽与当前设置一致，在创建块前，应将所有特性都设置为“随块”。

8.3.2 块的重新定义

重新定义块，即以最新的定义内容更新同名块，选择新的对象、插入基点。重新定义块时，图形中所有对该块的引用也立即随之更新。

重新定义命名块的步骤：

（1）选择“绘图”→“块”→“创建”命令。

（2）在“块定义”对话框中选择要重新定义的块的名称。

（3）使用对话框选项修改块定义。

（4）单击“确定”按钮。

重定义对以前和将来的块参照都有影响。如果块附着了属性，则重定义后，新的固定属性将取代原来的固定属性。即使新的块定义中没有属性，原来的可变属性也将保持不变，没有新的可变属性加入。如果需要在现有的插入块中使用新的属性，需删除该插入块并重新插入。

8.3.3 块属性管理器

AutoCAD 2016 提供块属性管理器，以便用户方便地管理块中的属性。

（1）菜单命令：“修改→对象→属性→块属性管理器”。

（2）工 具 栏：“修改Ⅱ”工具栏“块属性管理器”按钮。

（3）命 令 行：BATTMAN。

打开“块属性管理器”对话框，如图 8.19 所示。该对话框中主要选项的功能如下：

图 8.19　“块属性管理器”对话框

◆　“选择块”按钮：单击该按钮，切换到绘图窗口，在绘图窗口中可以选择需要操作的块。
◆　“块”下拉列表框：列出了当前图形中含有属性的所有块的名称。
◆　属性列表框：显示了当前所选择块的所有属性，包括标记、提示、默认值和模式。
◆　“同步”按钮：可以更新已修改的属性特性实例。
◆　“编辑”按钮：将打开“编辑属性”对话框，利用该对话框可以重新设置属性定义的构成、文字选项和图形特性等，如图 8.20 所示。

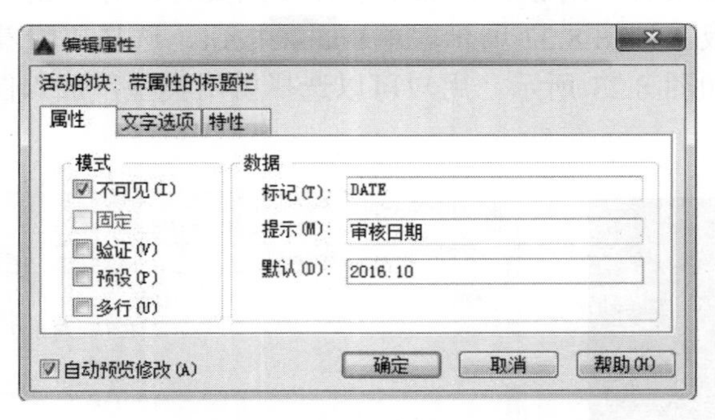

图 8.20　“编辑属性”对话框

◆　“删除”按钮：可以从块定义中删除在属性列表框中选中的属性定义，并且块中对应的属性值也被删除。
◆　“设置”按钮：将打开“设置”对话框，利用该对话框，可以设置在“块属性管理器”对话框的属性列表框中能够显示的内容，如图 8.21 所示。

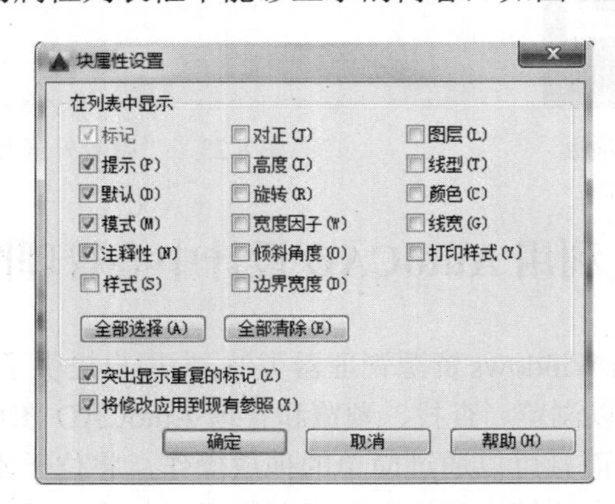

图 8.21　“块属性设置”对话框

8.4 外部参照的使用

外部参照是指将一个图形文件插入到当前图形文件中，所插入的图形文件即是当前图形文件的外部参照。外部参照与插入图块不同的是：图块插入后就成为当前图形中的一部分，外部参照插入后并不作为当前图形的一部分，而是与当前图形建立了一种链接和引用关系。在当前图形文件中没有保存外部参照的图形，只是保留了外部参照的源图形文件的名称及其保存路径等信息。

当用户对当前图形进行操作时，不会影响外部参照的源图形文件。但如果在源图形文件中进行了编辑修改，用户打开该外部参照所插入的图形文件时，该文件将按照新的源图形自动进行更新。

（1）菜单命令：“插入→外部参照”。

（2）工 具 栏：“参照”工具栏按钮。

（3）命 令 行：EXTERNALREFERENCES。

用户可以将图形文件以外部参照的形式插入到当前图形中。执行 XATTACH 命令后，系统将打开“选择参照文件”对话框，从中选择参照文件，并单击“打开”按钮，系统打开“外部参照”选项板，如图 8.22 所示。单击按钮，选择“附着 DWG”，弹出“附着外部参照”对话框，如图 8.23 所示，用户可以选择引用类型，加入图形时的插入点、比例和旋转角度等。

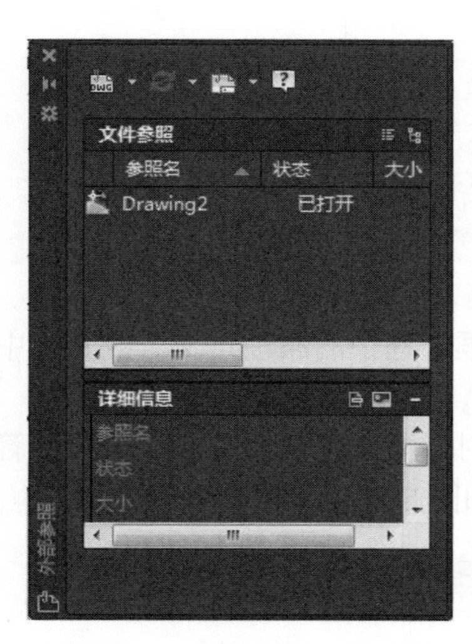

图 8.22 “外部参照”选项板

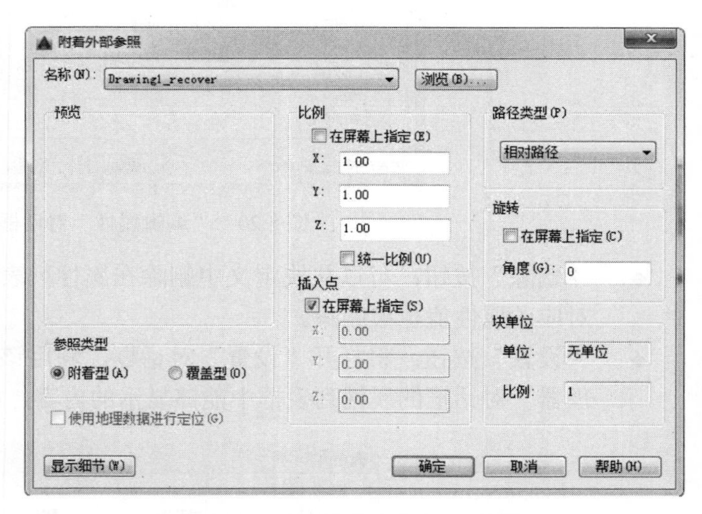

图 8.23 “附着外部参照”对话框

8.5 利用 AutoCAD 设计中心管理图形

AutoCAD 设计中心与 Windows 资源管理器类似，为用户提供了一个直观且高效的工具。利用此设计中心，不仅可以浏览、查找、预览和管理 AutoCAD 图形、块、外部参照及光栅图像等不同的资源文件，而且可以通过简单的拖放操作，将位于本地计算机、局域网或因特网上的块、图层、外部参照等内容插入到当前图形。如果打开多个图形文件，在多文件之间也可以通过简单的拖放操作实现图形的插入。所插入的内容除包含图形本身外，还包含图形定义、线型及字体等内容。从而使已有资源得到再利用和共享，提高了图形管理和图形设计的效率。

利用 AutoCAD 设计中心，用户可以完成如下操作：

（1）创建对频繁访问的图形、文件夹和 Web 站点的快捷方式。

（2）根据不同的查询条件在本地计算机和网络上查找图形文件，找到后可以将它们直接加载到绘图区域或设计中心。

（3）浏览不同的图形文件，包括当前打开的图形和 Web 站点上的图形库。

（4）观看块、图层和其他图形文件的定义并将这些图形定义插入到当前图形文件中。

（5）通过控制显示方式控制设计中心控制板的显示效果，还可以在控制板中显示与图形文件相关的描述信息和预览图像。

8.5.1　设计中心的启动

（1）菜单命令："工具→选项板→设计中心"。

（2）工 具 栏："标准"工具栏"设计中心"按钮。

（3）命 令 行：ADCEnter。

AutoCAD 系统将打开"设计中心"窗口，如图 8.24 所示。

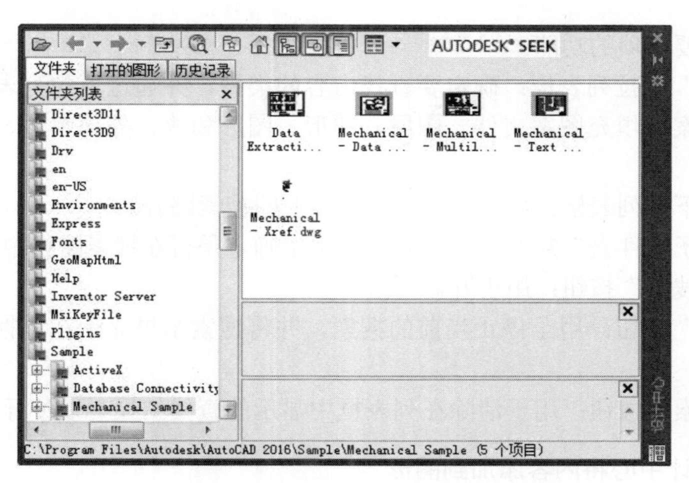

图 8.24　"设计中心"窗口

8.5.2　用设计中心打开图形和查找内容

1．通过 AutoCAD 设计中心打开图形

在 AutoCAD 设计中心双击图标只能打开下级目录树，要通过设计中心在绘图区打开图形，必须将其从设计中心拖放到绘图区域里。从 AutoCAD 设计中心打开图形有以下两种方法：

（1）在文件图标上单击右键，然后在弹出的快捷菜单中选择"在应用程序窗口中打开"选项。

（2）将图形文件的图标从控制板中用鼠标左键直接拖放到绘图区域。

2．在 AutoCAD 设计中心查找内容

利用 AutoCAD 设计中心可以查找所需的图形内容。单击 AutoCAD 设计中心上的“搜索”按钮，AutoCAD 打开“搜索”对话框，如图 8.25 所示。

图 8.25 “搜索”对话框

用户可以通过此对话框快速查找诸如图形、块、图层和标注样式等图形内容，并将其插入到图形中。

该对话框主要选项的功能：

（1）“搜索”下拉列表框：确定要查找内容的类型，并通过下拉列表在标注样式、布局、块、填充图案、填充图案文件、图层、图形、图形和块、外部参照、文字样式和线型之间进行选择。

（2）“于”下拉列表框：用于确定搜索范围，即搜索路径。

（3）“包含子文件夹”复选框：此复选框用于确定是否在搜索路径中包含子路径。

（4）“立即搜索”按钮：用于开始搜索。

（5）“停止”按钮：用于停止当前的搜索，并将搜索结果显示在“搜索”对话框下面的列表框中。

（6）“新搜索”按钮：用于清除在列表框中显示的查找结果，以便开始新的查找。

8.5.3 用设计中心将内容添加到图形

利用 AutoCAD 设计中心，用户可以方便地将控制板或“搜索”对话框中搜索到的内容直接拖放到打开的图形中，即可以将内容加载到图形中去。向图形中添加内容主要有以下几种方式：

1．插入块

（1）插入时自动换算插入比例。从控制板或“搜索”对话框选择要插入的块，并拖到绘图窗口。在将块移动到插入位置时松开鼠标，即可实现块的插入。

（2）按指定的插入点、插入比例和旋转角度插入块。在控制板或“搜索”对话框中选择要插入的块，用鼠标右键将该块拖放到绘图窗口后释放右键，此时 AutoCAD 会弹出一快捷菜单，选择“插入为块”命令，AutoCAD 打开“插入”对话框。在“插入”对话框中确定插入点、插入比例和旋转角度，单击“确定”按钮，即可实现块的插入。

2．插入光栅图像

光栅图像类似于外部参照，其插入方法与块类似。

3．插入外部参照

外部参照是链接到其他图形中的图形文件，操作方法类似块的插入。

4．不同图形间图层的复制

在控制板或“搜索”对话框中选择一个或多个图层。然后将它们拖到打开的图形文件后松开鼠标，即可完成图层的复制。

8.6　查询命令

8.6.1　查询时间命令

（1）菜单命令：“工具→查询→时间”。

（2）命 令 行：TIME。

AutoCAD 将切换到 AutoCAD“时间”文本窗口，如图 8.26 所示。

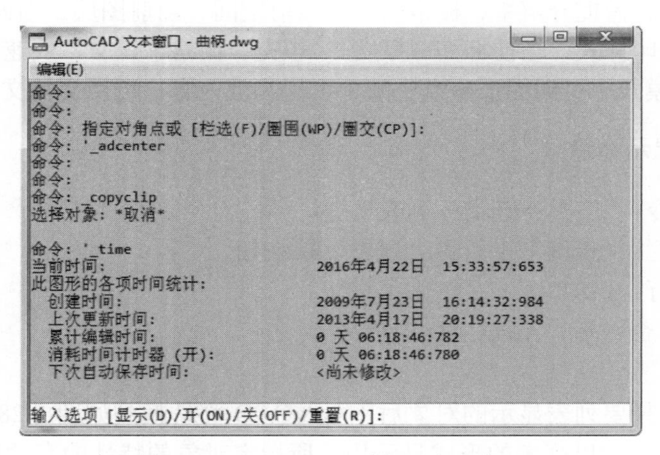

图 8.26　AutoCAD“时间”文本窗口

TIME 显示以下与日期和时间有关的信息：当前时间、创建时间、上次更新时间、累计编辑时间、消耗时间计时器、下次自动保存时间。同时 AutoCAD 提示：

输入选项[显示(D)/开(ON)/关(OFF)/重置(R)]:

在该提示下用户可以输入选项或按 Enter 键。

“显示”：指重复显示上述时间信息。

“开”和“关”：指打开或关闭用时计数器。

“重置”：指使用时计数器复位清零。

8.6.2　查询状态命令

（1）菜单命令：“工具→查询→状态”。

（2）命 令 行：STATUS。

AutoCAD 将切换到 AutoCAD“状态”文本窗口，如图 8.27 所示。

```
AutoCAD 文本窗口 - 曲柄.dwg
编辑(E)
命令:
命令: _copyclip
选择对象: '_status 400 个对象在C:\Users\Administrator.AOKYQI4X8BYEPM
放弃文件大小:        119 KB
模型空间图形界限      X:    0.0000   Y:    0.0000  (关)
                      X:  420.0000   Y:  297.0000
模型空间使用          X:   68.0385   Y: -102.3290 **超过
                      X:  415.2780   Y:  141.3205
显示范围              X:  247.8545   Y: -155.9424
                      X:  523.4903   Y:   21.7952
插入基点              X:    0.0000   Y:    0.0000   Z:    0.0000
捕捉分辨率            X:   10.0000   Y:   10.0000
栅格间距              X:   10.0000   Y:   10.0000

当前空间:             模型空间
当前布局:             Model
当前图层:             粗实线
当前颜色:             BYLAYER -- 7 (白)
按 ENTER 键继续:
```

图 8.27　AutoCAD“状态”文本窗口

STATUS 报告当前图形中对象的数目，包括图形对象（例如圆弧和多段线）、非图形对象（例如图层和线型）和块定义。

另外，STATUS 还显示下列信息：模型空间或图纸空间的图形界限、模型空间使用、显示范围、插入基点、捕捉分辨率、栅格间距、当前空间、当前图层、当前颜色、当前线型、当前线宽、当前打印样式、当前标高、厚度、（填充、栅格、正交、快速文字、捕捉和数字化仪）、对象捕捉模式、可用图形磁盘空间、可用物理内存、可用交换文件空间。

8.6.3　列表显示命令

（1）菜单命令：“工具→查询→列表”。

（2）工 具 栏：“查询”工具栏“列表”按钮。

（3）命 令 行：LIST。

执行“LIST”命令后，AutoCAD 提示：

选择对象:

在该提示下选择要列表显示的对象后，AutoCAD 将切换到如图 8.28 所示的 AutoCAD“列表”文本窗口，它以列表的形式显示描述所指定对象的特性的有关数据。所显示的信息取决于对象的类型，它包括对象的名称、对象在图中的位置、对象所在的图层和对象的颜色等。除了对象的基本参数外，由它们导出的扩充数据也被列出。

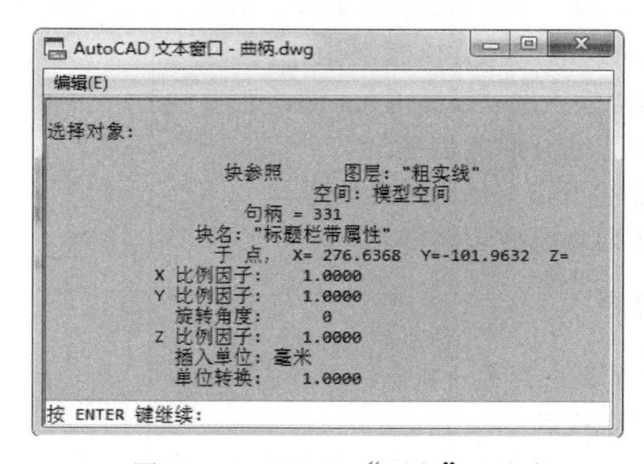

图 8.28　AutoCAD“列表”文本窗口

8.6.4　查询坐标命令

（1）菜单命令：“工具→查询→点坐标”。

（2）工 具 栏：“查询”工具栏“定位点”按钮。

（3）命 令 行：ID。

执行“ID”命令后，根据提示捕捉相应点，即可在命令行得到该点 X、Y、Z 坐标值。

8.6.5　查询距离命令

（1）菜单命令：“工具→查询→距离”。

（2）工 具 栏：“查询”工具栏“距离”按钮。

（3）命 令 行：MEASUREGEOM 或 DIST。

执行“DIST”命令后，AutoCAD 提示：

指定第一点:

指定第二点:

在该提示下用户可分别指定直线的两点，命令行出现的结果如图 8.29 所示。

```
命令: _MEASUREGEOM
输入选项 [距离(D)/半径(R)/角度(A)/面积(AR)/体积(V)] <距离>: _distance
指定第一点: <打开对象捕捉>
指定第二个点或 [多个点(M)]:
距离 = 65.0000, XY 平面中的倾角 = 0,   与 XY 平面的夹角 = 0
X 增量 = 65.0000,   Y 增量 = 0.0000,    Z 增量 = 0.0000
输入选项 [距离(D)/半径(R)/角度(A)/面积(AR)/体积(V)/退出(X)] <距离>: *取消*
键入命令
```

图 8.29　直线查询结果

8.6.6　查询面积和周长命令

（1）菜单命令：“工具→查询→面积”。

（2）命 令 行：MEASUREGEOM 或 AREA。

此命令的功能是：求若干个点所确定区域或由指定对象所围城区域的面积与周长，还可以进行面积的加减运算。

执行“AREA”命令后，AutoCAD 提示：

指定第一个角点或[对象(O)/增加面积(A)/减少面积(S)/退出(X)]:

在该提示下指定第一个角点或输入选项，各选项功能如下：

（1）指定第一个角点：求由若干个点的连线所围成封闭多边形的面积和周长，该选项为默认项。AutoCAD 会继续提示“指定下一个角点”，直到用户回车。

（2）对象：求指定对象所围成区域的面积。

（3）增加面积：把所选对象的面积加入到总面积中去。

（4）减少面积：把新面积从总面积中扣除。

8.6.7　查询面域/质量特性

（1）菜单命令：“工具→查询→面域/质量特性”。

（2）命 令 行：MASSPROP。

此命令的功能是：计算并显示面域或实体的质量特性。

输入“MASSPROP”命令后，根据提示选择对象，AutoCAD 将切换的“AutoCAD 文本窗口”。

AutoCAD 文本窗口所显示的特性取决于选定的对象是面域还是质量特性。为面域显示的信息包括：面积、周长、边界框和形心；为实体显示的信息包括：质量、体积、边界框、质心、惯性矩、惯性积、旋转半径和质心的主力矩与 X、Y、Z 方向。AutoCAD 将实体的密度默认为 1，因此实体的体积和质量为同一数值。

8.6.8 系统变量设置命令

（1）菜单命令：“工具→查询→设置变量”。

（2）命 令 行：SETVAR。

执行“SETVAR”命令后，AutoCAD 提示：

输入变量名或[?]<当前>:

在该提示下用户可指定要设置的系统变量的名称或列出图形中的所有系统变量及其当前设置。

第 9 章　标注图形尺寸

- 熟练掌握设置尺寸标注样式方法
- 熟练掌握尺寸标注、尺寸标注编辑和公差标注方法

9.1　尺寸标注简述

尺寸标注是工程图样中一项重要内容。工程图样中图形主要用来反映各对象的形状，而对象的真实大小和相互之间的位置关系只有在标注尺寸后才能确定下来。在 AutoCAD 中，用户可以利用“标注”工具栏和“标注”菜单进行图形尺寸标注，如图 9.1 所示。

图 9.1　“标注”工具栏和“标注”菜单

在介绍具体的尺寸标注方法之前，先来了解一下尺寸标注的基本概念。

9.1.1 尺寸组成

一个完整的尺寸标注一般由尺寸线、尺寸界线、尺寸箭头和尺寸文字（即尺寸值）四部分组成，如图 9.2 所示。

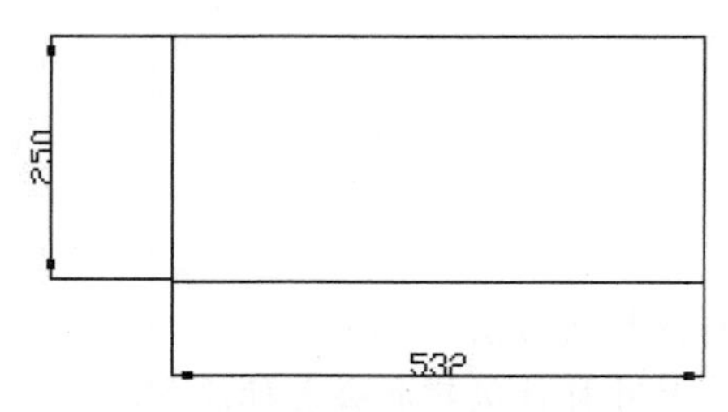

图 9.2 尺寸标注范例

（1）尺寸线：用来表示尺寸标注的范围。它一般是一条带有双箭头的单线段或带单箭头的双线段。对于角度标注，尺寸线为弧线。

（2）尺寸界线：为了标注清晰，通常用尺寸界线将标注的尺寸引出被标注对象之外。有时也用对象的轮廓线或中心线代替尺寸界线。

（3）尺寸箭头：位于尺寸线的两端，用于标记标注的起始、终止位置。“箭头”是一个广义的概念，也可以用短划线、点或其他标记代替尺寸箭头。

（4）尺寸文字：用来标记尺寸的具体值。尺寸文字可以只反映基本尺寸，可以带尺寸公差，还可以按极限尺寸形式标注。如果尺寸界限内放不下尺寸文字，AutoCAD 会自动将其放到外部。

9.1.2 尺寸标注规则

在 AutoCAD 中，对绘制的图形进行尺寸标注时，应遵循以下规则：

（1）对象的真实大小应以图样上所标注的尺寸数值为依据，与图形的大小及绘图的准确度无关。

（2）图样中的尺寸以毫米（mm）为单位时，不需要标注计量单位代号或名称。如采用其他单位，则必须注明相应计量单位的代号或名称，如 cm（厘米）或 m（米）等。

（3）图样中所标注的尺寸为该图形所表示的对象最后完工尺寸，否则应另加说明。

（4）对象的每一尺寸，一般只标注一次，并应标注在最后反映该对象最清晰的图形上。

9.2 尺寸标注样式设定

使用标注样式可以控制尺寸标注的格式和外观，建立和强制执行图形的绘图标准，并有利于对标注格式及用途进行修改。在 AutoCAD 中，用户可使用“标注样式管理器”对话框创建和设置标注样式。

9.2.1 直线和箭头设置

（1）菜单命令：“格式→标注样式”。

（2）工 具 栏：“标注”工具栏“标注样式”按钮。

打开“标注样式管理器”对话框，如图 9.3 所示。在“标注样式管理器”对话框中，单击“新建”按钮，AutoCAD 将打开“创建新标注样式”对话框，如图 9.4 所示。

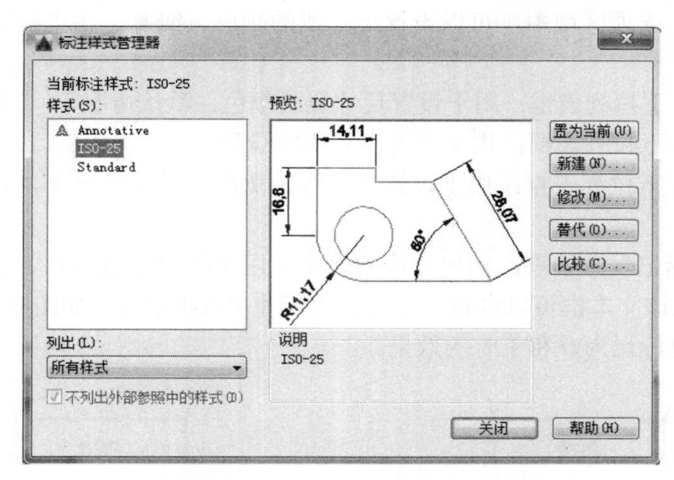

图 9.3　“标注样式管理器”对话框

图 9.4　“创建新标注样式”对话框

利用该对话框设置了新标注样式的名字、基础样式和适用范围后，单击“继续”按钮，将打开“新建标注样式”对话框，如图 9.5 所示。

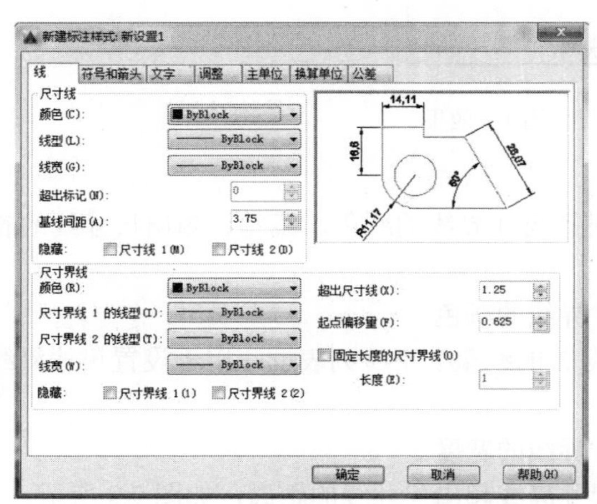

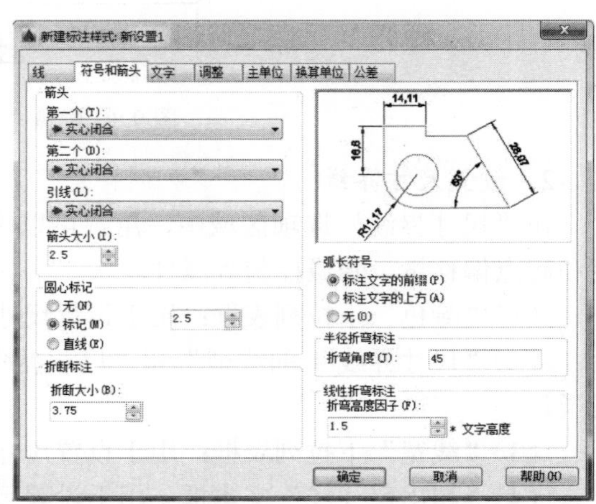

图 9.5　“新建标注样式”对话框

在该对话框中，使用“线、符号和箭头”选项卡，可以设置尺寸标注的尺寸线、尺寸界线、箭头和圆心标记的格式和位置等。

1．设置尺寸线

在“尺寸线”选项区域中，可以设置尺寸线的颜色、线宽、超出标记以及基线间距等属性。

（1）“颜色”下拉列表框：用于设置尺寸线的颜色，默认情况下，尺寸线的颜色随块。

（2）“线型”下拉列表框：用于设置尺寸线的线型。

（3）“线宽”下拉列表框：用于设置尺寸线的宽度，默认情况下，尺寸线的线宽也是随块。

（4）“超出标记”微调框：当尺寸线的箭头采用倾斜、建筑标记、小点、积分或无标记等样式时，使用该文本框可以设置尺寸线超出尺寸界线的长度。如图 9.6 所示为将箭头设置为倾斜时，超出标记为 0 和 1 时的效果。

图 9.6　超出标记为 0（左图）和为 1（右图）时的效果对比

（5）“基线间距”文本框：进行基线尺寸标注时，可以设置各尺寸线之间的距离，如图 9.7 所示。

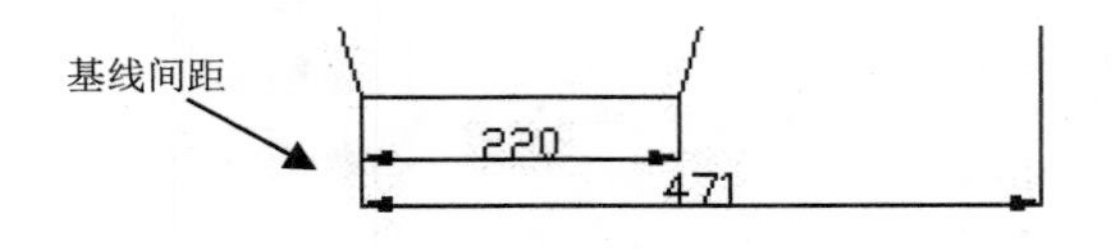

图 9.7　设置基线间距

（6）“隐藏”选项区域：通过选择“尺寸线 1”或“尺寸线 2”复选框，可以隐藏第一段或第二段及其相应的箭头，如图 9.8 所示。

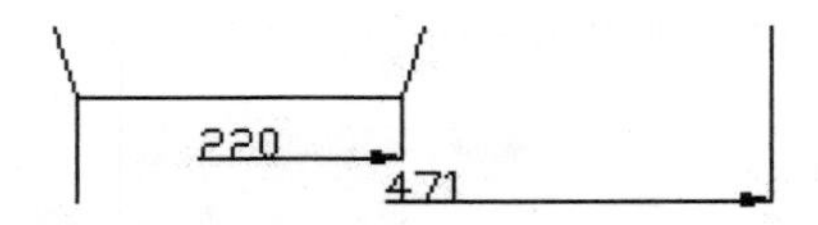

图 9.8　隐藏“尺寸线 1”效果

2．设置尺寸界线

在“尺寸界线”选项区域中，用户可以设置尺寸界线的颜色、线宽、超出尺寸线的长度和起点偏移量，隐藏控制等属性。

（1）“颜色”下拉列表框：用于设置尺寸界线的颜色。

（2）“尺寸界线 1 的线型”和“尺寸界线 2 的线型”下拉列表框：用于设置尺寸界线线型。

（3）“线宽”下拉列表框：用于设置尺寸界线的宽度。

（4）“超出尺寸线”文本框：用于设置尺寸界线超出尺寸线的距离，如图 9.9 所示。

（5）“起点偏移量”文本框：用于设置尺寸界线的起点与标注定义点的距离，如图 9.10 所示。

图 9.9　超出尺寸线距离为 0（左图）和为 1（右图）时的效果对比

图 9.10　起点偏移量为 0（左图）和为 1（右图）时的效果对比

（6）“隐藏”选项区域：通过选择“尺寸界线 1”或“尺寸界线 2”，可以隐藏尺寸界线，如图 9.11 所示。

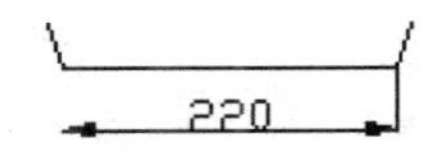

图 9.11　隐藏“尺寸界线 1”的效果

（7）“固定长度的尺寸界线”复选框：可以为尺寸界线指定固定的长度。

3．设置箭头

在“符号和箭头”选项区域中，用户可以设置尺寸线和引线箭头的类型及尺寸大小等。通常情况下，尺寸线的箭头应一致。

为了满足不同类型的图形标注需要，AutoCAD 设置了二十多种箭头样式，用户可以从对应的下拉列表框中选择箭头，并在“箭头大小”文本框中设置它们的大小。

4．设置圆心标记

在“圆心标记”选项区域中，用户可以设置圆心标记的类型和大小。

（1）用于设置圆或圆弧的圆心标记的类型，有无、标记、直线三个选项。其中，选择“标记”选项，对圆或圆弧绘制圆心标记；选择“直线”选项，对圆或圆弧绘制中心线；选择“无”选项，则不做任何标记。

（2）“大小”文本框：用于设置圆心标记的大小。

5．弧长符号

可使用弧长标注来测量和显示圆弧的长度。可以在“标注样式管理器”中设置标注样式。选择圆弧后，拖动光标以显示其标注。访问弧长选项的方法：

（1）菜单命令：“标注→弧长”。

（2）命 令 行：DIMARC。

9.2.2　文字设置

在“新建标注样式”对话框中，使用“文字”选项卡，用户可以设置标注文字的外观、位置和对齐方式，如图 9.12 所示。

1．设置文字外观

在“文字外观”选项区域中，用户可以设置文字的样式、颜色、高度和分数高度比例，以及控制是否绘制文字边框。

（1）“文字样式”下拉列表框：用于选择标注的文字样式。

（2）“文字颜色”下拉列表框：用于设置标注文字的颜色。

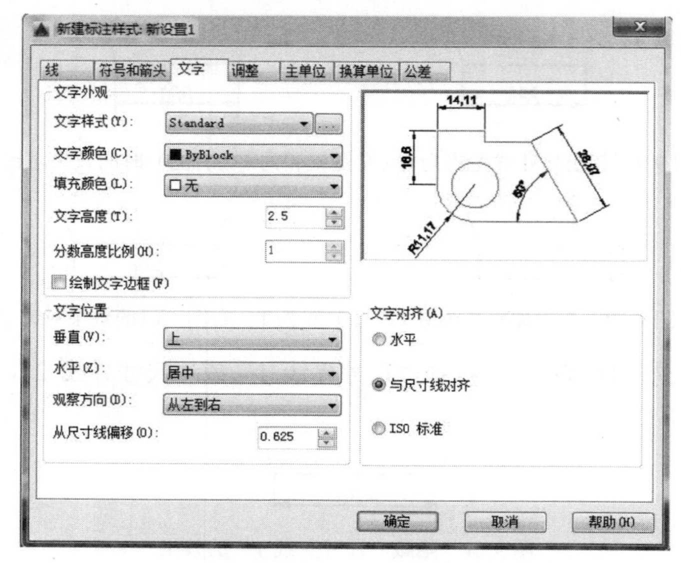

图 9.12 “文字”选项卡

（3）“填充颜色”下拉列表框：用于设置标注文字背景颜色。

（4）“文字高度”文本框：用于设置文字的高度。

（5）“分数高度比例”文本框：用于设置标注文字中的分数相对于其他标注文字的比。

（6）“绘制文本边框”复选框：用于设置是否给标注文字加边框。

2．文字位置

在“文字位置”选项区域中，用户可以设置文字的垂直、水平位置以及从尺寸线偏移量。

（1）“垂直”下拉列表框：用于设置标注文字相对于尺寸线在垂直方向的位置，其中“JIS”指按照日本工业标准放置标注文字。如图 9.13 为文字垂直位置的 4 种形式。

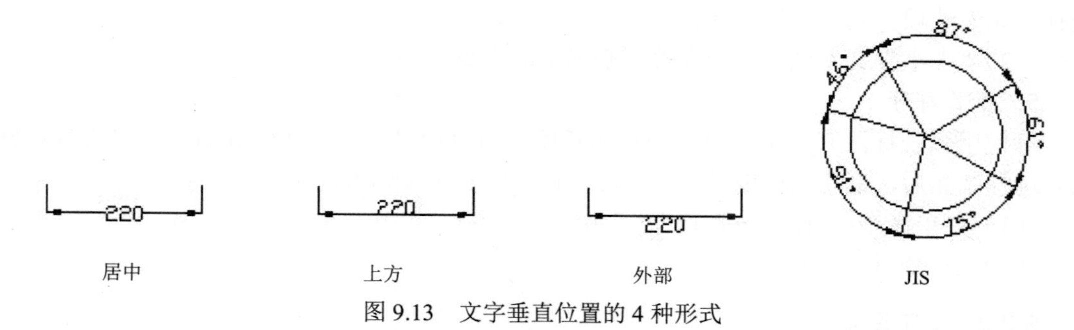

图 9.13 文字垂直位置的 4 种形式

（2）“水平”下拉列表框：用于设置标注文字相对于尺寸线和尺寸界线在水平方向的位置，如图 9.14 所示为文字水平位置的 5 种形式。

图 9.14 文字水平位置的 5 种形式

（3）“从尺寸线偏移”文本框：用于设置标注文字与尺寸线之间距离，如图 9.15 所示。

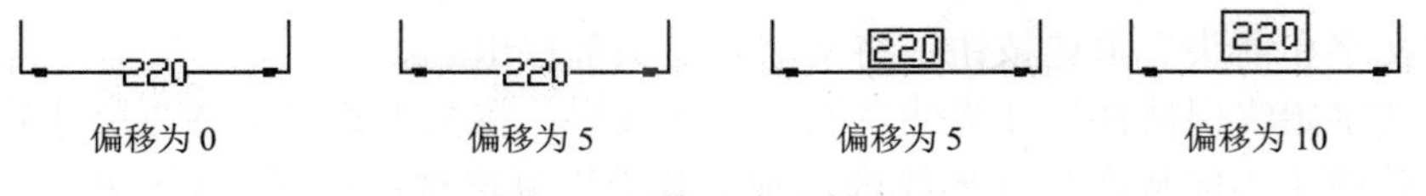

图 9.15　偏移大小的对比

（4）“观察方向”文本框：控制标注文字的观察方向。

“观察方向”包括以下选项：

◆　从左到右：按从左到右阅读的方式放置文字。

◆　从右到左：按从右到左阅读的方式放置文字。

3．文字对齐

在“文字对齐”选项区域中，用户可以设置标注文字是保持水平还是与尺寸线平行。

（1）“水平”单选按钮：使标注文字水平放置。

（2）“与尺寸线对齐”单选按钮：使标注文字方向与尺寸线方向一致。

（3）“ISO 标准”单选按钮：使标注文字按 ISO 标准放置，当标注文字在尺寸界线之内时，它的方向与尺寸线方向一致，而在尺寸界线之外时将水平放置。

9.2.3　调整设置

在“新建标注样式”对话框中，使用“调整”选项卡，用户可以设置标注文字、尺寸线、尺寸箭头的位置，如图 9.16 所示。

图 9.16　“调整”选项卡

1．调整选项

在“调整选项”区域中，用户可以确定当尺寸界线之间没有足够的空间来同时放置标注文字和箭头时，应首先从尺寸界线之间移出的对象。该选项区域中各选项意义如下：

（1）“文字或箭头（最佳效果）”单选按钮：由 AutoCAD 按最佳效果自动移出文本或箭头。

（2）“箭头”单选按钮：首先将箭头移出。

（3）“文字”单选按钮：首先将文字移出。

（4）“文字和箭头”单选按钮：将文字和箭头都移出。

（5）“文字始终保持在尺寸界线之间”单选按钮：将文本始终保持在尺寸界线之内。

（6）“若箭头不能放在尺寸界线内，则将其消”复选框：选择该复选框，可以抑制箭头显示。

2．文字位置

在“文字位置”选项区域中，用户可以设置当文字不在默认位置时的位置。其中各选项意义如下：

（1）“尺寸线旁边”单选按钮：将文本放在尺寸线旁边。

（2）“尺寸线上方，带引线”单选按钮：将文本放在尺寸的上方，并加上引线。

（3）“尺寸线上方，不带引线”单选按钮：将文本放在尺寸的上方，但不加引线。

图 9.17 为上述三种情况的设置效果。

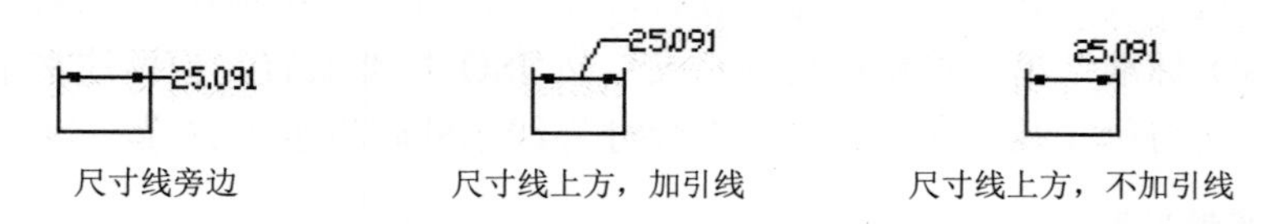

图 9.17　标注文字的位置

3．标注特征比例

在“标注特征比例”选项区域中，用户可以设置标注尺寸的特征比例，以便通过设置全局比例因子来增加或减少各标注的大小。其中各选项意义如下：

（1）“使用全局比例”单选按钮：对全部尺寸标注设置缩放比例，该比例不改变尺寸的测量值（变量 DIMSCALE 也可以）。

（2）“将标注缩放到布局”单选按钮：根据当前模型空间视口与图纸空间之间的缩放关系设置比例。

4．优化

在“优化”选项区域中，用户可以对标注文字和尺寸线进行细微调整，该选项区域包括以下两个复选框。

（1）“手动放置文字”复选框：选中该复选框，则忽略标注文字的水平设置，在标注时将标注文字放置在用户指定的位置。

（2）“在尺寸界线之间绘制尺寸线”复选框：选中该复选框，当尺寸箭头放置在尺寸界线之外时，也在尺寸界线之内绘制出尺寸线。

9.2.4　主单位设置

在“新建标注样式”对话框中，使用“主单位”选项卡，用户可以设置主单位的格式与精度等属性，如图 9.18 所示。

1．线性标注

在“线性标注”选项区域中，用户可以设置线性标注的单位格式与精度，该选项区域中各选项意义如下：

（1）“单位格式”下拉列表：用于设置除角度标注之外，其余各标注类型的尺寸单位。

包括“科学”“小数”“工程”“建筑”“分数”及“Windows 桌面”等选项。

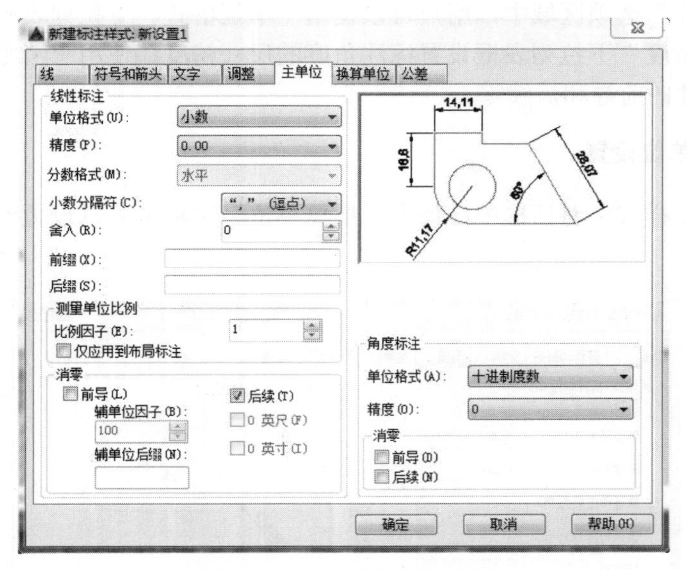

图 9.18　“主单位”选项卡

（2）“精度”下拉列表框：用于设置除角度标注之外的其他标注的尺寸精度。

（3）“分数格式”下拉列表框：当单位格式是分数时，可以设置分数的格式，包括“水平”“对角”和“非堆叠”3 种方式。

（4）“小数分隔符”下拉列表框：用于设置小数的分隔符，包括“逗点”“句点”和“空格”3 种方式。

（5）“舍入”文本框：用于设置除角度标注外的尺寸测量值的舍入值。

（6）“前缀”和“后缀”文本框：用于设置标注文字的前缀和后缀，用户在相应的文本框中输入字符即可。

（7）“测量单位比例”选项区域：使用“比例因子”文本框可以设置测量尺寸缩放比例。

2．“消零”选项区域

可以设置是否显示尺寸标注中的“前导”和“后续”零。

辅单位因子、辅单位后缀：将辅单位的数量设定为一个单位。它用于在距离小于一个单位时以辅单位为单位计算标注距离。例如，如果在“线性标注”选项区域中后缀为 m，而辅单位后缀输入 cm，辅单位因子输入 100，则在绘图中实际距离为 0.1 的尺寸显示为 10cm，如图 9.19 所示。

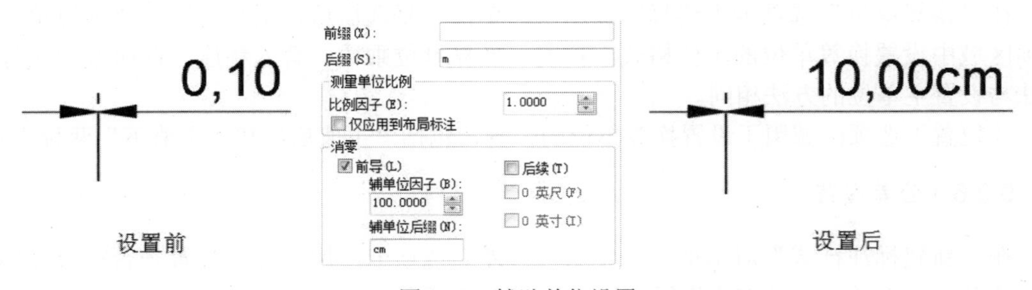

图 9.19　辅助单位设置

3．角度标注

在“角度标注”选项区域中，用户可以使用“单位格式”下拉列表框设置标注角度时的单位；使用“精度”下拉列表框设置标注角度的尺寸精度；使用“消零”选项区域设置是否消除角度尺寸的前导和后续零。

9.2.5 换算单位设置

在“新建标注样式”对话框中，使用“换算单位”选项卡可以设置换算单位的格式，如图 9.20 所示。

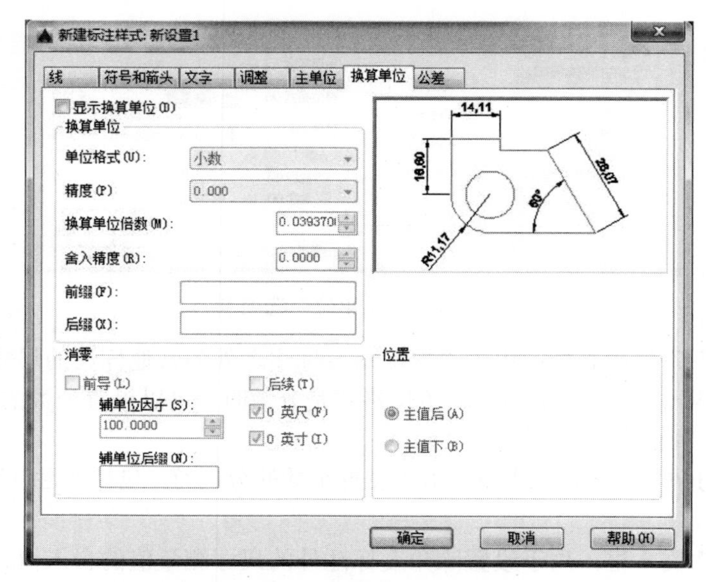

图 9.20 “换算单位”选项卡

在 AutoCAD 中，通过换算标注单位，可以转换使用不同测量单位制的标注，如图 9.21 所示。

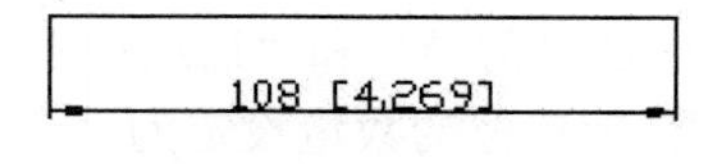

图 9.21 使用换算单位

通常是显示公制标注的等效英制标注，或显示英制标注的等效公制标注。在标注文字中，换算标注单位显示在主单位旁边的方括号[ ]中。

在“换算单位”选项卡中选择“显示换算单位”复选框后，用户可以在“换算单位”选项区域中设置换算单位的单位格式、精度、换算单位乘数、舍入精度、前缀及后缀等，方法与设置主单位的方法相同。

“位置”选项区域用于设置换算单位的位置，包括“主值后”和“主值下”两种方式。

9.2.6 公差设置

在“新建标注样式”对话框中，使用“公差”选项卡，用户可以设置是否在尺寸标注中标注公差，以及以何种方式进行标注，如图 9.22 所示。

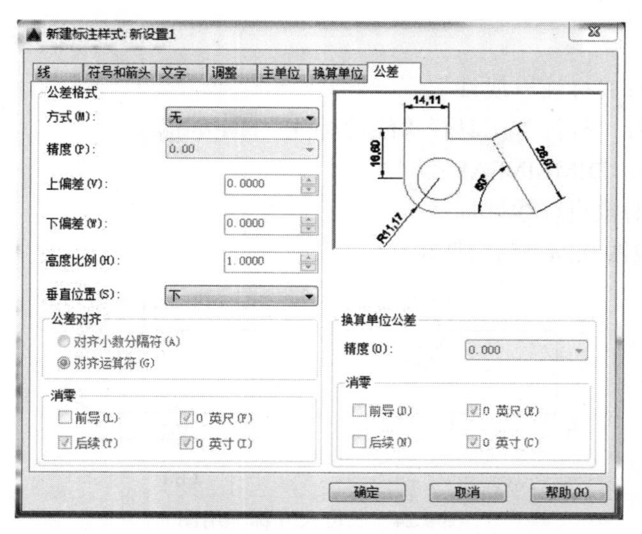

图 9.22　“公差”选项卡

1．在“公差格式”选项区域中，可以设置公差的标注格式

（1）“方式”下拉列表框：确定以何种方式标注公差，包括“无”“对称”“极限偏差”“极限尺寸”和“基本尺寸”选项，如图 9.23 所示。

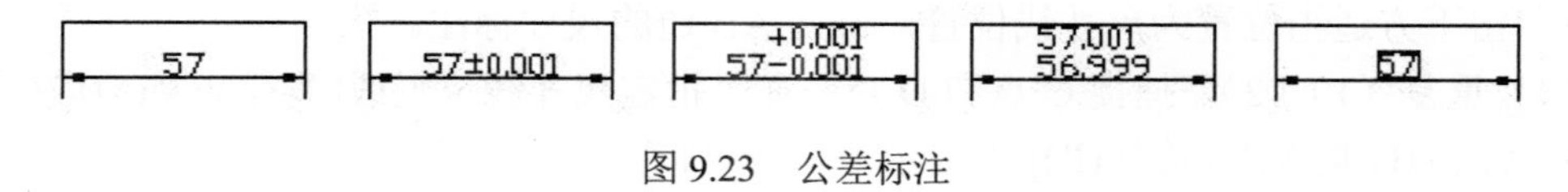

图 9.23　公差标注

（2）“精度”下拉列表框：用于设置尺寸公差的精度。

（3）“上偏差”“下偏差”文本框：用于设置尺寸的上偏差、下偏差。

（4）“高度比例”文本框：用于确定公差文字的高度比例因子。

（5）“垂直位置”下拉列表框：用于控制公差文字相对于尺寸文字的位置，包括“下”“中”“上”三种方式。

（6）“消零”选项区域：用于设置是否消除公差值的前导或后续零。

（7）“换算单位公差”选项区域：当标注换算单位时，可以设置换算单位的精度和是否消零。

2．在“公差格式”选项区域中可设置堆叠时，控制上偏差值和下偏差值的对齐

（1）对齐小数分隔符：通过值的小数分隔符堆叠值。

（2）对齐运算符：通过值的运算符堆叠值。

9.3　尺寸标注

在了解了尺寸标注的相关概念及标注样式的创建和设置方法后，本节介绍如何标注图形尺寸。

9.3.1　长度尺寸标注

长度尺寸是图形对象最常见的尺寸，长度尺寸标注分为垂直标注、水平标注、旋转标注三种类型。

（1）菜单命令：“标注→线性”。

（2）工 具 栏：“标注”工具栏“线性标注” 按钮。

（3）命 令 行：DIMLINEAR。

线性标注可对对象进行线性标注。

【例 9.1】 完成图 9.24 所示图形的标注。

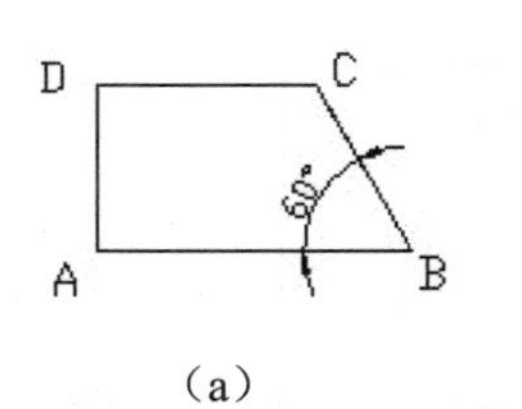

（a）

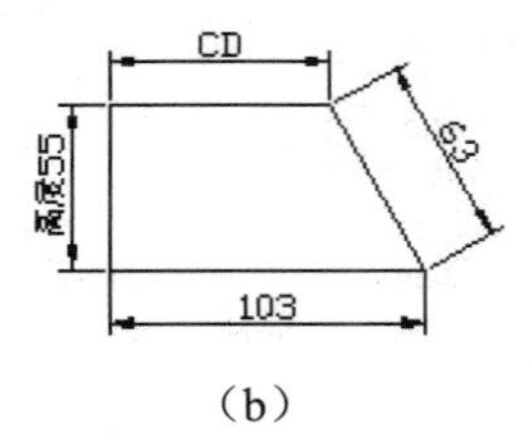

（b）

图 9.24 长度尺寸标注用图

（1）在命令行输入命令 DIMLINEAR，在“指定第一条尺寸界线原点或<选择对象>:”提示下捕捉 A 点。

（2）在“指定第二条尺寸界线原点:”提示下捕捉 B 点。

（3）在“指定尺寸线位置或[多行文字(M)/文字(T)/角度(A)/水平(H)/垂直(V)/旋转(R)]:”提示下单击下方适当位置为尺寸线位置，得到 AB 边的尺寸标注。

（4）重复（1）（2），捕捉 C 点和 D 点。在“指定尺寸线位置或[多行文字(M)/文字(T)/角度(A)/水平(H)/垂直(V)/旋转(R)]:”提示下输入“T”。

（5）回车之后在“输入标注文字<71>:”提示下输入“CD”。

（6）回车之后在“指定尺寸线位置或[多行文字(M)/文字(T)/角度(A)/水平(H)/垂直(V)/旋转(R)]:”提示下单击上方适当位置为尺寸线位置，得到 DC 边的文字标注。

（7）重复（1）（2），捕捉 C 点和 B 点。在“指定尺寸线位置或[多行文字(M)/文字(T)/角度(A)/水平(H)/垂直(V)/旋转(R)]:”提示下输入“R”。

（8）回车之后在“指定尺寸线的角度<0>:”提示下输入“120”。

（9）回车之后“指定尺寸线位置或[多行文字(M)/文字(T)/角度(A)/水平(H)/垂直(V)/旋转(R)]:”提示下单击 CB 边右侧适当位置为尺寸线位置，得到 CB 边的尺寸标注。

（10）重复（1）（2），捕捉 A 点和 D 点。在“指定尺寸线位置或[多行文字(M)/文字(T)/角度(A)/水平(H)/垂直(V)/旋转(R)]:”提示下输入“M”。

（11）回车之后在“输入标注文字:”提示下输入“高度 55”。

（12）回车之后“指定尺寸线位置或[多行文字(M)/文字(T)/角度(A)/水平(H)/垂直(V)/旋转(R)]:”提示下单击 AD 边左侧适当位置为尺寸线位置，得到 AD 边的文字标注。

9.3.2 对齐尺寸标注

（1）菜单命令：“标注→对齐”。

（2）工 具 栏：“标注”工具栏“对齐” 按钮。

（3）命 令 行：DIMALIGNED。

对齐标注是指将尺寸线与两尺寸线原点的连线相平行进行的标注。

【例 9.2】标注如图 9.25 所示的梯形 ABCD 中 AB 边和 CD 边的边长。

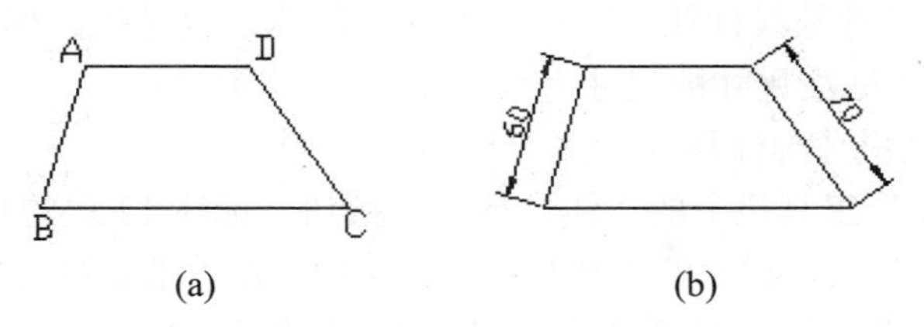

图 9.25　对齐尺寸标注用图

（1）在绘图窗口的状态栏上单击“对象捕捉”按钮，打开对象捕捉模式。

（2）选择“标注”→“对齐”命令，在“指定第一条尺寸界线原点或<选择对象>:”提示下捕捉 A 点。

（3）在“指定第二条尺寸界线原点:”提示下捕捉 B 点。

（4）在“指定尺寸线位置或[多行文字(M)/文字(T)/角度(A)]:”提示下单击 AB 边左侧适当位置，得到 AB 边的尺寸标注。

（5）重复（2）（3）（4），得到 CD 边的尺寸标注。

9.3.3　连续尺寸标注

（1）菜单命令：“标注→连续”。

（2）工 具 栏：“标注”工具栏“连续标注”按钮。

（3）命 令 行：DIMCONTINUE。

此操作可以对对象进行连续标注。执行连续标注前，必须先创建一个线性、坐标或角度标注作为基准标注，以确定连续标注所需要的前一尺寸标注的尺寸界线。

【例 9.3】用连续尺寸标注形式标注如图 9.26（a）所示的图形。

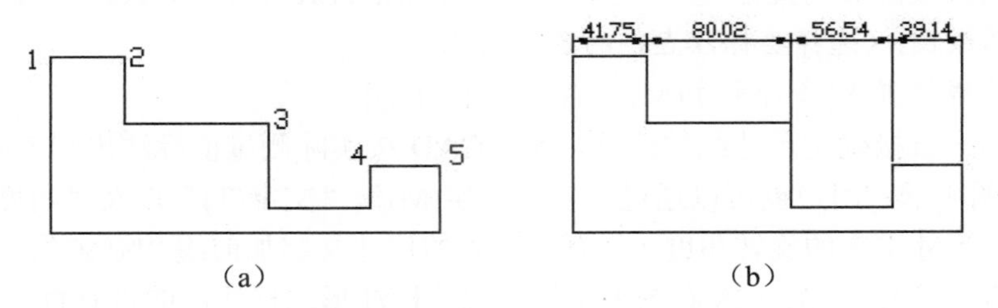

图 9.26　连续尺寸标注

（1）单击“标注”工具栏上的“线性标注”按钮，标注 12 边的长度，作为基准标注。

（2）单击“标注”工具栏上的“连续标注”按钮，在“指定第二条尺寸界线原点或[选择(S)/放弃(U)]<选择>:”提示下捕捉 3 点，得到 23 段的尺寸标注。

（3）在连续出现的“指定第二条尺寸界线原点或[选择(S)/放弃(U)]<选择>:”提示下依次捕捉 4、5 点，标注各线段的长度。

9.3.4　基线尺寸标注

（1）菜单命令：“标注→基线”。

（2）工 具 栏：“标注”工具栏“基线”按钮。

（3）命 令 行：DIMBASELINE。

此操作可对对象进行基线标注。在执行基线标注前，也必须先标注出一尺寸，以确定基线标注所需要的前一标注尺寸的尺寸界线。

【例 9.4】用基线尺寸标注形式标注图 9.26（a）。

（1）单击“标注”工具栏上的“线性标注”按钮，标注 12 边的长度，作为基准标注。

（2）单击“标注”工具栏上的“基线标注”按钮，在“指定第二条尺寸界线原点或[选择(S)/放弃(U)]<选择>:”提示下捕捉 3 点，得到 13 段的尺寸标注。

（3）在连续出现的“指定第二条尺寸界线原点或[选择(S)/放弃(U)]<选择>:”提示下依次捕捉 4、5 点，标注出 14、15 段的长度，如图 9.27 所示。

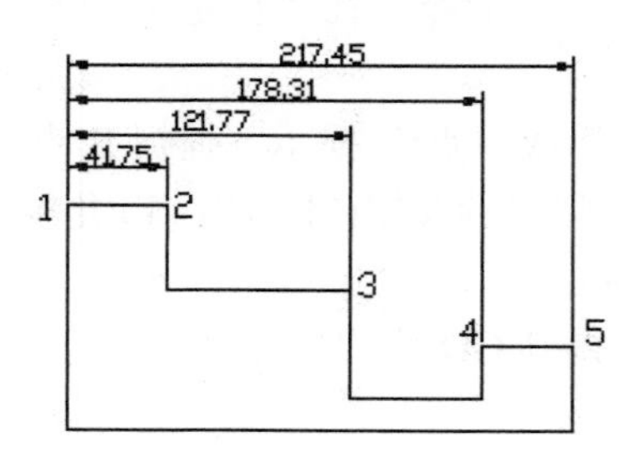

图 9.27 基线标注各段长度

9.3.5 直径尺寸标注

（1）菜单命令：“标注→直径”。

（2）工 具 栏：“标注”工具栏“直径标注”按钮。

（3）命 令 行：DIMDIAMETER。

可标注出圆或圆弧的直径尺寸。执行 DIMDIAMETER 命令后，AutoCAD 依次提示：

选择圆弧或圆:（选择要标注直径的圆或圆弧）

指定尺寸线位置或[多行文字(M)/文字(T)/角度(A)]:

若此时用户直接确定尺寸线的位置，AutoCAD 按实际测量值标注出圆或圆弧的直径，如图 9.28 左图所示。用户也可以通过“多行文字(M)”、“文字(T)”以及“角度(A)”选项确定尺寸文字和尺寸文字的旋转角度（只有给输入的尺寸文字加前缀“%%C”，才能使标出的直径尺寸有直径符号）。图 9.28 右图为用长度尺寸标注形式标注出的带有直径符号的图形。

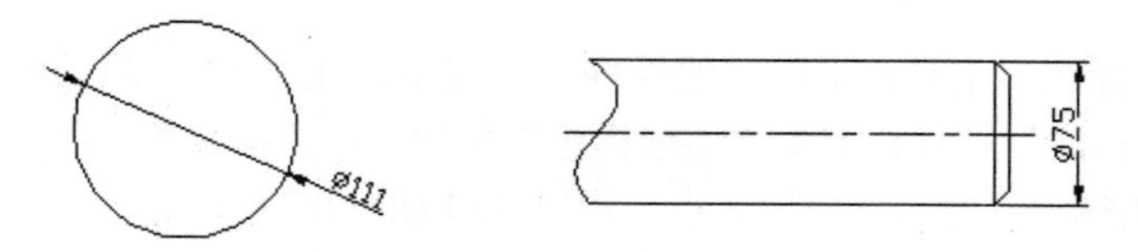

图 9.28 直径尺寸标注

9.3.6 半径尺寸标注

（1）菜单命令：“标注→半径”。

（2）工 具 栏：“标注”工具栏“半径标注”按钮。

（3）命 令 行：DIMRADIUS。

可标注出圆或圆弧的半径尺寸。执行 DIMRADIUS 命令后，AutoCAD 依次提示：

选择圆弧或圆:（选择要标注直径的圆或圆弧）

指定尺寸线位置或[多行文字(M)/文字(T)/角度(A)]:

若此时用户直接确定尺寸线的位置，AutoCAD 按实际测量值标注出圆或圆弧半径。

用户也可以通过“多行文字(M)”“文字(T)”以及“角度(A)”选项确定尺寸文字和尺寸文字的旋转角度（只有给输入的尺寸文字加前缀“R”，才能使标出的半径尺寸有半径符号），如图 9.29 所示。

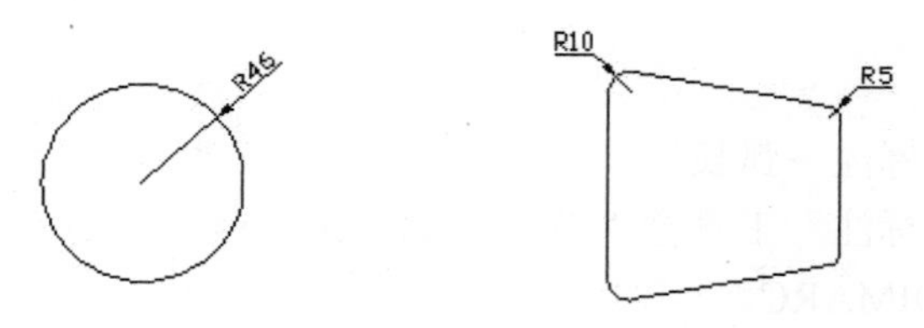

图 9.29　半径尺寸标注用图

9.3.7　圆心标注

绘制圆心标记指绘制圆或圆弧的圆心标记或中心线，如图 9.30 所示。

图 9.30　圆心标注

（1）菜单命令：“标注→圆心标记”。

（2）工 具 栏：“标注”工具栏“圆心标记”按钮。

（3）命 令 行：DIMCEnter。

执行 DIMCEnter 命令后，AutoCAD 提示：

选择圆弧或圆:

在该提示下选择圆弧或圆即可。

圆心标记是十字还是中心线由标注样式管理器中的“符号和箭头”选项卡里的“圆心标记”来设定。

9.3.8　角度尺寸标注

（1）菜单命令：“标注→角度”。

（2）工 具 栏：“标注”工具栏“角度标注”按钮。

（3）命 令 行：DIMANGULAR。

可以对对象进行角度尺寸标注。执行 DIMANGULAR 命令后，AutoCAD 提示：

选择圆弧、圆、直线或<指定顶点>:

用户在此提示下可标注圆弧的包含角、圆上某一段圆弧的包含角、2 条不平行直线之间的夹角，或根据给定的 3 点标注角度。图 9.31 为对这四种情况的角度的标注。

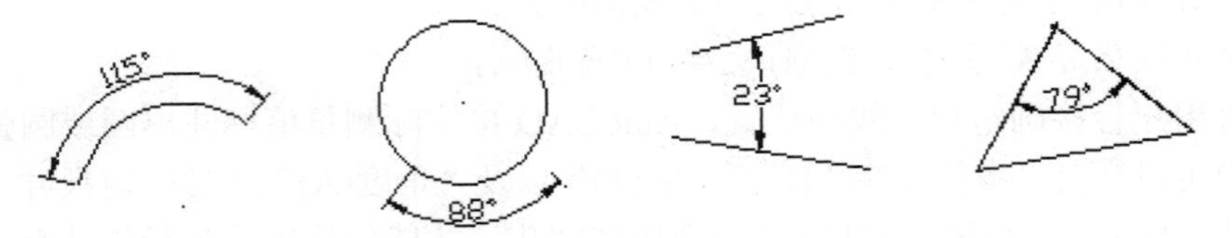

图 9.31 角度尺寸标注

9.3.9 弧长标注

（1）菜单命令：“标注→弧长”。

（2）工 具 栏：“标注”工具栏“弧长”按钮。

（3）命 令 行：DIMARC。

可以标注圆弧或多段线圆弧上的距离。执行 DIMARC 命令后，AutoCAD 提示：

选择弧线段或多段线圆弧段:（选择现有圆弧）

指定弧长标注位置或[多行文字(M)/文字(T)/角度(A)/部分(P)]:

若此时用户直接确定的位置，AutoCAD 按实际测量值标注出圆弧弧长。

（1）弧长标注位置：指定尺寸线的位置并确定尺寸界线的方向。

（2）多行文字：显示在位文字编辑器，可用它来编辑标注文字。

（3）文字：在命令提示下，自定义标注文字。

（4）角度：修改标注文字的角度。

（5）部分：缩短弧长标注的长度。

9.3.10 坐标尺寸标注

（1）菜单命令：“标注→坐标”。

（2）工 具 栏：“标注”工具栏“坐标标注”按钮。

（3）命 令 行：DIMORDINATE。

坐标标注用于测量从原点（称为基准）到要素（例如部件上的一个孔）的水平或垂直距离。

执行 DIMORDINATE 命令后，AutoCAD 提示：

指定点坐标:

在该提示下确定要标注坐标的点后，AutoCAD 提示：

指定引线端点或[X 基准(X)/Y 基准(Y)/多行文字(M)/文字(T)/角度(A)]:

可根据提示指定引线端点，也可以在提示后输入各选项，图 9.32 是一个坐标尺寸标注的例子。

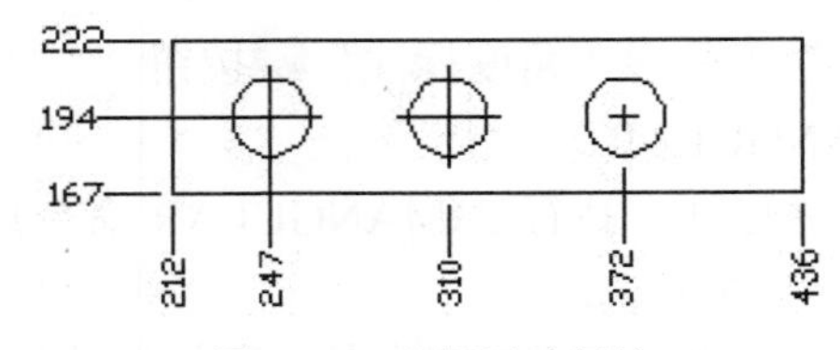

图 9.32 坐标尺寸标注

9.3.11　快速尺寸标注

（1）菜单命令：“标注→快速标注”。

（2）工 具 栏：“标注”工具栏“快速标注”按钮。

（3）命 令 行：QDIM。

可以快速地进行基线标注、连续标注、直径标注、半径标注和坐标标注。执行 QDIM 命令后，AutoCAD 提示：

选择要标注的几何图形:

用户在该提示下选择需要标注尺寸的各图形对象，按 Enter 键后，通过选择相应选项，用户可以进行“连续”“基线”及“半径”等一系列标注。

【例 9.5】使用“快速标注”命令，分别对图 9.33（a）（b）进行连续标注和基线标注。

（1）选择“标注”→“快速标注”命令。

（2）在“选择要标注的几何图形:”提示下选择整个图形，然后回车。

（3）在“指定尺寸线位置或[连续(C)/并列(S)/基线(B)/坐标(O)/半径(R)/直径(D)/基准点(P)/编辑(E)/设置(T)]<连续>:”提示下直接回车，默认连续尺寸标注，在图形上方适当位置单击鼠标确定尺寸线位置，标注出如图 9.33（a）所示的图形。

（4）重复（1）（2）。

（5）在“指定尺寸线位置或[连续(C)/并列(S)/基线(B)/坐标(O)/半径(R)/直径(D)/基准点(P)/编辑(E)/设置(T)]<连续>:”提示下输入“B”，然后回车，在图形上方适当位置单击鼠标确定尺寸线位置，标注出如图 9.33（b）所示的图形。

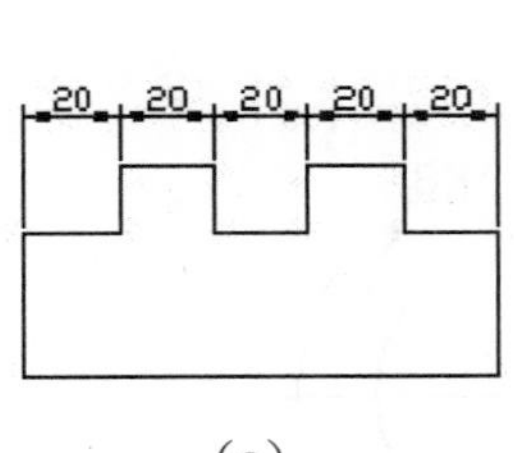

（a）

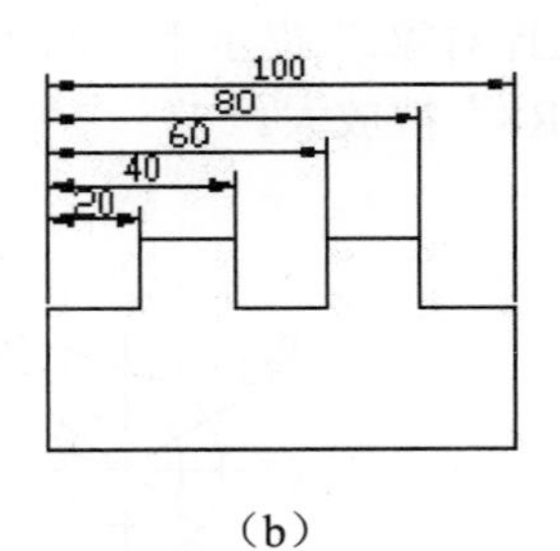

（b）

图 9.33　利用快速尺寸标注命令进行连续标注和基线标注

【例 9.6】使用“快速标注”命令，对图 9.34 进行半径标注。

（1）选择“标注”→“快速标注”命令。

（2）在“选择要标注的几何图形:”提示下选择整个图形，然后回车。

（3）在“指定尺寸线位置或[连续(C)/并列(S)/基线(B)/坐标(O)/半径(R)/直径(D)/基准点(P)/编辑(E)/设置(T)]<连续>:”提示下输入“R”，然后回车，在图形上适当位置单击鼠标确定尺寸线位置。

（4）重新标注 R20、R30、R12 和 R8，标注出如图 9.34 所示的图形。

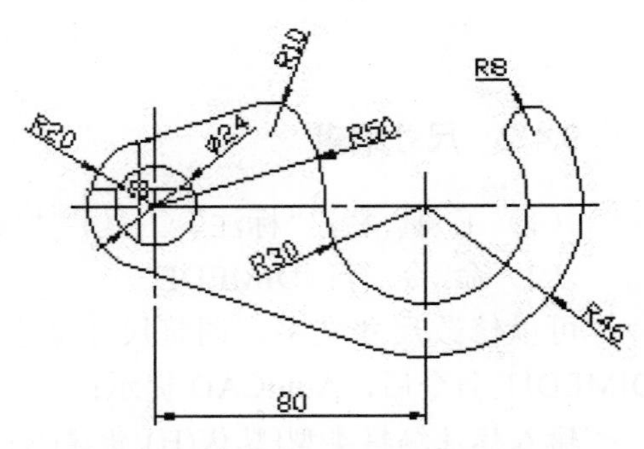

图 9.34　利用快速尺寸标注命令标注半径尺寸

9.4　尺寸标注编辑

尺寸标注编辑是指对已经标注的尺寸的标注位置、文字位置、文字内容、标注样式等作出改变的过程。

9.4.1　尺寸变量替换

（1）菜单命令：“标注→替代”。

（2）命 令 行：DIMOVERRIDE。

可以临时修改尺寸标注的系统变量设置，并按该设置修改尺寸标注。该操作只对指定的尺寸对象做修改，修改后不影响原系统变量设置。

执行 DIMOVERRIDE 命令后，AutoCAD 提示：

输入要替代的标注变量名或[清除替代(C)]:

用户在此提示下可以输入要修改的系统变量名或直接输入“C”清除替代。

【例 9.7】使用“替代”命令，改变【例 9.6】图形中 R8 半径尺寸标注的比例为 2.5。

（1）在命令行输入命令“DIMOVERRIDE”。

（2）在“输入要替代的标注变量名或[清除替代(C)]:”提示后输入“DIMSCALE”，然后回车。

（3）在“输入标注变量的新值<2.0000>:”提示后输入“2.5”，然后回车。

（4）在“输入要替代的标注变量名:”提示后直接回车。

（5）在“选择对象:”提示下，回到绘图区选择 R8 半径尺寸标注，然后回车，替代后如图 9.35 所示“R8”被放大。

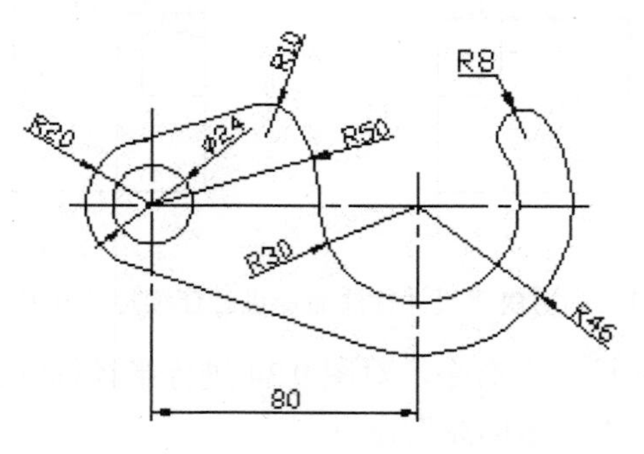

图 9.35　尺寸变量替代

9.4.2　尺寸编辑

（1）工 具 栏：“标注”工具栏“编辑标注”按钮。

（2）命 令 行：DIMEDIT。

可以修改尺寸文字、调整尺寸文字的位置、旋转尺寸文字和使尺寸界限倾斜。执行 DIMEDIT 命令后，AutoCAD 提示：

输入标注编辑类型[默认(H)/新建(N)/旋转(R)/倾斜(O)]<默认>:

在该提示后输入标注编辑类型即可。

【例 9.8】利用 DIMEDIT 命令将如图 9.36（a）所示的扳手图形中的尺寸 44 的尺寸界线倾斜 30°。

（1）在命令行输入命令“DIMEDIT”。

（2）在“输入标注编辑类型[默认(H)/新建(N)/旋转(R)/倾斜(O)]<默认>:”提示后输入“O”。

（3）在“选择对象:”提示后，回到绘图区选择尺寸 44，然后回车。

（4）在“输入倾斜角度:”提示后输入“30”，然后回车，如图 9.36（b）所示。

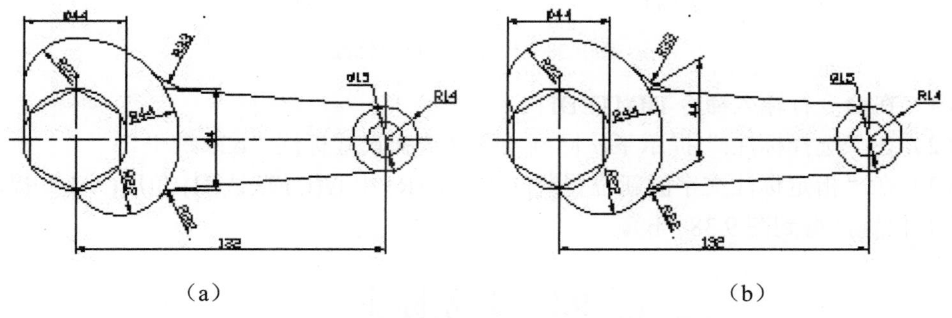

（a）　　（b）

图 9.36　利用 DIMEDIT 命令使尺寸界线倾斜

9.4.3　尺寸文本修改

命令行：TEXTEDIT。

可实现对尺寸文本的修改。

【例 9.9】修改图 9.37（a）的尺寸文本标注为图 9.37（b）所示的形式。

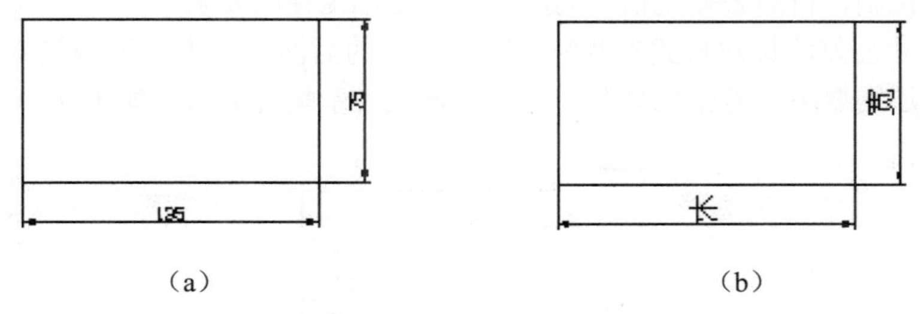

（a）　　（b）

图 9.37　尺寸文本修改

（1）在命令行输入命令 TEXTEDIT。

（2）在“选择注释对象或[放弃(U)]:”提示下，回到绘图区选择尺寸 135，弹出“文字格式”对话框，输入“长”。

（3）在“选择注释对象或[放弃(U)]:”提示下，回到绘图区选择尺寸 75，弹出“文字格式”对话框，输入“宽”，直接回车。

9.4.4　尺寸文本位置修改

（1）菜单命令：“标注→对齐文字”。

（2）工 具 栏：“标注”工具栏“编辑标注文字”按钮。

（3）命 令 行：DIMTEDIT。

可以修改尺寸文字的位置和尺寸界线的长度。

【例 9.10】修改图 9.38（a）的尺寸文本位置为图 9.38（b）所示的形式。

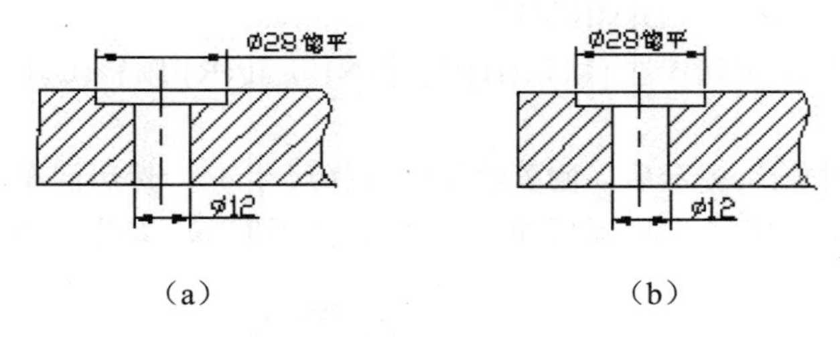

图 9.38 尺寸文本位置修改

（1）在命令行输入命令 DIMTEDIT。

（2）在“选择标注:”提示下，回到绘图区选择尺寸标注“ø28 锪平”。

（3）在“指定标注文字的新位置或[左(L)/右(R)/中心(C)/默认(H)/角度(A)]:”提示下，单击中心位置，得到图 9.38（b）。

9.5 公差标注

在机械图样中，具有装配关系的尺寸，需要精确加工，必须标注尺寸公差；同时还需要标注形位公差，因为它是评定产品质量的一项重要指标。

9.5.1 尺寸公差标注

尺寸公差就是尺寸的变动范围。国家标准规定：对于没有标注公差的尺寸，其加工精度由自然公差控制，自然公差是很大的，难以满足加工使用要求。

常见的尺寸公差的标注形式有两种，即在尺寸的后面标注上、下偏差或标注公差带代号，装配图上还需要用公差带代号分子分母的形式表示配合关系，如图 9.39 所示。

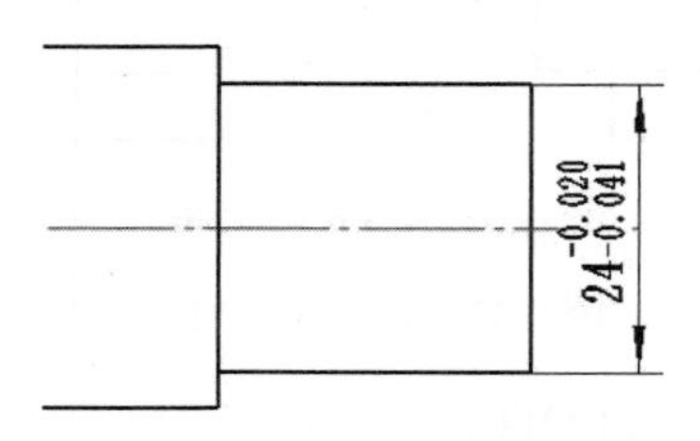

图 9.39 尺寸公差标注

【例 9.11】在图 9.39 所示的轴上标注以上、下偏差表示的尺寸公差。

（1）选择“标注”→“样式”命令，弹出“标注样式管理器”对话框。

（2）单击“新建”按钮，弹出“创建新标注样式”对话框。

（3）单击“继续”按钮，弹出“新建标注样式”对话框，对“主单位”选项卡进行设置。

（4）设置“单位格式”为“小数”，“精度”为“0.0”，“小数分隔符”为“句点”，“舍入”为“0”，“比例因子”为“1”，在“消零”选项栏中选中“后续”选项，在“前缀”文本框中输入“%%C”，其他选用默认设置。

（5）在“公差”选项卡中，设置“方式”为“极限偏差”，“精度”为“0.000”，“高度比例”为“0.7”，“垂直位置”为“中”，上偏差为“-0.020”，下偏差为“-0.041”，其他选项不进行设置。

（6）单击“确定”按钮，在“标注样式管理器”对话框中单击“置为当前”，单击“关闭”按钮。

（7）单击“标注”工具栏中的“线性标注”按钮，捕捉指定两个尺寸界线的起点后，在适当位置单击即可标注出该轴的尺寸公差。

9.5.2　形位公差标注

形位公差就是实际加工的机械零件表面上的点、线、面的形状和位置相对于基准的误差范围。

它在机械图形设计中是非常重要的。一方面，如果形位公差不能完全控制，装配件就不能正确装配；另一方面，过度吻合的形位公差又会由于额外的制造费用而造成浪费。在大多数的建筑图形中，形位公差几乎是不存在的。

（1）菜单命令：“标注→公差”。

（2）工 具 栏：“标注”工具栏“公差标注”按钮。

（3）命 令 行：TOLERANCE。

利用该对话框，用户可以设置公差的符号、值及基准等参数，如图 9.40 所示。

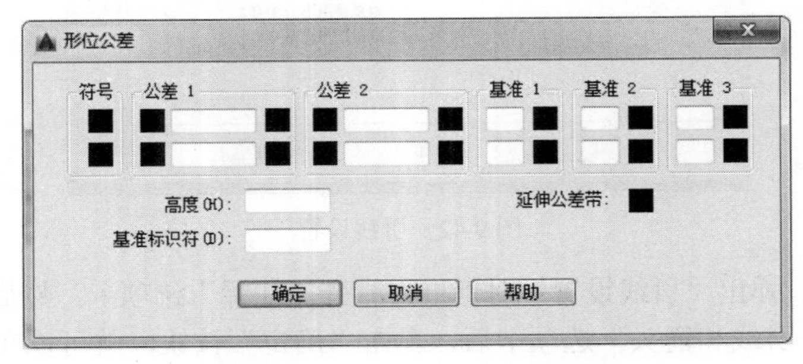

图 9.40　“形位公差”对话框

【例 9.12】在如图 9.41 所示的轴零件图上标注形位公差（右端直径为 ø40 的圆柱轴线与左端直径为 ø50 的圆柱轴线的同轴度为 ø0.020）。

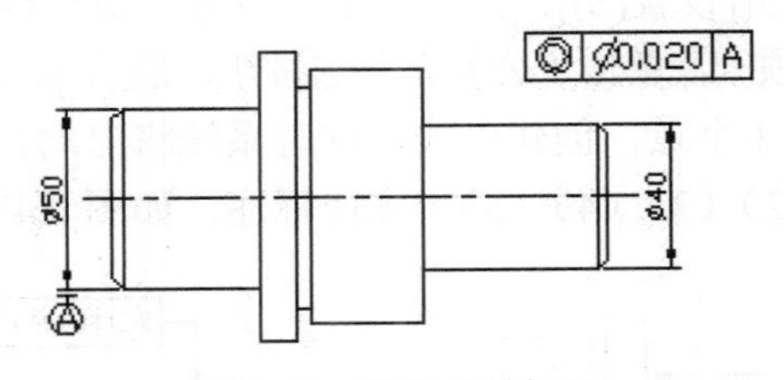

图 9.41　形位公差标注

（1）在“标注”工具栏，单击“公差”按钮，弹出如图 9.40 所示的“形位公差”对话框。

（2）单击“符号”选项栏中上方黑框，在“符号”对话框中选择同轴度符号。

（3）单击“公差 1”文本框前的黑框，显示出直径符号 ø，在文本框中输入“0.020”，在“基准 1”文本框中输入“A”。

（4）单击“确定”按钮，即可完成形位公差的设置。

（5）在图形上方适当位置单击完成同轴度的标注。

此形位公差标注显然不符合国家标准，因此要利用“快速引线”命令标注形位公差。

9.5.3 引线标注形位公差

命 令 行：QLEADER。

用于对对象进行引线标注。执行 QLEADER 命令后，AutoCAD 提示：

指定第一个引线点或[设置(S)]<设置>:

用户可通过执行该提示中的相应选项，来设置引线格式及创建引线标注。

选择了 S 子命令，则会弹出“引线设置”对话框，如图 9.42 所示，该对话框共有三个选项卡，分别设置注释、引线和箭头、附着。“注释”设置文字的形式，“引线和箭头”设置引线和箭头的几何形态，“附着”设置注释与引线的位置关系。

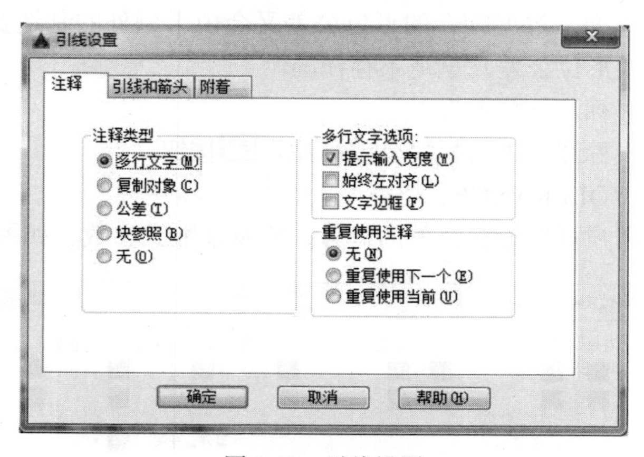

图 9.42 引线设置

单击“设置”，弹出“引线设置”对话框，打开“注释”选项卡，然后单击“公差”单选按钮，设置完“引线和箭头”选项卡后，单击“确定”按钮，就可以在命令行提示下完成形位公差标注。

【例 9.13】利用“快速引线”命令完成【例 9.12】图形的形位公差标注。

（1）命令行输入 QLEADER。

（2）在命令提示区单击[设置(S)]，弹出“引线设置”对话框。

（3）打开“注释”选项卡，单击“公差”单选按钮，然后单击“确定”按钮关闭对话框。

（4）依次单击引线的 3 个点，创建引线，这时系统将自动打开“形位公差”对话框。

（5）重复上例中的（2）（3）（4）（5），完成标注，如图 9.43 所示。

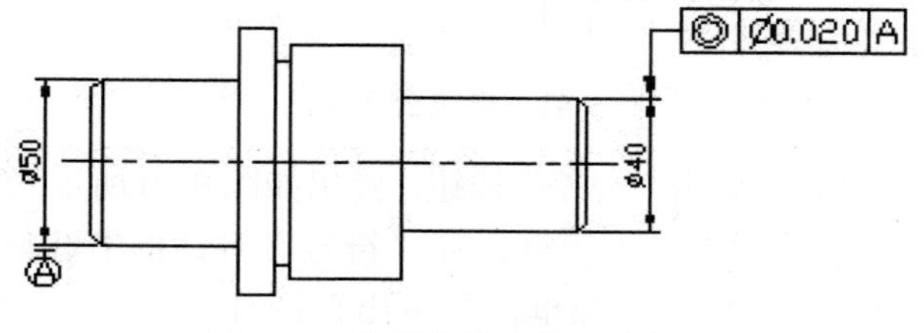

图 9.43 带引线的形位公差标注

第 10 章　图形输出

- 掌握图形输出的基本知识
- 学会在两种环境中打印输出
- 利用“打印”选项卡控制打印设置

10.1　图形输出基础

在 AutoCAD 中绘制出图形对象后，就可以通过绘图仪或打印机将其打印输出，以便查看和审核图形。

10.1.1　模型空间和图纸空间

AutoCAD 为用户设立了两个工作空间：模型空间和图纸空间。模型空间是与真实空间相对应的，用户的设计工作一般都在模型空间中进行；图纸空间主要是为用户最后出图使用，是与工程图纸相对应的，用户可以在图纸空间规划出图布局。在模型空间也可以输出图纸，但是只能是单视图。即尽管模型空间可以显示多视口，但是在同一时间只能有一个视口可以输出；而在图纸空间却可以在同一布局中摆放多种视图，可以做到多视口输出。并且同一模型可以获得多种不同的输出布局。

10.1.2　如何创建打印布局

布局是增强的图纸空间，既有图纸空间的功能，同时还可以模拟打印图纸、进行打印设置等功能。在图纸空间环境下，可以创建任意数量的布局，在不同的布局上可以对同一个图形进行不同的显示和页面设置。

利用绘图区下方的模型空间选项卡和图纸空间选项卡，可以实现模型空间与图纸空间的切换。

在缺省情况下，图纸空间有两个选项卡，即有两个布局。

创建布局的方法有三种：

1．直接创建布局的方法

（1）菜单命令：“插入→布局→新建布局”。

（2）工 具 栏：“布局”工具栏“新建布局”按钮。

（3）命 令 行：LAYOUT。

执行 LAYOUT 命令后，AutoCAD 提示：

输入布局选项[复制(C)/删除(D)/新建(N)/样板(T)/重命名(R)/另存为(SA)/设置(S)/?]<设置>:

在该提示下输入 N 并回车，AutoCAD 继续提示输入“新布局名”，可以直接回车，选择系统默认的名称，即按照现有布局顺序创建一个新布局。

还可在任意图纸空间选项卡上单击鼠标右键，在弹出的布局快捷菜单中选择“新建布局”选项，如图 10.1 所示，也可以按照现有布局顺序直接创建一个新布局。

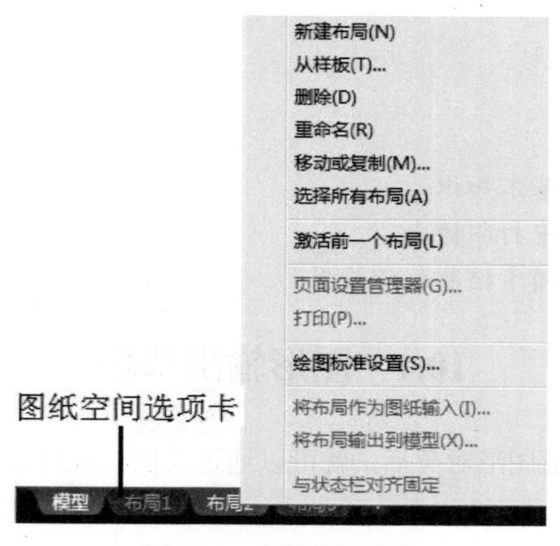

图 10.1　布局快捷菜单

2．利用样板图形创建布局

（1）菜单命令：“插入→布局→来自样板的布局”。

（2）工 具 栏：“布局”工具栏“来自样板的布局”按钮。

（3）命 令 行：LAYOUT→TEMPLATE。

或选择布局快捷菜单中的“从样板”选项都可执行此操作。

执行“LAYOUT”中的“TEMPLATE”选项命令后，AutoCAD 弹出如图 10.2 所示的“从文件选择样板”对话框。

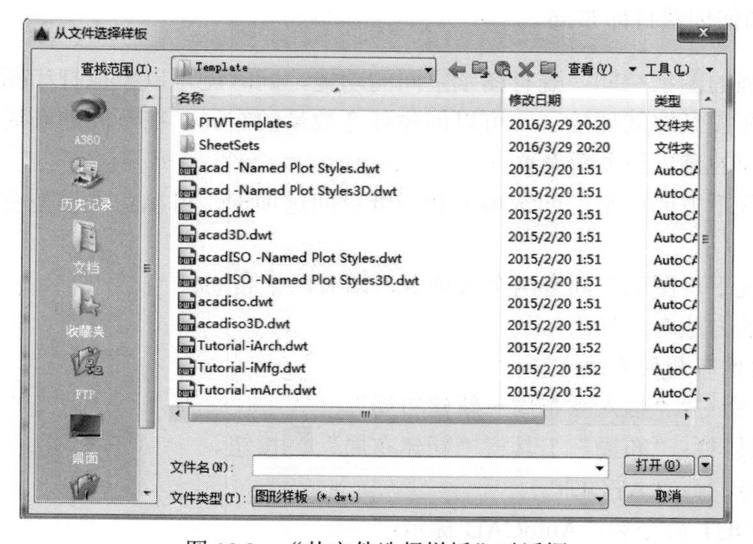

图 10.2　“从文件选择样板”对话框

在对话框显示的样板图形文件中选择一个文件，如选择“Tutorial-mArch”，单击“打开”

按钮，弹出如图 10.3 所示的“插入布局”对话框。

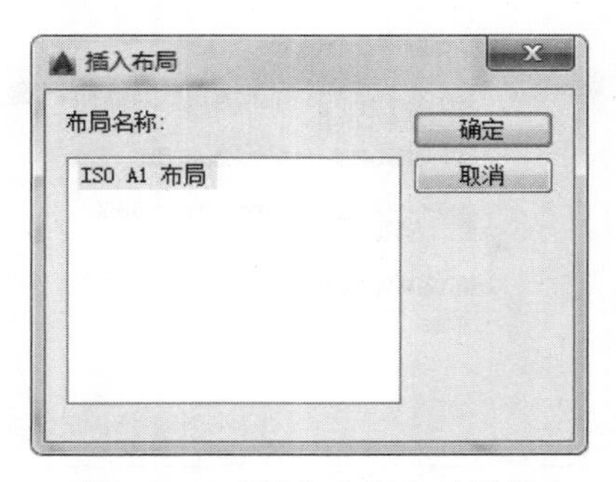

图 10.3　“插入布局”对话框

在该对话框中选择要插入样板图形的布局，如选择“ISO A1 布局”，单击“确定”按钮，即可以创建一个新布局。新布局的名称与前面创建的布局名称不同，新布局中含有所选择的样板图形文件中的图形和设置，如图 10.4 所示。

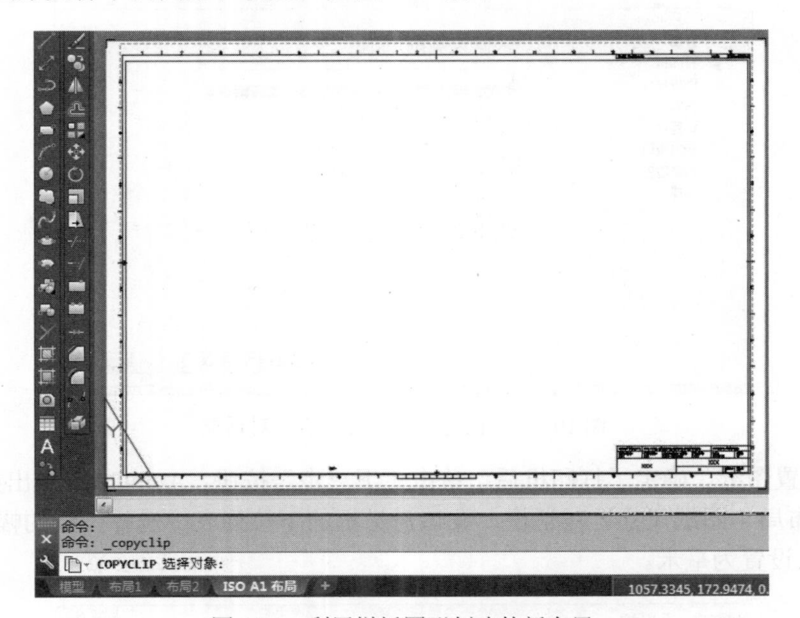

图 10.4　利用样板图形创建的新布局

3．通过布局向导创建布局

（1）菜单命令：“插入→布局→创建布局向导”。

“工具→向导→创建布局”。

（2）命 令 行：LAYOUTWIZARD。

执行 LAYOUTWIZARD 命令后，AutoCAD 弹出如图 10.5 所示的“创建布局—开始”对话框。

（1）设置布局名。在图 10.5 所示的对话框的“输入新布局的名称”文本框中输入新布局的名称，默认的布局名是按照现有的布局顺序命名的。

（2）设置打印机。单击“下一步”按钮，AutoCAD 弹出如图 10.6 所示的“创建布局—打印机”对话框，在对话框的列表中选择打印机即可。

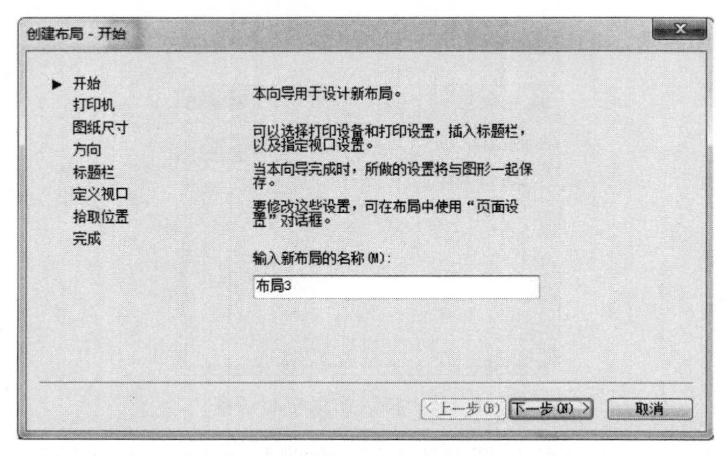

图 10.5 “创建布局—开始”对话框

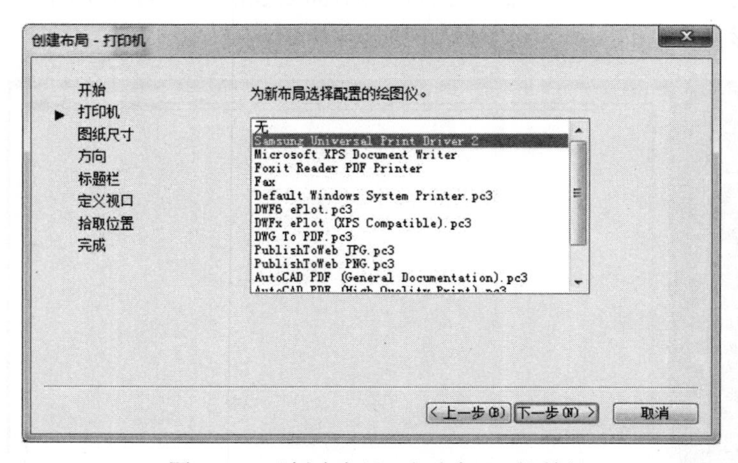

图 10.6 “创建布局—打印机”对话框

（3）设置图纸。确定了打印机后，单击“下一步”按钮，AutoCAD 弹出如图 10.7 所示的“创建布局—图纸尺寸”对话框，在该对话框的下拉列表中选择图纸的幅面，如选择“A4”，默认设置为毫米。

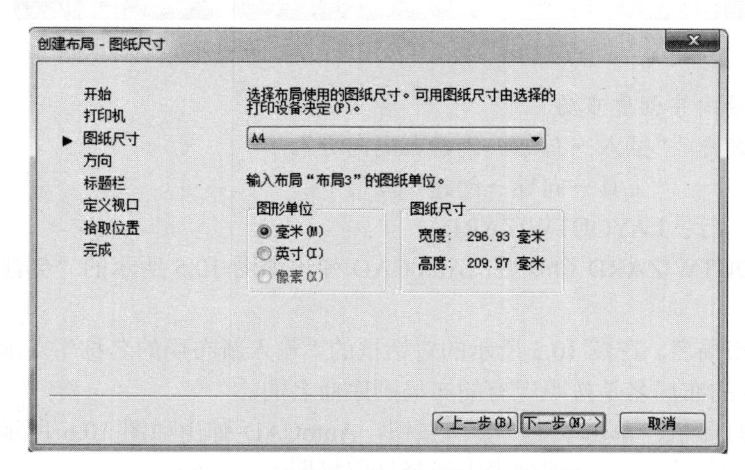

图 10.7 “创建布局—图纸尺”对话框

（4）设置打印方向。设置了图纸后，单击“下一步”按钮，AutoCAD 弹出如图 10.8 所示的“创建布局—方向”对话框，在该对话框中可以选择“纵向”或“横向”打印。

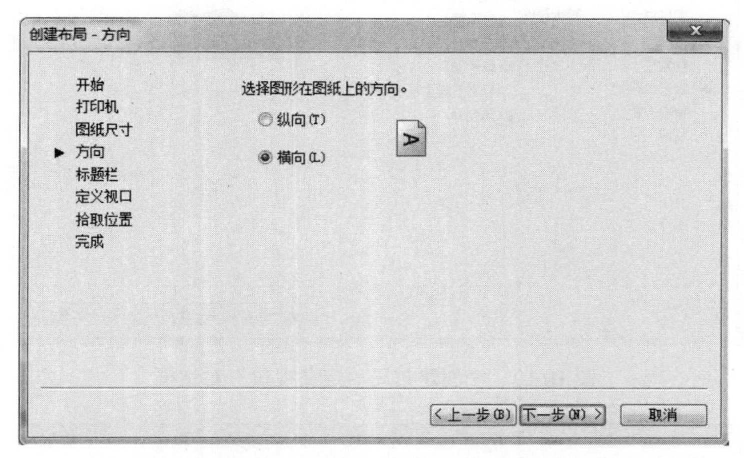

图 10.8　“创建布局—方向” 对话框

（5）设置标题栏。设置了打印方向后，单击“下一步”按钮，AutoCAD 弹出如图 10.9 所示的“创建布局—标题栏”对话框，在该对话框中可以选择布局中用到的边框和标题栏格式，并确定标题栏是以图块还是外部参照的形式插入。默认设置为“无”，即在布局中不显示边框和标题栏。

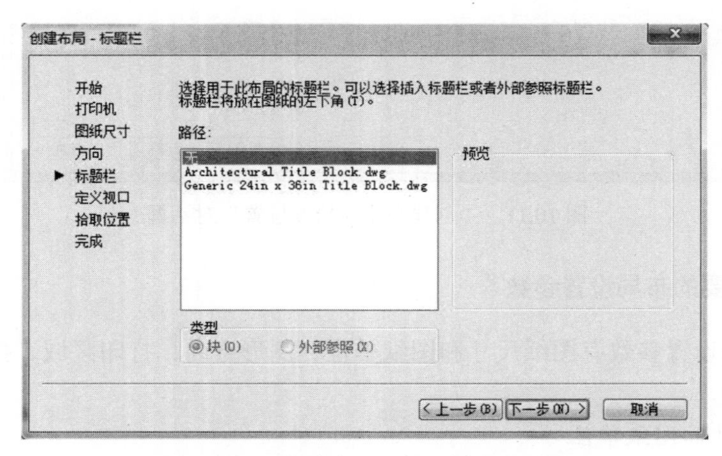

图 10.9　“创建布局—标题栏”对话框

（6）定义视口。单击“下一步”按钮，AutoCAD 弹出如图 10.10 所示的“创建布局—定义视口”对话框，在该对话框中可以设置新布局的默认视口和视口比例。默认情况下视口设置为“单个”，视口比例设置为“按图纸空间缩放”。

（7）设置拾取位置。单击“下一步”按钮，AutoCAD 弹出如图 10.11 所示的“创建布局—拾取位置”对话框，该对话框用于设置布局视口的位置，单击“选择位置”按钮，将回到图纸空间，需在空白的新布局中拾取两个对角点确定一个矩形窗口为视口的位置。

（8）完成创建布局。设置了视口的位置，AutoCAD 弹出 “创建布局—完成”对话框，单击“完成”按钮，完成新布局的创建。

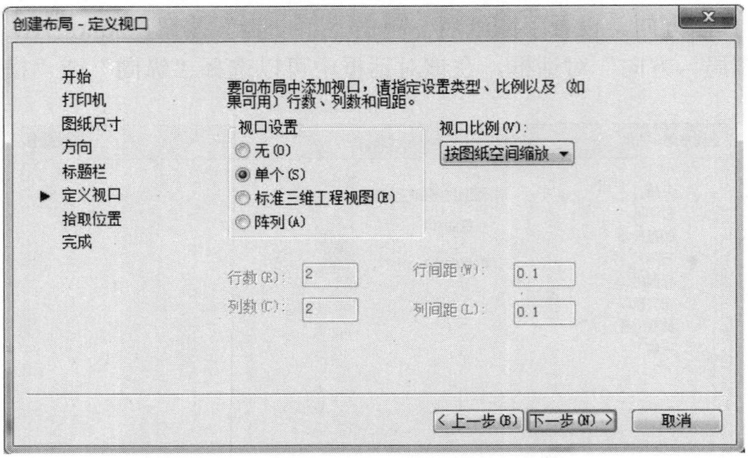

图 10.10 “创建布局—定义视口”对话框

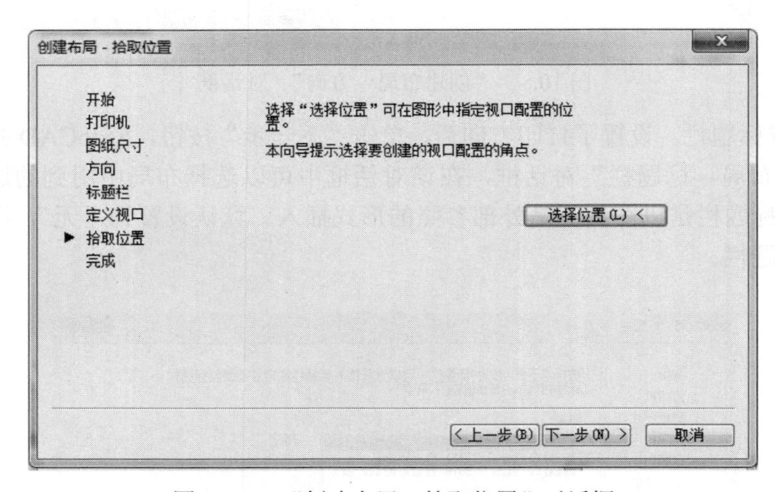

图 10.11 “创建布局—拾取位置”对话框

10.1.3 主要的布局设置参数

主要的布局设置参数有图纸尺寸和图纸单位、图形方向、打印区域、打印比例、打印偏移和打印选项。

1．图纸尺寸和图纸单位

用于选择适当幅面的打印图纸和图纸单位（默认设置为 mm）。如果要打印在 A2 图纸上，可以选择 ISO A2（594.00×420.00）。

2．图形方向

用于设置图形在图纸上的打印方向。选中“纵向”单选按钮，表示沿图纸纵向打印；选中“横向”单选按钮，表示沿图纸横向打印；选中“反向打印”复选框，表示将图形翻转 180°打印。两个单选按钮结合复选框使用，可以实现 0°、90°、180°和 270°方向的打印。

3．打印区域

用于设置打印范围。选中“布局”单选按钮，表示打印图形界限内的图形；选中“范围”单选按钮，表示打印全部图形；选中“显示”单选按钮，表示打印在屏幕上显示的图形；选中“视图”单选按钮，表示打印以前用“VIEW”命令保存的视图，可以从提供的列表中选择命名视图；选中“窗口”单选按钮，将回到绘图区域，用户可以用一个矩形窗口选择要打印的图形。

4．打印比例

用于设置图形的打印比例，既可以从“比例”下拉列表框中选择打印比例，也可以在自定义的两个文本框中输入自定义的比例；选中“缩放线宽”复选框，表示与打印比例成正比缩放线宽。

5．打印偏移

用于调整图形在图纸上的位置。选中“居中打印”复选框，表示将图形打印在图纸的中央；X、Y 文本框用于设置打印区域相对于图纸的左下角的横向和纵向偏移量。

6．打印选项

用于选择打印的方式。“打印对象线宽”复选框用于设置是否按图层中设置的线宽打印图形；“打印样式”复选框用于设置是否按图层中设置的打印样式打印图形；“最后打印图纸空间”复选框用于设置在同时打印模型空间和多个布局上的图形时是否优先打印模型空间中的图形；“隐藏图纸空间对象”复选框用于设置是否在图纸空间视口中的对象上应用“隐藏”操作。此选项仅在布局选项卡上可用。此设置的效果反映在打印预览中，而不反映在布局中。

10.1.4　浮动视口的特点

浮动视口是在图纸空间中显示模型的一个矩形视口。在构造布局时，可以将它视为模型空间中的视图对象，对它进行移动和调整大小。浮动视口可以相互重叠或者分离。因为浮动视口是 AutoCAD 对象，所以在图纸空间中排放布局时不能编辑模型。要编辑模型，必须使用下列方法之一切换到模型空间：

（1）选择“模型”选项卡。

（2）双击浮动视口。在状态栏上，“图纸”将变为“模型”。

（3）在状态栏上单击“图纸”，返回到上一个当前浮动视口。

将布局中的视口设为当前，就可以在浮动视口中处理模型空间对象。在模型空间中的所有修改都将反映到所有图纸空间视口中。

使用浮动视口的好处之一是可以在每个视口中选择性地冻结图层。冻结图层后，就可以查看每个浮动视口中的不同几何对象。通过在视口中平移和缩放，还可以指定显示不同的视图。

【例 10.1】用 MVIEW 命令将图 10.12 所示的单视口布局创建为图 10.14 所示的三视口。

（1）在图纸空间单击图 10.12 的单视口边界得到一选择集，然后删除视口。

（2）选择“视图”→“视口”→“三个视口”，然后单击。

（3）在绘图区虚线（可打印区域）内，指定两点以定义视口，如图 10.13 所示。

（4）双击左上角视口，切换到模型空间。

（5）拖动缩放直到右上方图形在视口最大化，如图 10.14 左上角视口。

（6）在其他两个视口中重复上述步骤，得到图 10.14。

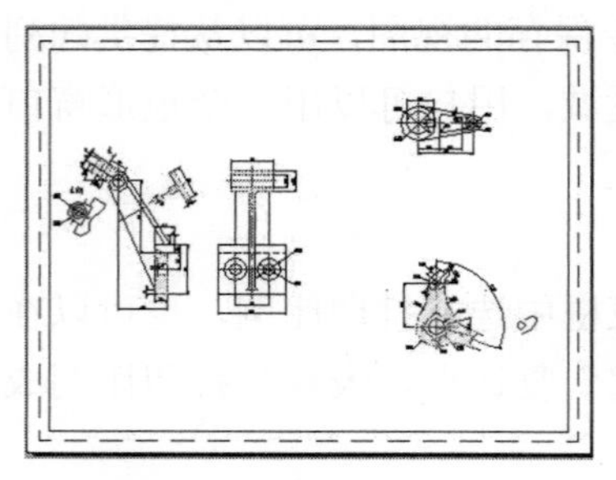

图 10.12 单视口布局

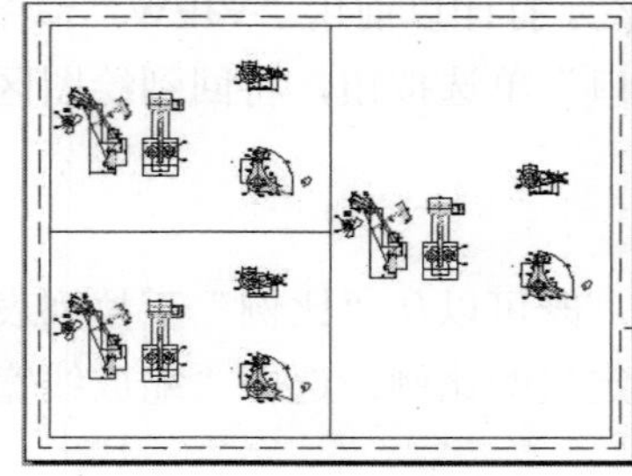

图 10.13 指定两点以定义视口

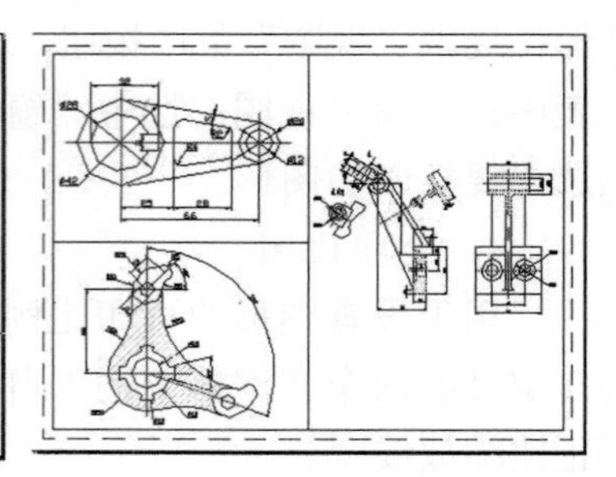

图 10.14 三个视口布局

10.1.5 布局图的管理

命 令 行：VPLAYER

设置布局图视口中图层的可见性，对布局图进行管理，使图层在一个或多个视口中可见，而在其他所有视口中都不可见。执行 VPLAYER 命令后，AutoCAD 提示：

输入选项[?/颜色(C)/线型(L)/线宽(LW)/透明度(TR)/冻结(F)/解冻(T)/重置(R)/新建冻结(N)/视口默认可见性(V)]:

该提示中各选项意义如下：

（1）?：显示选定视口中冻结图层的名称。

（2）颜色：更改与图层关联的颜色。

（3）线型：更改与图层关联的线型。

（4）线宽：更改与图层关联的线宽。

（5）透明度：更改与图层关联的透明度级别。

（6）冻结：在一个视口或多个视口中冻结一个或一组图层。

（7）解冻：解冻指定视口中的图层。

（8）重置：将指定视口中图层的可见性设置为它们当前的默认设置。

（9）新建冻结：创建在所有视口中都被冻结的新图层。

（10）视口默认可见性：解冻或冻结在后续创建的视口中指定的图层。

【例 10.2】冻结图 10.15 左边上下两个视口的图层“DIM”。

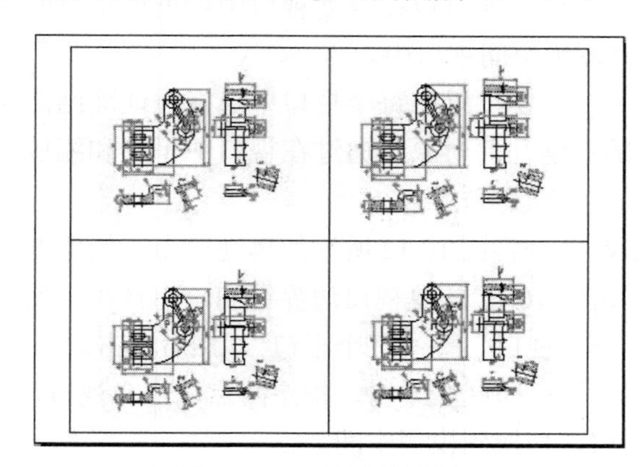

图 10.15 未冻结前的视口

命 令 行：输入命令“VPLAYER”。

命令提示：

输入选项[?/颜色(C)/线型(L)/线宽(LW)/透明度(TR)/冻结(F)/解冻(T)/重置(R)/新建冻结(N)/视口默认可见性(V)]:　（输入“F”）

输入要冻结的图层名或<通过选择对象指定图层>:　（输入“DIM”）

指定视口[全部(A)/选择(S)/当前(C)/当前以外(X)]<当前>:　（输入“S”）

在“选择对象:”提示下，到绘图区按住 Shift 键选择左边上下两个视口，然后回车。

输入选项[?/颜色(C)/线型(L)/线宽(LW)/透明度(TR)/冻结(F)/解冻(T)/重置(R)/新建冻结(N)/视口默认可见性(V)]:　（回车）

如图 10.16 所示。

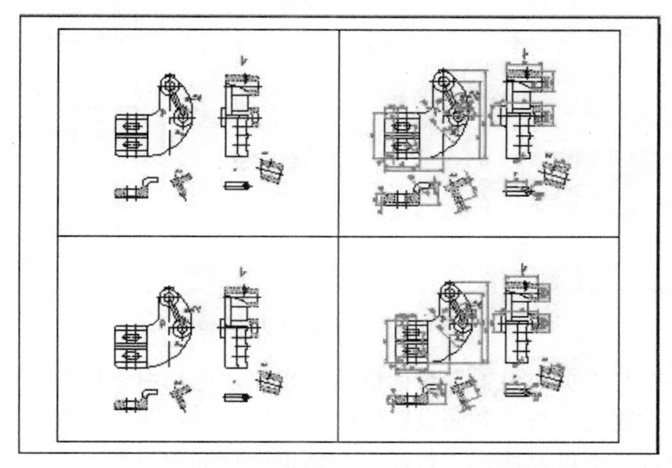

图 10.16　冻结左边两个视口的标注层

10.2　图形打印与输出

图形既可以在模型空间打印输出，也可以在图纸空间打印输出。

10.2.1　图形打印与打印预览

无论是在模型空间还是在图纸空间打印输出，在正式打印前都要预览一下打印效果图，满意后才开始打印。

在模型空间完成页面设置后，选择“文件”→“打印预览”或在命令行输入命令“PREVIEW”，即可预览打印效果。如果对预览效果不满意，则应进行修改，一般只需在页面设置中调整打印区域的偏移量即可。

10.2.2　模型空间输出图形

对打印效果满意后，就可以打印了。无论在哪个空间打印输出，均可按以下方法启动打印命令。

（1）菜单命令：“文件→打印”。

（2）工 具 栏：“标准”工具栏 按钮。

（3）命 令 行：PLOT。

执行 PLOT 命令后，AutoCAD 弹出如图 10.17 所示的“打印”对话框。

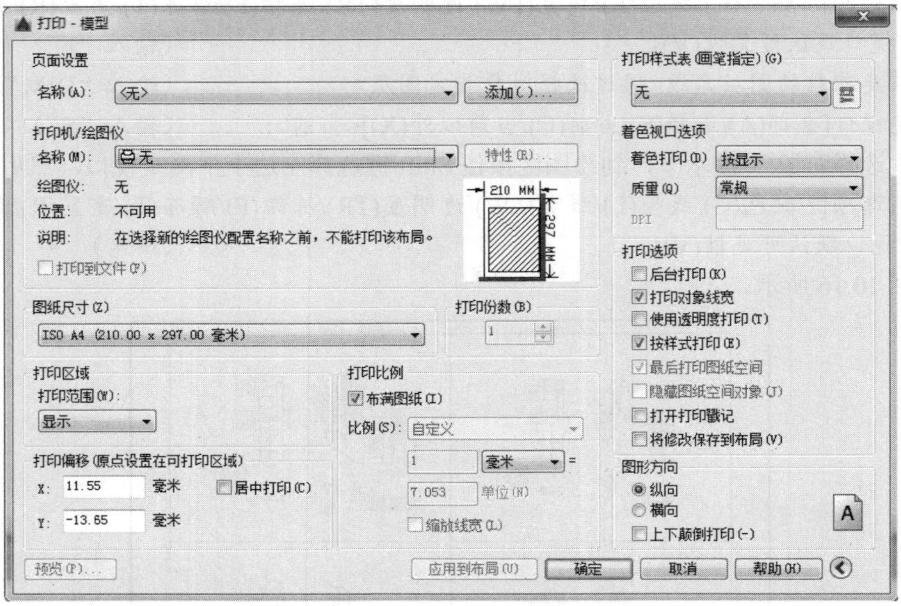

图 10.17　“打印”对话框

“打印”对话框与“页面设置”对话框较为相似，也是用于设置打印设备、图纸尺寸、打印比例等，且其设置自动与“页面设置”中的保持一致，即用户既可以通过“页面设置”对话框进行打印设置，也可以通过“打印”对话框进行简单设置。

10.2.3　布局输出图形

将图形置于图纸空间的布局选项卡中，进行页面设置和打印设置，完成图纸空间打印预览，对打印效果满意后，单击“打印”对话框中的“确定”按钮，即可开始打印。

10.3　打印管理

利用“打印”选项卡可以控制打印设置，利用“绘图仪管理器”可以添加或配置打印设备，利用“打印样式管理器”可以添加或编辑打印样式表。

10.3.1　打印选项

选择“工具”→“选项”命令，弹出“选项”对话框，单击“打印和发布”选项卡，如图 10.18 所示。

“打印和发布”选项卡主要选项的意义如下：

（1）“新图形的默认打印设置”选项区域：用于设置图形的默认打印设置。选择“用作默认输出设备”单选按钮，可以从下拉列表中选择系统配置的所有打印机；选择“使用上一可用打印设置”单选按钮，设定与上一次成功打印的设置相匹配的打印设置；“添加或配置打印机”按钮，单击此按钮，AutoCAD 弹出“打印机管理器”窗口，在此窗口中可以添加或配置打印机。

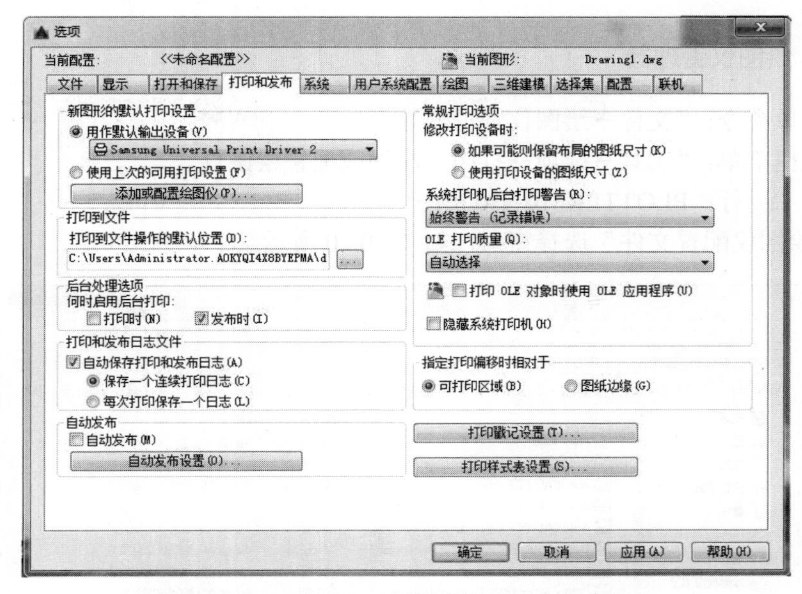

图 10.18　“选项”对话框中的“打印”选项卡

（2）“常规打印选项”选项区域：控制与基本打印环境（包括图纸尺寸设置、系统打印机警告方式和 AutoCAD 图形中的 OLE 对象）有关的选项。选择“如果可能则保留布局的图纸尺寸”单选按钮，表示选定的输出设备支持在“页面设置”对话框的“布局设置”选项卡上指定的图纸尺寸；选择“使用打印设备的图纸尺寸”单选按钮，表示如果输出设备是系统打印机，则使用在打印机配置文件（PC3）或默认系统设置中指定的图纸尺寸；“系统打印机后台打印警告”下拉列表框用于控制在发生输入或输出端口冲突而导致通过系统打印机后台打印图形时是否发出警告；“OLE 打印质量”下拉列表框用于确定打印 OLE 对象的质量（OLEQUALITY 系统变量）；选择“打印 OLE 对象时使用 OLE 应用程序”复选框，表示当打印包含 OLE 对象的 AutoCAD 图形时，启动用于创建 OLE 对象的应用程序，优化打印 OLE 对象的质量；选择“隐藏系统打印机”复选框，可以控制是否在“打印”和“页面设置”对话框中显示 Windows 系统打印机。

（3）单击“打印戳记设置”按钮，弹出图 10.19 所示的“打印戳记”对话框，可设置图纸上的打印戳记。

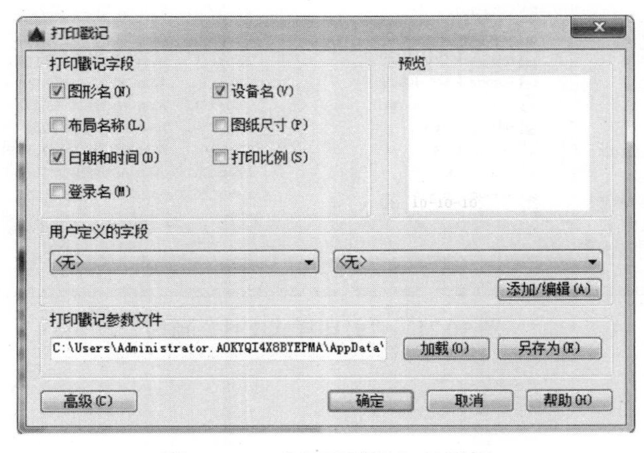

图 10.19　“打印戳记”对话框

10.3.2 绘图仪管理器

（1）菜单命令：“文件→绘图仪管理器”。
（2）快捷菜单：“工具→选项→打印→添加或配置绘图仪”。
（3）命 令 行：PLOTTERMANAGER。
打开“绘图仪配置文件”选择窗口，如图 10.20 所示。

图 10.20 “绘图仪配置文件”窗口

10.3.3 打印样式管理器

（1）菜单命令：“文件→打印样式管理器”。
（2）命 令 行：STYLESMANAGER。
打开“打印样式文件”选择窗口，如图 10.21 所示。

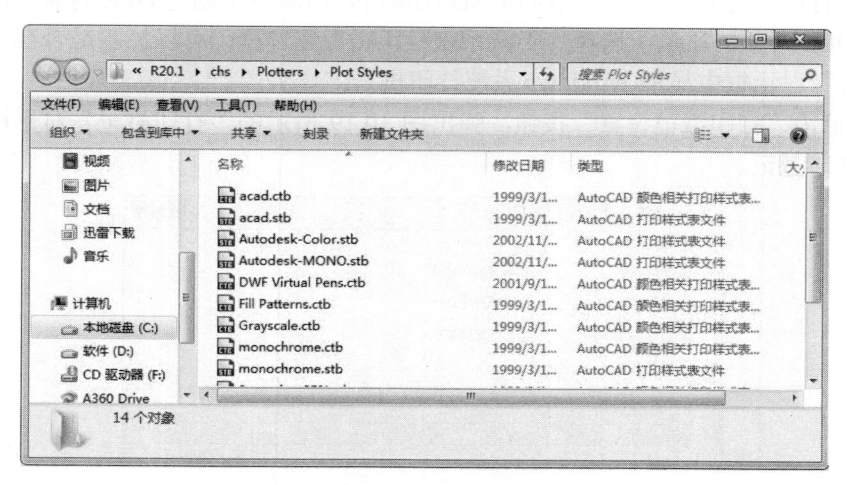

图 10.21 “打印样式文件”窗口

第 11 章　三维绘图基础

- 熟悉三维绘图界面
- 熟悉三维视图视点的设置，了解三维动态观察器
- 熟悉视图样式设置
- 掌握用户坐标系

11.1　三维绘图界面

在第一章图 1.9“工作界面模式”中选择“三维建模”，系统切换工作界面到“三维建模”空间，如图 11.1 所示。三维工作界面同样包括标题栏、功能区、绘图区、命令行、状态栏。

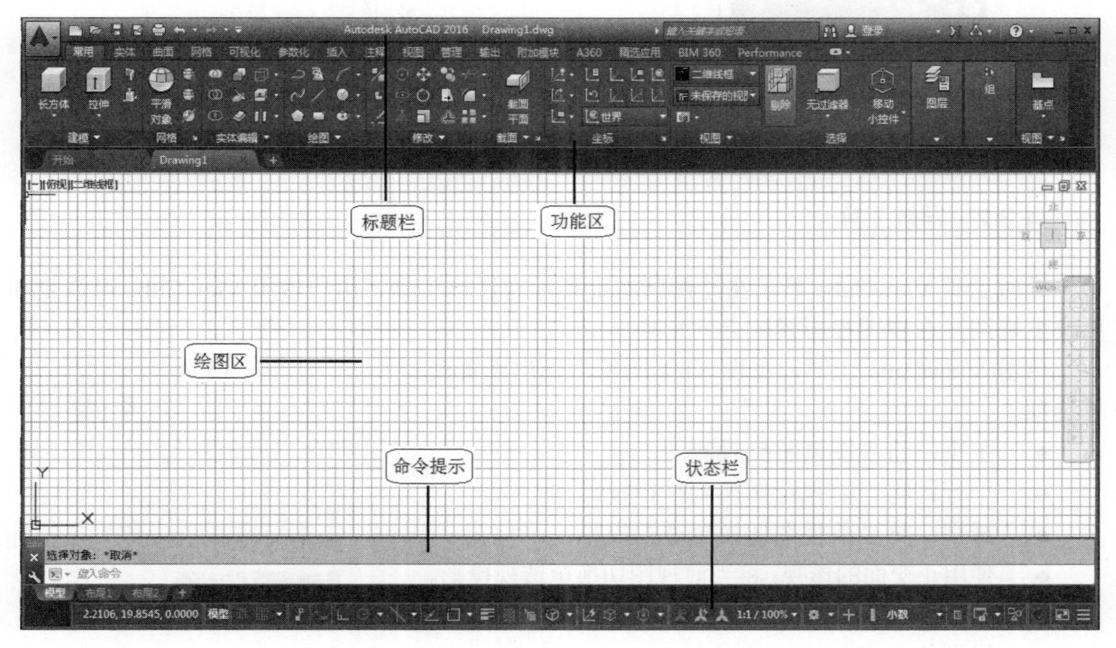

图 11.1　AutoCAD 2016 三维工作界面

界面中的“菜单栏”需要用户自行显示。在标题栏左侧单击按钮，弹出“自定义快速访问工具栏”下拉菜单，如第 1 章图 1.10 所示。选择“显示菜单栏”选项，在“标题栏”下，显示出“菜单栏”，如第 1 章图 1.11 所示。

11.2 三维视图方向设置

11.2.1 设置投影视图

在 AutoCAD 2016 中，投影视图也称预设视图，是系统默认的投影视图。

（1）菜单命令：“视图→三维视图→俯视”（或选择其他视图命令）。

（2）功能区命令：“可视化→视图→俯视”（或选择其他视图命令），如图 11.2 所示。

（3）绘图区：“绘图区左上角，单击“俯视”选项，如图 11.3 所示。

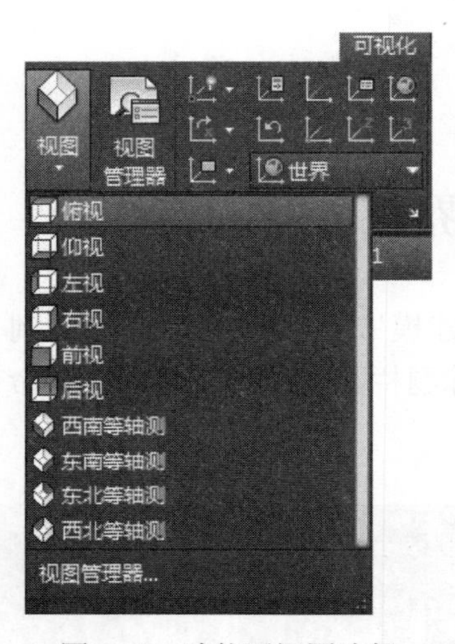

图 11.2 功能区视图选择

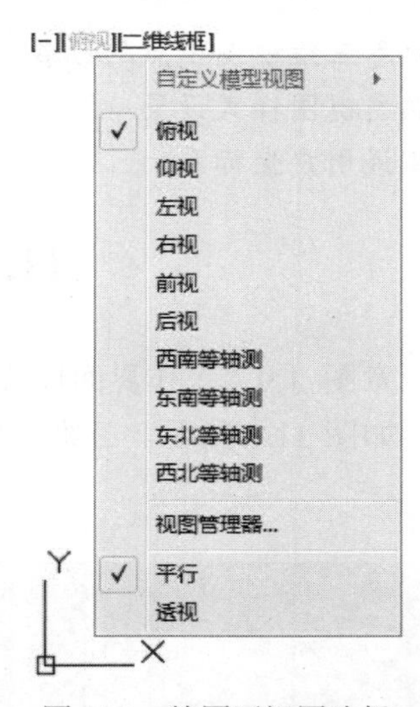

图 11.3 绘图区视图选择

11.2.2 导航工具

导航工具 ViewCube 显示在绘图区右上角，通过该工具，用户使用 ViewCube 可恢复和更改主视图，在视图投影模式之间切换。

单击 ViewCube 工具，如图 11.4 所示，弹出设置菜单选项。

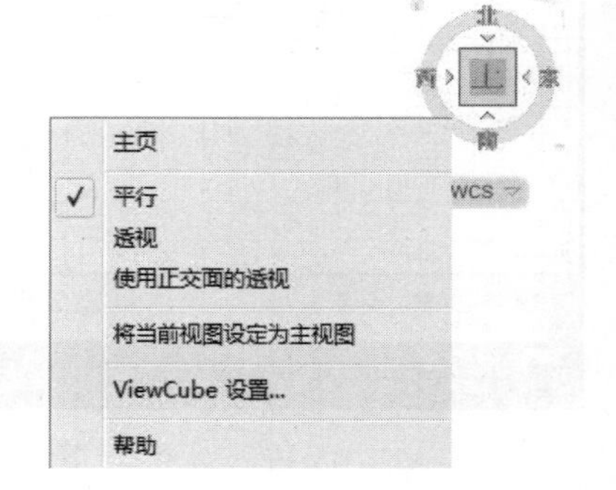

图 11.4 ViewCube 导航工具

- 主页：将视图调整到轴测图。
- 平行：将当前视图切换到平行投影。
- 透视：将当前视图切换至透视投影。
- 使用正交面的透视：将当前视图切换至透视投影。
- 将当前视图设定为主视图：根据当前视图定义模型的主视图。
- ViewCube 设置：调整 ViewCube 工具设置，如图 11.5 所示。
- 帮助：启动联机帮助。

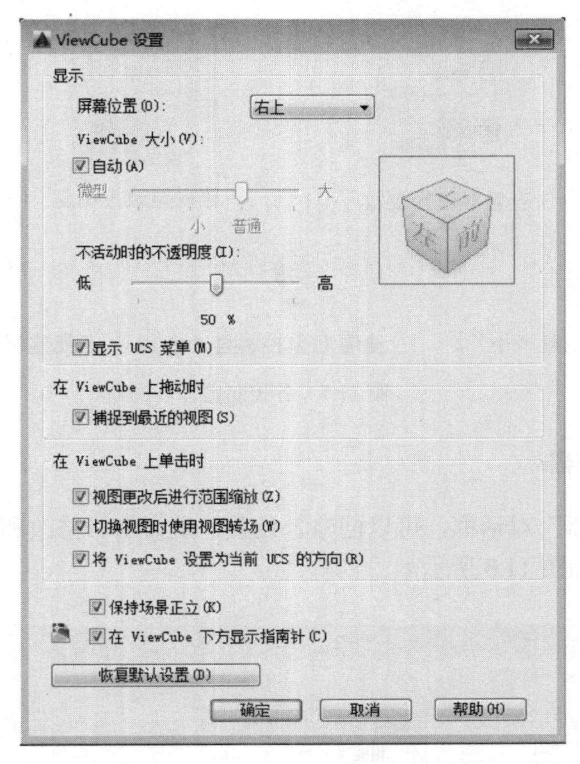

图 11.5　“ViewCube 设置”对话框

11.2.3　控制盘工具

“控制盘”工具 SteeringWheels 是将多个常用功能集合到一个界面中，方便用户快速操作。“控制盘”工具默认在绘图区右侧“导航栏”中，如图 11.6 所示为“导航栏”中各菜单项。

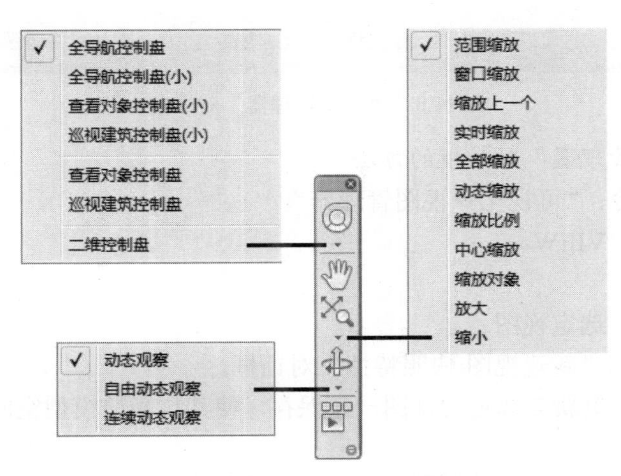

图 11.6　“导航栏”工具栏

在控制盘菜单中选择需要的控制盘形式后，单击导航栏控制盘按钮，开启控制盘，可以在不同的视图中导航和设置模型方向等，如图 11.7 所示。

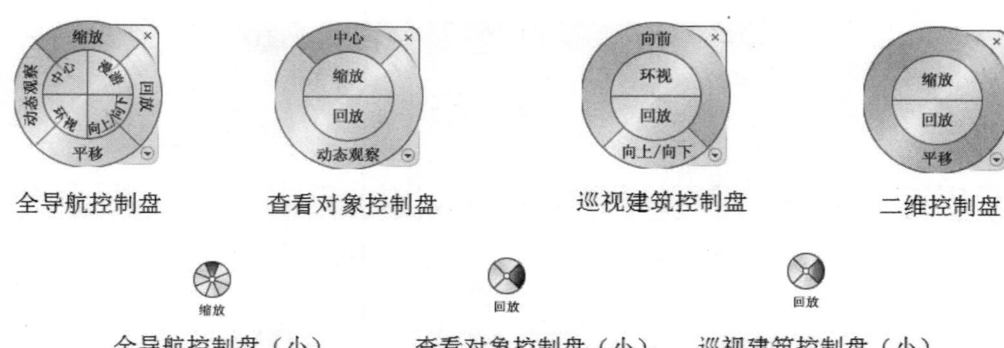

图 11.7 各控制盘

11.2.4 视图管理器

利用“视图管理器”对话框，可以创建、设置、重命名、修改和删除命名视图、布局视图和预设视图等，如图 11.8 所示。

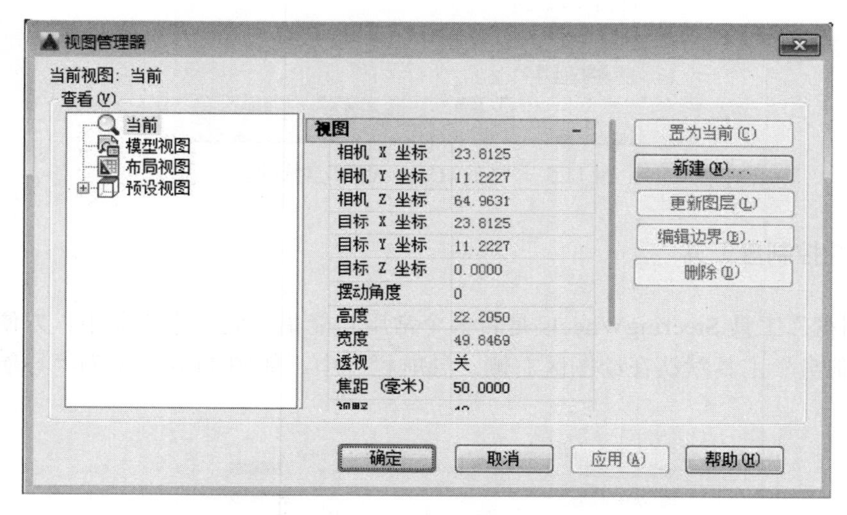

图 11.8 “视图管理器”对话框

1．开启“视图管理器”对话框的方法

（1）功能区命令：“可视化→视图管理器”。

（2）命 令 行：VIEW。

2．解释

（1）置为当前：选定视图。

（2）新建：显示“新建视图/快照特性”对话框。

（3）更新图层：更新与选定的视图一起保存，使其与当前模型空间和布局视口中的图层可见性匹配。

（4）编辑边界：显示选定的视图，绘图区域的其他部分以较浅的颜色显示，从而显示命名视图的边界。

（5）删除：删除选定的视图。

11.2.5　视点

1. 命令

（1）菜单命令：“视图→三维视图→视点预设”。

（2）命 令 行：DDVPOINT。

2. 格式

视点预设，如图 11.9 所示。

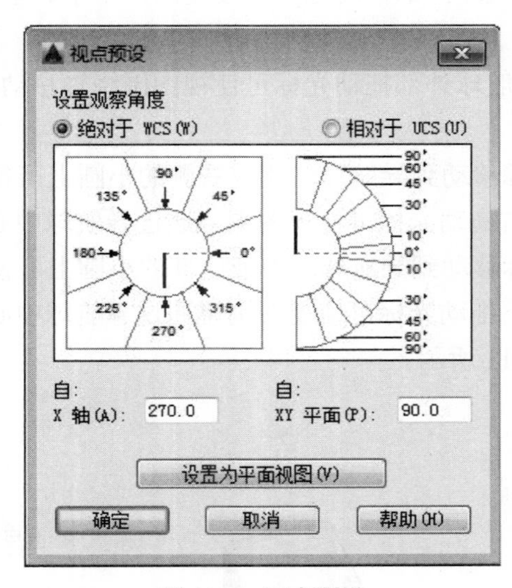

图 11.9　视点预设

3. 解释

（1）有“绝对于 WCS(W)”和“相对于 CUS(U)”两种情况，其选择要根据坐标系的实际情况来定，默认为前者。

（2）通过调整“与 X 轴的角度”和“与 XY 平面的角度”的值，可实现视线的准确定向。

（3）可把图形设为平面视图。

11.2.6　利用动态观察器观察三维对象

动态观察工具使用户从不同的角度、高度和距离查看绘图区中的对象。用户可以在三维视图中进行受约束的动态观察、自由动态观察和连续动态观察。

一、受约束的动态观察

（1）菜单命令：“视图→动态观察→受约束的动态观察”。

（2）设备：按住 Shift 键，再按住鼠标滚轮。

（3）命 令 行：3DORBIT。

执行命令后，绘图区出现动态观察图标，移动鼠标调整视角，如图 11.10 所示。

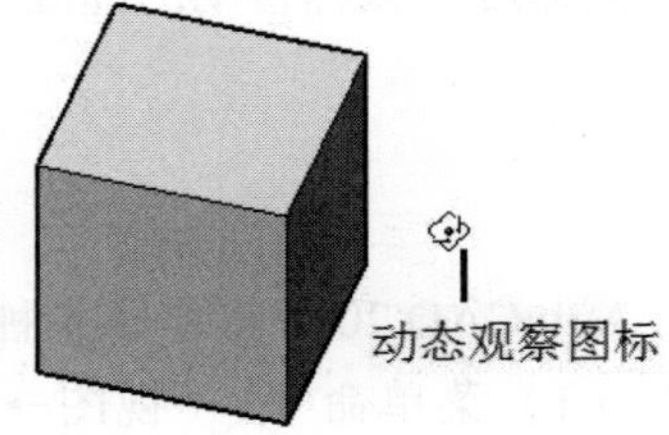

图 11.10　受约束的动态观察

二、自由动态观察

1．命令

（1）菜单命令："视图→动态观察→自由动态观察"。

（2）设　　备：按住 Shift+Ctrl 组合键，再按住鼠标滚轮。

（3）命 令 行：3DFORBIT。

2．解释

（1）自由滚动：在导航球内部拖动光标可使视图以水平、垂直和倾斜方向自由进行动态观察。

（2）平面滚动：在导航球外部拖动光标可使视图围绕轴移动，该轴的延长线通过导航球的中心并垂直于屏幕。

（3）竖直滚动：将光标移动到导航球左侧或右侧的小圆上可使其更改为垂直旋转图标。从其中任意一点向左或向右拖动光标可使视图围绕通过导航球中心的垂直轴旋转。

（4）水平滚动：将光标移动到导航球顶部或底部的小圆上可使其更改为水平旋转图标。从其中任意一点向上或向下拖动光标可使视图围绕通过导航球中心的水平轴旋转。

自由动态观察如图 11.11 所示。

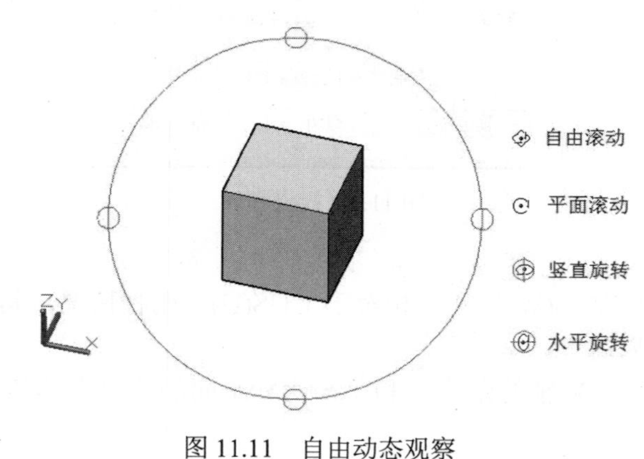

图 11.11　自由动态观察

三、连续动态观察

（1）菜单命令："视图→动态观察→连续动态观察"。

（2）命 令 行：3DCORBIT。

启动命令，在绘图区按住鼠标左键移动鼠标，视图会根据鼠标移动的方向，自动旋转，旋转的速度和鼠标移动的速度有关。

11.3　视图样式设置

AutoCAD 2016 提供了多种视觉样式，如二维线框、线框、消隐、真实、概念等等。

（1）菜单命令："视图→视觉样式"（或"工具→选项板→视觉样式"），如图 11.12 所示。

（2）命 令 行：VISUALSTYLES，如图 11.13 所示。

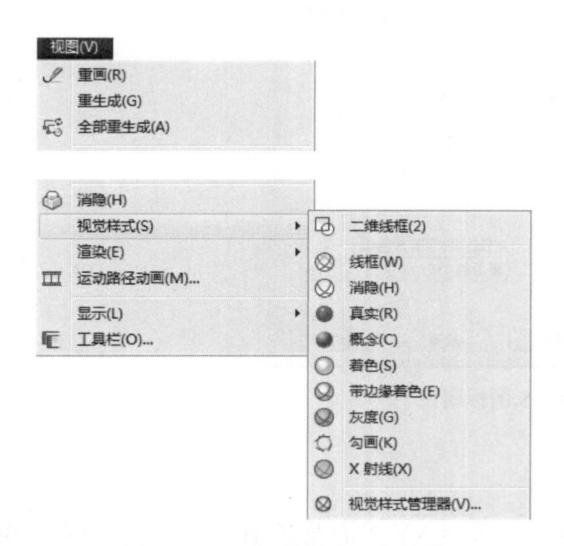

图 11.12　“视觉样式”菜单栏

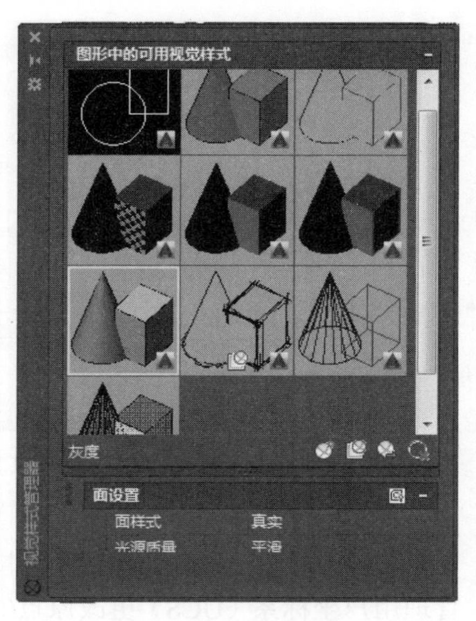

图 11.13　“视觉样式管理器”对话框

11.4　用户坐标系（UCS）

AutoCAD 通常是以当前用户坐标系 UCS 的 XOY 平面作为绘图基准面的，通过改变 UCS 的设置，可以方便地绘制各种方位的三维形体。

11.4.1　UCS 的定义

在 AutoCAD 中，世界坐标系（WCS）是 AutoCAD 用来定义其他坐标系的基础。

用户坐标系 UCS 是指操作者（用户）定义并使用的坐标系，用来定义三维空间的 X、Y 和 Z 轴的方向，确定图形中几何对象的默认位置。坐标输入和显示均相对于当前的 UCS。

可以通过UCS图标命令来设置UCS的属性，即UCS图标是否显示以及是否显示在UCS原点的位置。

1．命令

（1）菜单命令：“视图→显示→UCS 图标”。

（2）命 令 行：UCSICON。

2．格式

输入选项 [开(ON)/关(OFF)/全部(A)/非原点(N)/原点(OR)/可选(S)/特性(P)]<开>:

3．解释

（1）开/关：在图中显示/不显示 UCS 图标，默认设置为显示<开>。

（2）全部：在所有视口显示 UCS 图标的改动情况。

（3）非原点：UCS 图标显示在图形窗口左下角，不在原点处(0,0,0)。

（4）原点：UCS 图标显示在原点处(0,0,0)。

（5）可选：控制 UCS 图标是否可选并且可以通过夹点操作。

（6）特性：可改变图标样式、图标大小和颜色，如图 11.14 所示。

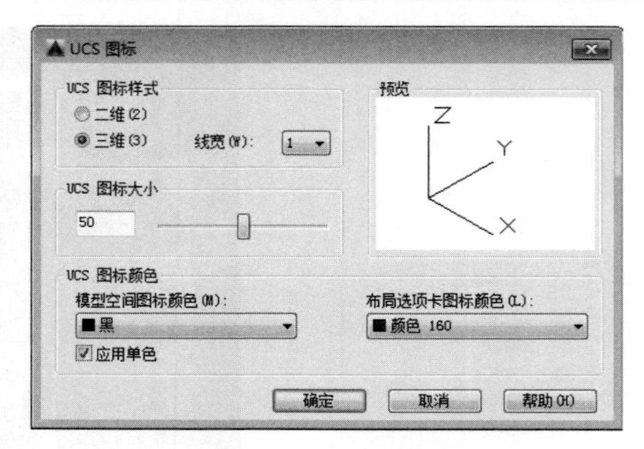

图 11.14 UCS 图标属性

11.4.2 管理 UCS

管理用户坐标系（UCS）更改原点(0,0,0)的位置与 XY 平面及 Z 轴的方向。可以在三维空间的任意位置定位和定向 UCS，并根据需要定义、保存和调用任意数量的 UCS。

1．命令

（1）菜单命令：“工具→新建 UCS”。

（2）功 能 区：“视图→视口工具→UCS按钮”。

（3）命 令 行：UCS。

2．格式

当前 UCS 名称: *世界*

指定 UCS 的原点或 [面(F)/命名(NA)/对象(OB)/上一个(P)/视图(V)/世界(W)/X/Y/Z/Z 轴(ZA)] <世界>:

3．解释

（1）指定 UCS 的原点：在图形中移动鼠标指定新坐标。指定原点后，系统提示“指定 X 轴上的点或 <接受>:”后指定 X 轴方向，系统提示“指定 XY 平面上的点或 <接受>:”指定面所在的位置，新坐标设置完成，如图 11.15 所示。

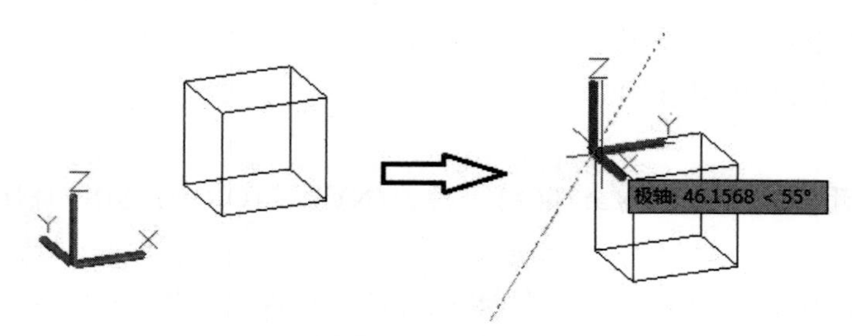

图 11.15 指定原点（三点）坐标

（2）面：把当前 UCS 设置于指定的实体表面上。选择后提示：

选择实体面、曲面或网格:

输入选项[下一个(N)/X 轴反向(X)/Y 轴反向(Y)]<接受>:

若直接回车，则把当前 UCS 设置在默认的位置上，如图 11.6 所示；

若选择“下一个”，则把当前 UCS 设置在与被选择表面相邻的表面；
若选择“X 轴反向”，则把当前 UCS 绕 X 轴旋转 180°，如图 11.17 所示；
若选择“Y 轴反向”，则把当前 UCS 绕 Y 轴旋转 180°。

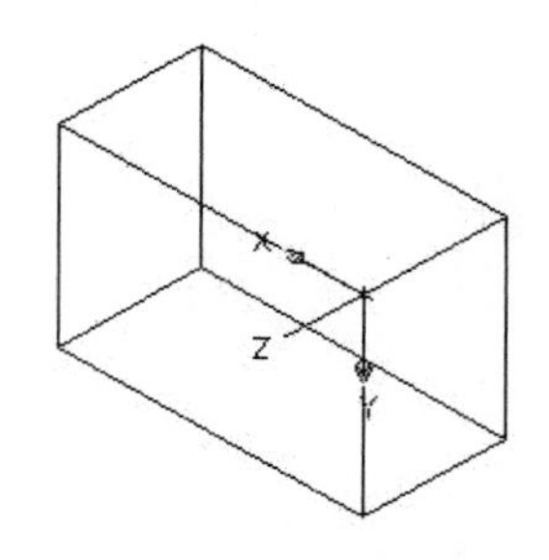

图 11.16　UCS 设置在指定的平面上

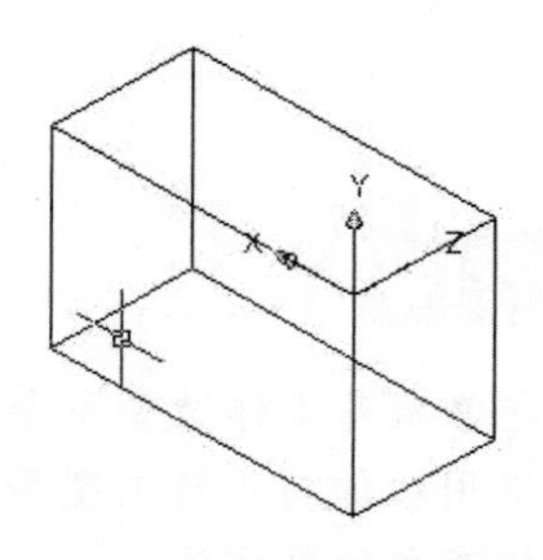

图 11.17　UCS 绕 X 轴旋转 180°

（3）命名：恢复、保存或删除命名。
（4）对象：根据选定的三维对象定义新坐标系。
（5）上一个：恢复上一个创建的 UCS。
（6）视图：以垂直于观察方向的平面创建新的坐标系。
（7）世界：将当前用户坐标系设置为世界坐标系。
（8）X/Y/Z：选择 X、Y 或 Z，绕指定轴旋转当前 UCS。
（9）Z 轴：定义 Z 轴方向确定 UCS。

第 12 章　三维实体造型

- ◆ 熟练掌握基本体造型命令
- ◆ 掌握用拉伸与旋转造型等
- ◆ 掌握布尔运算方法
- ◆ 掌握实体编辑工具
- ◆ 掌握实体平移、旋转、剖切和截面等命令
- ◆ 熟悉面编辑和体编辑等实体编辑命令
- ◆ 掌握三维图形样式设置

实体模型是三维建模中最重要的一部分。AutoCAD 中提供了创建基本形体的实体建模的命令。创建实体模型可以通过菜单命令（如图 12.1 所示）、命令行和功能区“实体”工具栏进行，如图 12.2 所示。

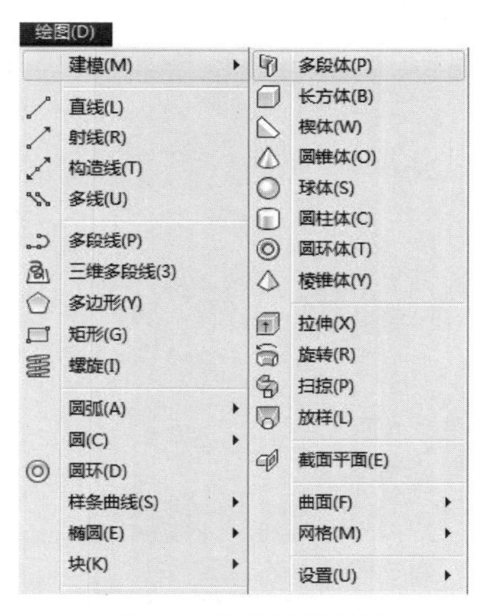

图 12.1　“建模”菜单栏

图 12.2　“实体”工具栏

12.1　基本体造型

12.1.1　长方体

1．命令

（1）菜单命令：“绘图→建模→长方体”。

（2）工 具 栏：“实体”工具栏→图元→长方体按钮。

（3）命 令 行：BOX。

2．格式

指定第一个角点或 [中心(C)]:<0,0,0>:

指定其他角点或 [立方体(C)/长度(L)]:

指定高度或[两点(2P)]:

3．解释

指定长方体的长、宽、高，可绘制长方体，如图 12.3 所示。

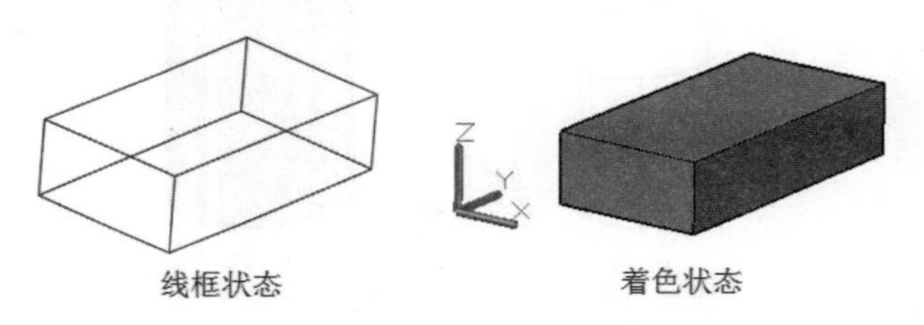

图 12.3　长方体

12.1.2　球体

1．命令

（1）菜单命令：“绘图→建模→球体”。

（2）工 具 栏：“实体”工具栏→图元→球体按钮。

（3）命 令 行：SPHERE。

2．格式

指定中心点或 [三点(3P)/两点(2P)/切点、切点、半径(T)]:

3．解释

（1）三点：在三维空间指定三个点来定义球体。

（2）两点：在三维空间指定两个点来定义球体。

（3）切点、切点、半径：通过指定与创建球体相切的两个对象和球体半径值来完成定义。

球体如图 12.4 所示。

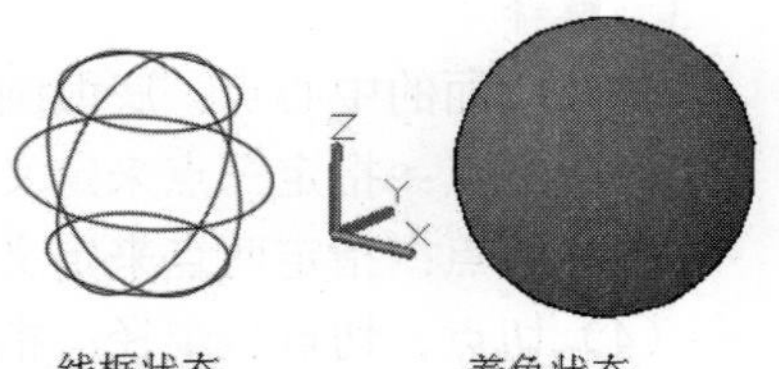

图 12.4　球体

12.1.3　圆柱体

1．命令

（1）菜单命令：“绘图→建模→圆柱体”。

（2）工 具 栏：“实体”工具栏→图元→圆柱体按钮。
（3）命 令 行：CYLINDER。

2．格式

指定底面的中心点或 [三点(3P)/两点(2P)/切点、切点、半径(T)/椭圆(E)]:

3．解释

（1）底面的中心点：底面圆心。
（2）三点：指定三点来定义圆柱体的底面。
（3）两点：指定两点来定义圆柱体的底面。
（4）切点、切点、半径：指定与两个对象相切的圆柱底面，并给定半径。
（5）椭圆：定义底面为椭圆形。
（6）底面半径或直径：指定圆柱体底面半径或直径大小。
（7）高度：指定圆柱体的高度。
（8）轴端点：指定圆柱体轴的端点位置。

圆柱体如图 12.5 所示。

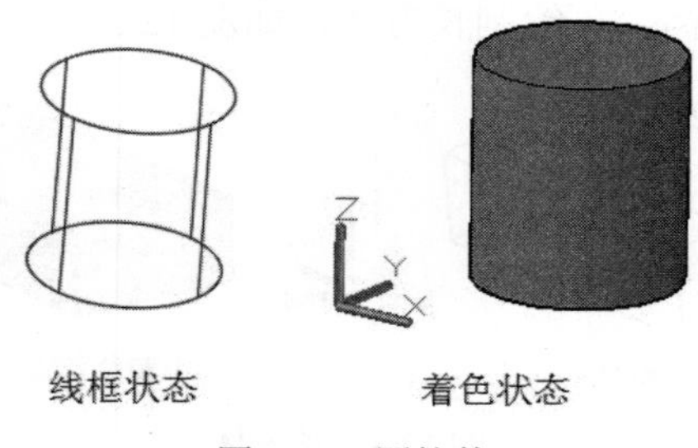

图 12.5　圆柱体

12.1.4　圆锥体

1．命令

（1）菜单命令：“绘图→建模→圆锥体”。
（2）工 具 栏：“实体”工具栏→图元→圆锥体按钮。
（3）命 令 行：CONE。

2．格式

指定底面的中心点或 [三点(3P)/两点(2P)/切点、切点、半径(T)/椭圆(E)]:

3．解释

（1）底面的中心点：底面圆心。
（2）三点：指定三点来定义圆锥体的底面。
（3）两点：指定两点来定义圆锥体的底面。
（4）切点、切点、半径：指定与两个对象相切的圆锥底面，并给定半径。
（5）椭圆：定义底面为椭圆形。
（6）底面半径或直径：指定圆锥体底面半径或直径大小。
（7）高度：指定圆锥体的高度。
（8）轴端点：指定圆锥体轴的端点位置。
（9）两点：指定圆锥体的高度为两点间的距离。

（10）顶面半径：创建圆台，指定圆台顶面半径。
圆锥体如图 12.6 所示。

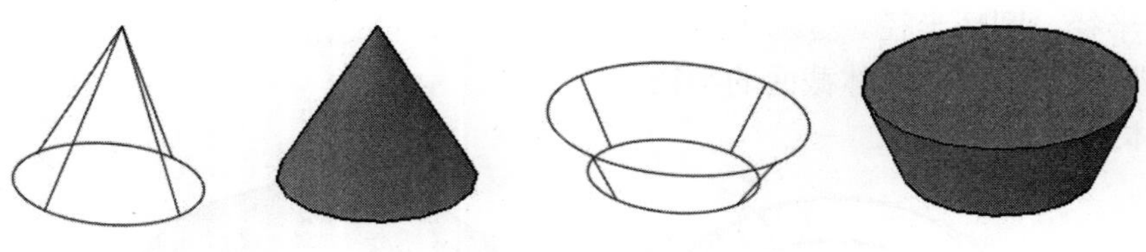

图 12.6　圆锥体

12.1.5　楔体

1．命令
（1）菜单命令："绘图→建模→楔体"。
（2）工 具 栏："实体"工具栏→图元→楔体按钮。
（3）命 令 行：WEDGE。
2．格式
指定第一个角点或 [中心(C)]:
指定其他角点或 [立方体(C)/长度(L)]:
指定高度或 [两点(2P)]:
3．解释
指定楔体的两个角点或中心点、高度，可绘制楔体，如图 12.7 所示。

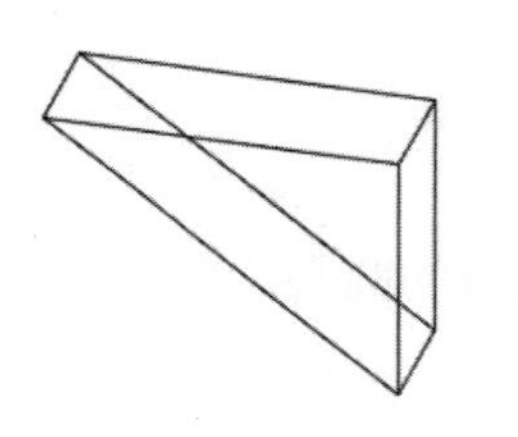
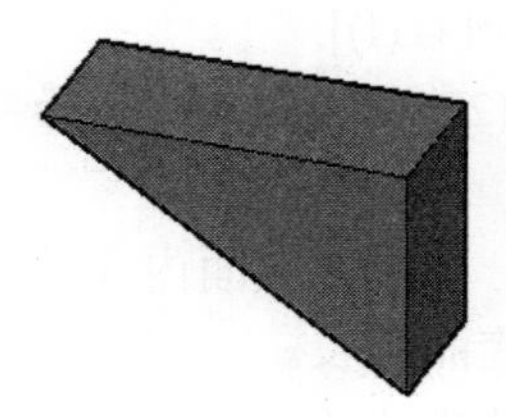

图 12.7　楔体

12.1.6　圆环体

1．命令
（1）菜单命令："绘图→建模→圆环体"。
（2）工 具 栏："实体"工具栏→图元→圆环体按钮。
（3）命 令 行：TORUS。
2．格式
指定中心点或 [三点(3P)/两点(2P)/切点、切点、半径(T)]:
指定半径或 [直径(D)]:
指定圆管半径或 [两点(2P)/直径(D)]:
3．解释
（1）中心点：圆环体中心点。
（2）三点：指定三点来定义圆环体的圆周。

（3）两点：指定两点来定义圆环体的圆周。

（4）切点、切点、半径：指定与两个对象相切的圆环体，并给定半径。

（5）半径：圆环半径。

（6）圆管半径：圆环体截面的半径。

圆环体如图 12.8 所示。

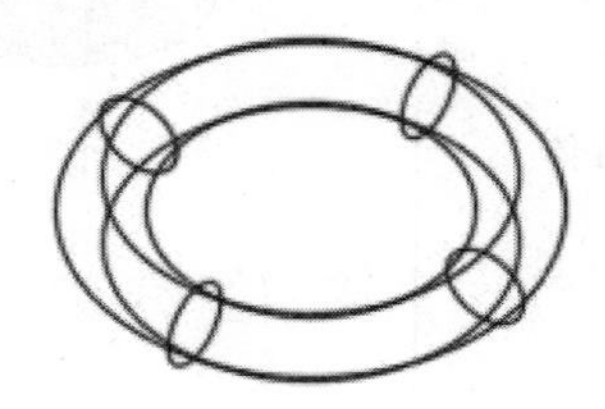
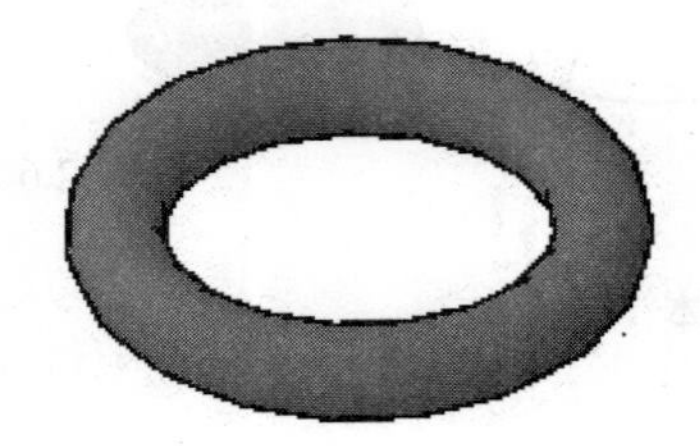

图 12.8　圆环体

12.1.7　棱锥体

1．命令

（1）菜单命令：“绘图→建模→棱锥体”。

（2）工 具 栏：“实体”工具栏→图元→按钮。

（3）命 令 行：PYRAMID。

2．格式

指定底面的中心点或 [边(E)/侧面(S)]:

指定底面半径或 [内接(I)]:

指定高度或 [两点(2P)/轴端点(A)/顶面半径(T)]:

3．解释

（1）底面中心点：棱锥体底面内（外）切圆的圆心。

（2）边：棱锥体底面边长。

（3）侧面：指定棱锥体的侧面数（棱数）。

（4）底面半径：指定棱锥体内（外）切圆的半径。

（5）高度：棱锥体高度。

（6）两点：棱锥体高度为指定两点间的距离。

（7）轴端点：指定棱锥体顶点。

（8）顶面半径：指定棱台顶面内（外）切圆半径。

棱锥体如图 12.9 所示。

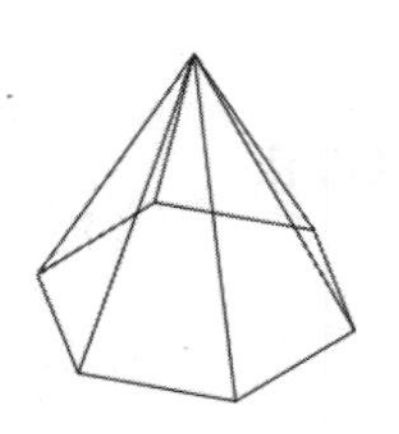
六棱锥

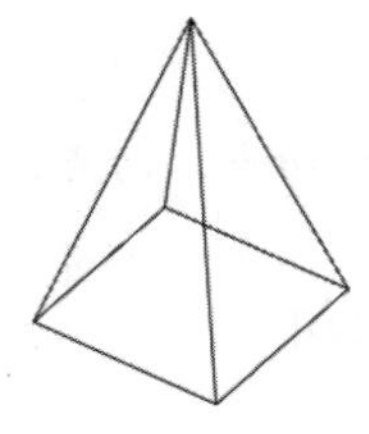
四棱锥

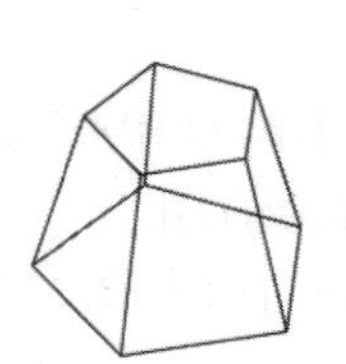
五棱台

图 12.9　棱锥体

12.1.8　多段体

1．命令

（1）菜单命令：“绘图→建模→多段体”。

（2）工 具 栏：“实体”工具栏→图元→多段体按钮。

（3）命 令 行：POLYSOLID。

2．格式

高度 = 80.0000，宽度 = 5.0000，对正 = 居中

指定起点或 [对象(O)/高度(H)/宽度(W)/对正(J)] <对象>:

指定下一个点或 [圆弧(A)/放弃(U)]:

指定下一个点或 [圆弧(A)/放弃(U)]:

指定下一个点或 [圆弧(A)/闭合(C)/放弃(U)]: a

指定圆弧的端点或 [闭合(C)/方向(D)/直线(L)/第二个点(S)/放弃(U)]:

指定下一个点或 [圆弧(A)/闭合(C)/放弃(U)]: 指定圆弧的端点或 [闭合(C)/方向(D)/直线(L)/第二个点(S)/放弃(U)]:

指定下一个点或 [圆弧(A)/闭合(C)/放弃(U)]: 指定圆弧的端点或 [闭合(C)/方向(D)/直线(L)/第二个点(S)/放弃(U)]:

3．解释

（1）起点：多段体的起点。

（2）对象：指定要转换为实体的对象，包括直线、圆、圆弧和二维多段线。

（3）高度：指定实体的高度。

（4）宽度：指定实体的宽度。

（5）对正：将实体的宽度和高度设置为左对正、右对正或居中。

（6）圆弧：将多段体转换为圆弧体形式。

（7）闭合：将多段体首末相连。

多段体如图 12.9 所示。

图 12.9　多段体

12.2　创建拉伸实体和旋转体

12.2.1　创建拉伸实体

1．命令

（1）菜单命令：“绘图→建模→拉伸”。

（2）工 具 栏：“实体”工具栏→实体→拉伸按钮。

（3）命 令 行：EXTRUDE。

2．格式

当前线框密度： ISOLINES=4，闭合轮廓创建模式 = 实体

选择要拉伸的对象或 [模式(MO)]: _MO 闭合轮廓创建模式 [实体(SO)/曲面(SU)] <实体>: _SO

选择要拉伸的对象或 [模式(MO)]:

指定拉伸的高度或 [方向(D)/路径(P)/倾斜角(T)/表达式(E)]:

3．解释

（1）要拉伸的对象：指定拉伸对象。

（2）模式：控制拉伸对象是实体还是曲面。

（3）拉伸高度：指定实体的高度。

（4）方向：用两个指定点指定拉伸的长度和方向。

（5）路径：指定基于选定对象的拉伸路径。如选择沿路径拉伸，则路径曲线不能和拉伸轮廓共面。在拉伸时，拉伸轮廓处处与路径曲线垂直。如图 12.10（a）所示为拉伸对象和路径曲线，如图 12.10（b）所示为拉伸结果（着色状态）。

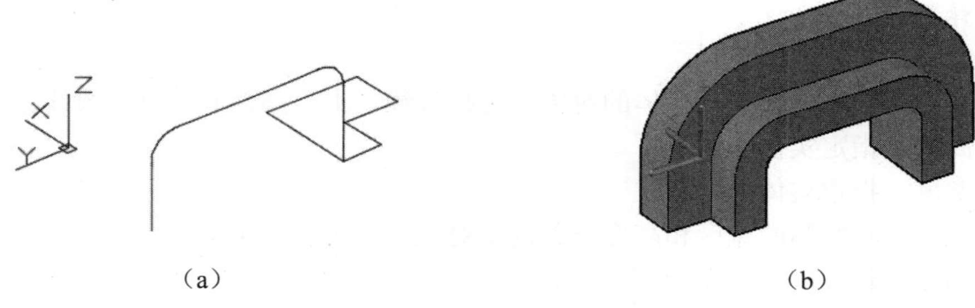

（a） （b）

图 12.10 沿路径曲线拉伸

（6）倾斜角：指定拉伸的倾斜角，默认倾斜角为 0，如图 12.11 所示。

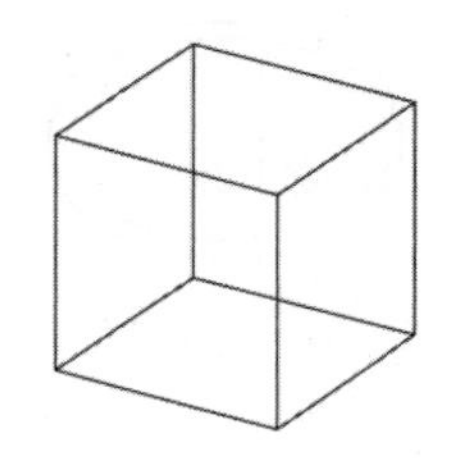

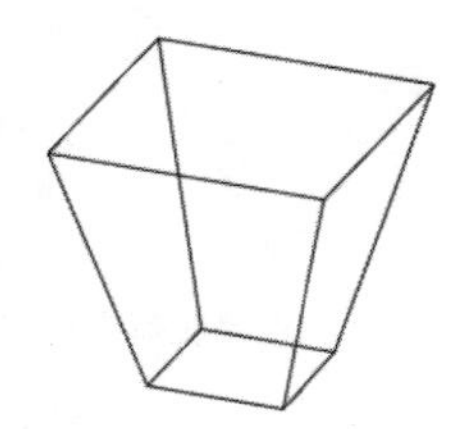

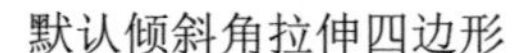

默认倾斜角拉伸四边形 指定倾斜角 15 度拉伸四边形

图 12.11 不同的拉伸角度

（7）表达式：输入公式或方程式以指定拉伸高度。

12.2.2 创建旋转体

1．命令

（1）菜单命令：“绘图→建模→旋转”。

（2）工 具 栏：“实体”工具栏→实体→旋转按钮。
（3）命 令 行：REVOLE。

2．格式

当前线框密度: ISOLINES=4，闭合轮廓创建模式 = 实体
选择要旋转的对象或 [模式(MO)]: _MO 闭合轮廓创建模式 [实体(SO)/曲面(SU)] <实体>: _SO
选择要旋转的对象或 [模式(MO)]:
指定轴起点或根据以下选项之一定义轴 [对象(O)/X/Y/Z] <对象>:
指定轴端点:
指定旋转角度或 [起点角度(ST)/反转(R)/表达式(EX)] <360>:

3．解释

（1）轴起点：定义旋转轴的起点。
（2）轴端点：定义旋转轴的终点。
（3）对象：选择已画出的直线段或多线段为旋转轴。
（4）X 轴：选择当前 UCS 的 X 轴为旋转轴。
（5）Y 轴：选择当前 UCS 的 Y 轴为旋转轴。
（6）Z 轴：选择当前 UCS 的 Z 轴为旋转轴。
（7）旋转角度：指定对象的旋转角度，默认角度为 360 度。
（8）起点角度：指定从旋转对象所在平面到开始旋转的角度。

旋转体如图 12.12 所示。

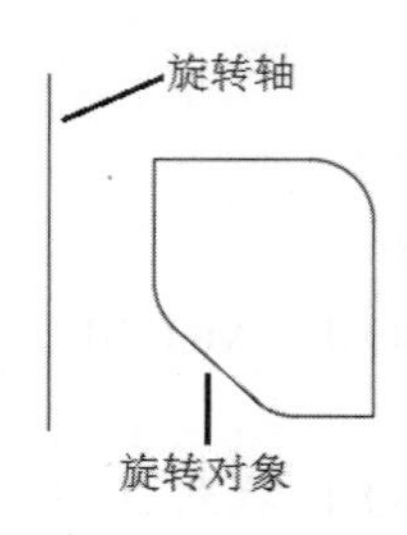

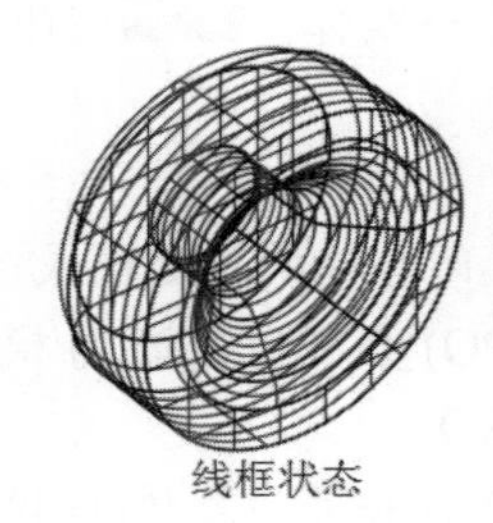

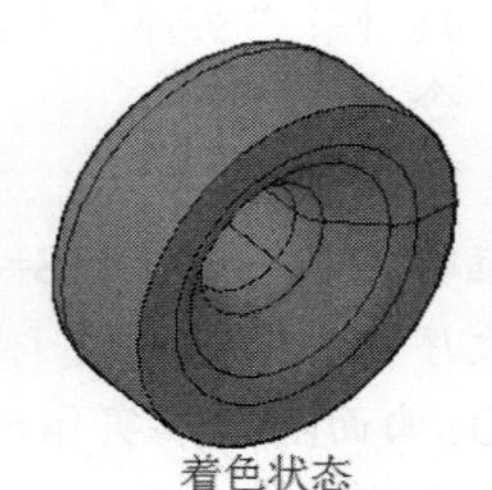

图 12.12　创建旋转体

12.2.3　创建扫掠

1．命令

（1）菜单命令：“绘图→建模→扫掠”。
（2）工 具 栏：“实体”工具栏→实体→扫掠按钮。
（3）命 令 行：SWEEP。

2．格式

当前线框密度: ISOLINES=4，闭合轮廓创建模式 = 实体
选择要扫掠的对象或 [模式(MO)]: _MO 闭合轮廓创建模式 [实体(SO)/曲面(SU)] <实体>: _SO
选择要扫掠的对象或 [模式(MO)]:
选择扫掠路径或 [对齐(A)/基点(B)/比例(S)/扭曲(T)]:

3．解释

（1）扫掠对象：指定要用作扫掠截面轮廓的对象。

（2）扫掠路径：基于选择的对象指定扫掠路径。

（3）模式：控制扫掠动作是创建实体还是创建曲面。

（4）对齐：指定是否对齐轮廓以使其作为扫掠路径切向的法向。

（5）基点：指定要扫掠对象的基点。

（6）比例：指定比例因子以进行扫掠操作。

（7）扭曲：设置正被扫掠的对象的扭曲角度。

扫掠结果如图 12.13 所示。

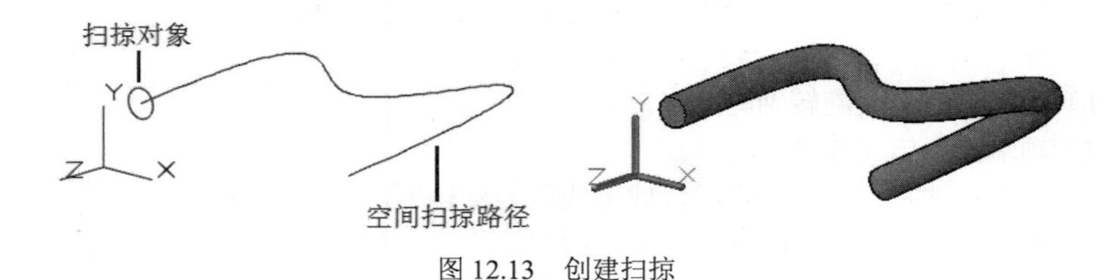

图 12.13 创建扫掠

12.2.4 创建放样

1．命令

（1）菜单命令："绘图→建模→放样"。

（2）工 具 栏："实体"工具栏→实体→放样按钮。

（3）命 令 行：LOFT。

2．格式

当前线框密度: ISOLINES=4，闭合轮廓创建模式 = 实体

按放样次序选择横截面或 [点(PO)/合并多条边(J)/模式(MO)]: _MO 闭合轮廓创建模式 [实体(SO)/曲面(SU)] <实体>: _SO

按放样次序选择横截面或 [点(PO)/合并多条边(J)/模式(MO)]: 找到 1 个

按放样次序选择横截面或 [点(PO)/合并多条边(J)/模式(MO)]: 找到 1 个，总计 2 个

按放样次序选择横截面或 [点(PO)/合并多条边(J)/模式(MO)]: 找到 1 个，总计 3 个

按放样次序选择横截面或 [点(PO)/合并多条边(J)/模式(MO)]: 选中了 3 个横截面

输入选项 [导向(G)/路径(P)/仅横截面(C)/设置(S)] <仅横截面>: C

3．解释

（1）按放样次序选择横截面：按曲面或实体将通过曲线的次序指定开放或闭合曲线。

（2）点：指定放样操作的第一个点或最后一个点。

（3）合并多条边：将多个端点相交的边处理为一个横截面。

（4）模式：控制放样对象是实体还是曲面。

（5）导向：指定控制放样实体或曲面形状的导向曲线。

（6）路径：指定放样实体或曲面的单一路径。路径曲线必须与横截面的所有平面相交。

（7）仅横截面：在不使用导向或路径的情况下，创建放样对象，如图 12.14 所示。

（8）设置：弹出"放样设置"对话框，如图 12.15 所示。

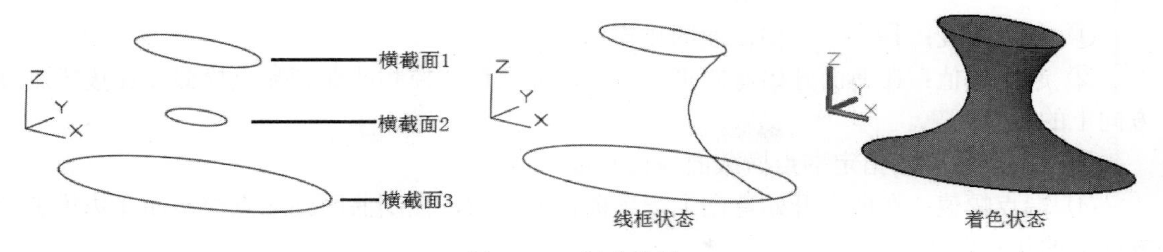

图 12.14　创建放样

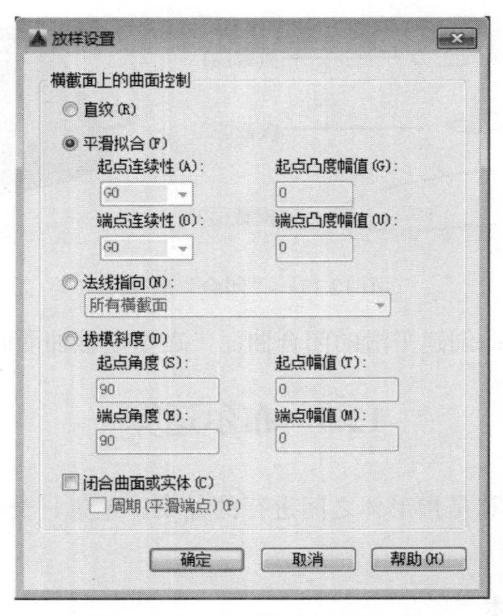

图 12.15　“放样设置”对话框

“放样设置”对话框各项含义：

1）直纹：指定实体或曲面在横截面之间是直的，并且在横截面处具有边界，如图 12.16 所示。

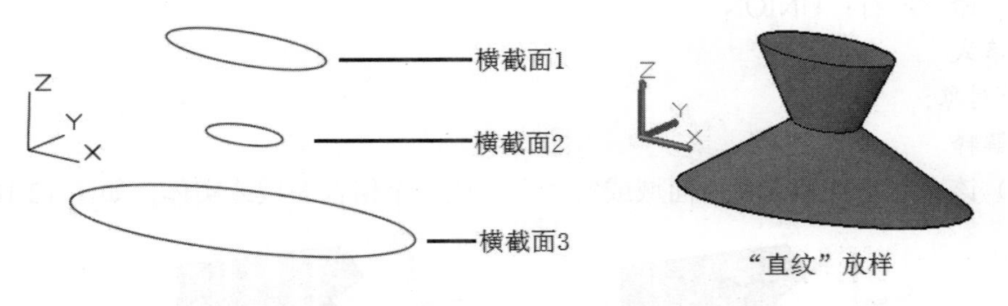

图 12.16　“直纹”放样

2）法线指向：控制实体或曲面在其通过横截面处的曲面法线。

① 起点横截面：指定曲面法线为起点横截面的法向。

② 端点横截面：指定曲面法线为端点横截面的法向。

③　起点横截面和端点横截面：指定曲面法线为起点横截面和端点横截面的法向。

④ 所有横截面：指定曲面法线为所有横截面的法向。

3）拔模斜度：控制放样实体或曲面的第一个和最后一个横截面的拔模斜度和幅值。

① 起点角度：指定起点横截面的拔模斜度。

② 起点幅值：在曲面开始弯向下一个横截面之前，控制曲面到起点横截面在拔模斜度方向上的相对距离。

③ 端点角度：指定端点横截面拔模斜度。

④ 端点幅值：在曲面开始弯向上一个横截面之前，控制曲面到端点横截面在拔模斜度方向上的相对距离。

4）闭合曲面或实体：闭合和开放曲面或实体，如图 12.17 所示。

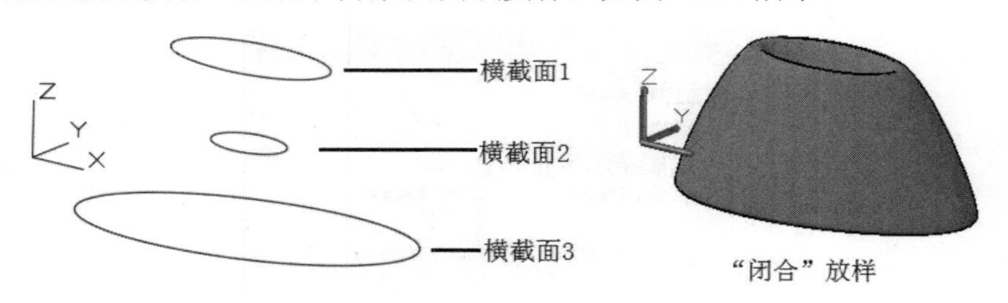

图 12.17 “闭合”放样

5）周期（平滑端点）：创建平滑的闭合曲面，在重塑该曲面时其接缝不会扭折。

12.3 布尔运算

实体造型中的布尔运算是指形体之间进行的并集、差集、交集逻辑运算，用以创建组合实体。

12.3.1 并集组合实体

1．命令

（1）菜单命令：“修改→实体编辑→并集”。

（2）工 具 栏：“实体”工具栏→布尔值→按钮。

（2）命 令 行：UNION。

2．格式

选择对象:

3．解释

（1）该命令是把相交叠的面域或实体合并成一个组合面域或实体，如图 12.18 所示。

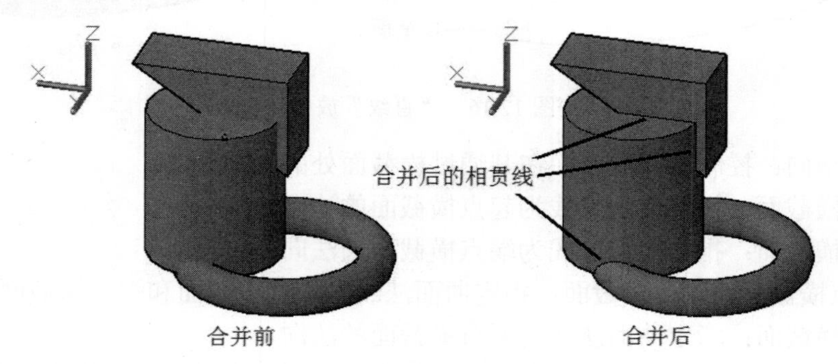

图 12.18 并集组合实体

（2）选择对象时可连续选择需要合并的面域或实体，最后回车即可。

12.3.2　差集组合实体

1．命令

（1）菜单命令：“修改→实体编辑→差集”。

（2）工 具 栏：“实体”工具栏→布尔值→按钮。

（3）命 令 行：SUBTRACT。

2．格式

选择要从中减去的实体、曲面和面域...

选择对象:

选择对象:

选择要减去的实体、曲面和面域...

选择对象:

选择对象: 找到 1 个，总计 2 个

3．解释

（1）该命令是从一组被减对象（面域或实体）中减去另一组与之相交叠的对象，创建为一个组合面域或实体，如图 12.19 所示。

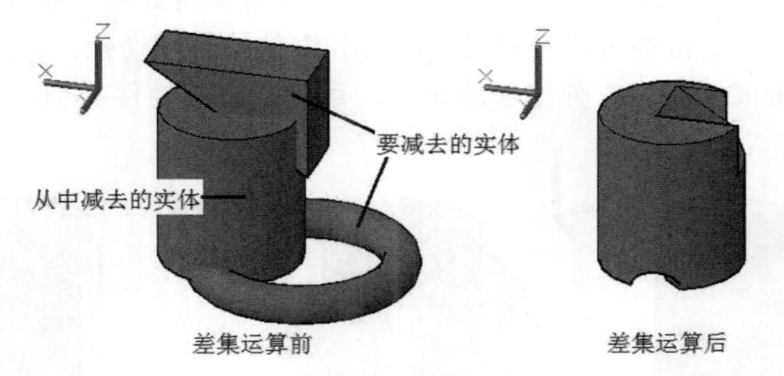

图 12.19　差集组合实体

（2）选择要减去的实体或面域时，也可连续选择。也就是说，差集命令可先并集运算，再差集运算。

12.3.3　交集组合实体

1．命令

（1）菜单命令：“修改→实体编辑→交集”。

（2）工 具 栏：“实体”工具栏→布尔值→按钮。

（3）命 令 行：INTERSECT。

2．格式

选择对象:

3．解释

（1）该命令是把相交叠的面域或实体，取其交叠部分创建为一个组合面域或实体。

（2）选择对象时可连续选择需要交集运算的面域或实体，回车后出现的是所有被选对象的交叠部分，如图 12.20 所示。

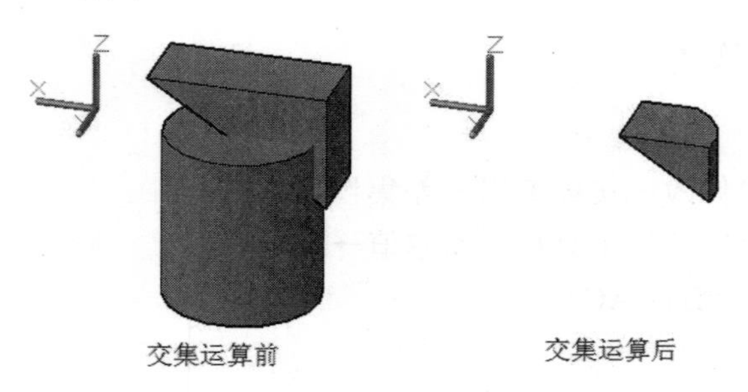

图 12.20　交集组合实体

12.4　实体的编辑

前面所学的编辑二维图形的大多数命令也适用于实体编辑，例如：删除、移动、复制、旋转、缩放、镜像、倒圆、倒角。其中，倒圆、倒角命令还适用于三维形体的特定功能。此外也有专门用于三维形体的编辑命令。

12.4.1　三维小控件工具

在应用了三维视觉样式的三维视图中，单击三维对象将显示三维小控件工具。在三维小控件操作过程中，按空格键可以在移动、旋转和缩放控件间切换，如图 12.21 所示。在执行小控件过程中单击鼠标右键，弹出快捷菜单，可以选择小控件类型，如图 12.22 所示。

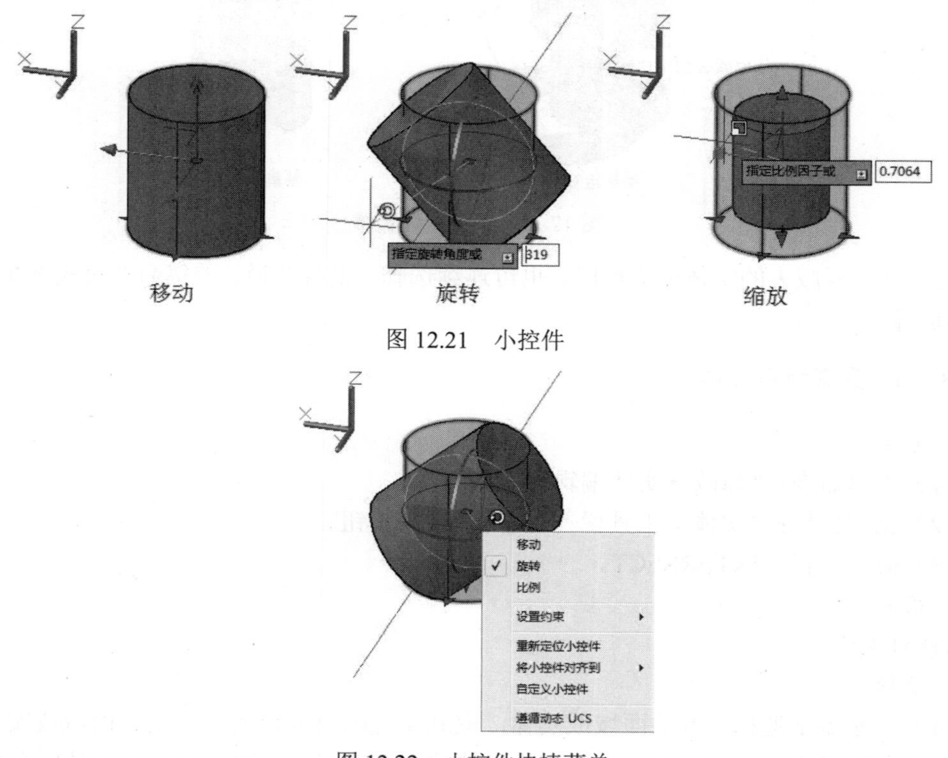

图 12.21　小控件

图 12.22　小控件快捷菜单

12.4.2　旋转三维对象

1．命令

（1）菜单命令："修改→三维操作→三维旋转"。

（2）命 令 行：3DROTATE。

2．格式

UCS 当前的正角方向:　ANGDIR=逆时针　ANGBASE=0

选择对象: 找到 1 个

选择对象:

指定基点:

拾取旋转轴:

指定角的起点或键入角度:

指定角的端点:

3．解释

（1）选择对象：指定要旋转的对象。

（2）基点：设定旋转的中心点。

（3）拾取旋转轴：在三维缩放小控件上，指定旋转轴。移动鼠标直至要选择的轴轨迹变为黄色，然后单击以选择此轨迹。

（4）指定角度起点或输入角度：设定旋转的相对起点。也可以输入角度值。

（5）指定角度端点：绕指定轴旋转对象。单击结束旋转。

三维旋转对象如图 12.23 所示。

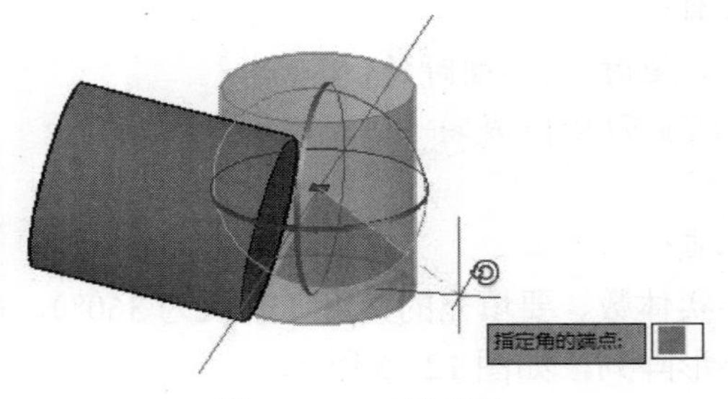

图 12.23　三维旋转

12.4.3　创建三维对象的阵列

1．命令

（1）菜单命令："修改→三维操作→三维阵列"。

（2）命 令 行：3DARRAY。

2．格式

正在初始化...　已加载 3DARRAY 选择对象:

输入阵列类型 [矩形(R)/环形(P)] <矩形>:

3．解释

（1）该命令是把三维实体进行矩形或环形阵列。

（2）默认阵列类型为矩形，格式为：

选择对象:

输入阵列类型 [矩形(R)/环形(P)] <矩形>:R

输入行数 (---) <1>:

输入列数 (|||) <1>:

输入层数 (...) <1>:

指定行间距 (---):

指定列间距 (|||):

通过输入行数、列数、层数和行间距、列间距、层间距，确定矩形阵列，如图 12.24 所示。

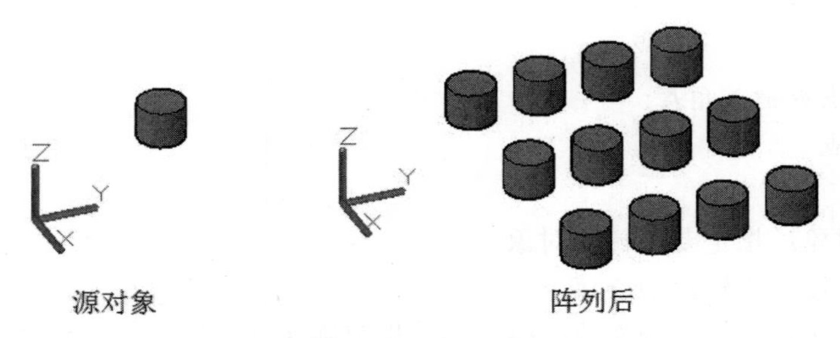

图 12.24　矩形阵列

（3）如选择环形阵列，格式为：

选择对象:

输入阵列类型 [矩形(R)/环形(P)] <R>:P

输入阵列中的项目数目:

指定要填充的角度 (+=逆时针, -=顺时针) <360>:

旋转阵列对象？ [是(Y)/否(N)] <是>:

指定阵列的中心点:

指定旋转轴上的第二点:

通过指定环形阵列中实体数、要填充的角度（默认为 360°）、是否旋转阵列对象和指定阵列的旋转轴，来确定环形阵列，如图 12.25 所示。

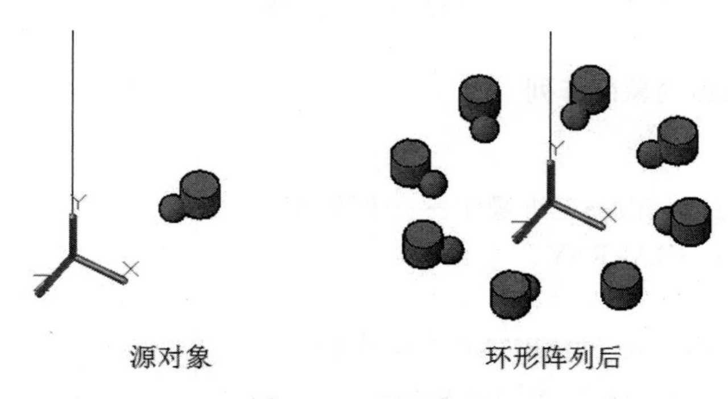

图 12.25　环形阵列

12.4.4　镜像三维对象

1．命令

（1）菜单命令："修改→三维操作→三维镜像"。

（2）命 令 行：MIRROR3D。

2．格式

选择对象:

选择对象:

指定镜像平面 (三点) 的第一个点或

[对象(O)/最近的(L)/Z 轴(Z)/视图(V)/XY 平面(XY)/YZ 平面(YZ)/ZX 平面(ZX)/三点(3)] <三点>: 在镜像平面上指定第二点: 在镜像平面上指定第三点:

是否删除源对象？[是(Y)/否(N)] <否>:

3．解释

（1）该命令是把三维实体对指定的平面进行对称复制。

（2）镜像面可由几种方式确定：

① 指定镜像面上的第一点、第二点和第三点：指定空间三点来确定镜像面。

② 对象：可选取圆、圆弧或二维多段线线段所在平面为镜像面。

③ 最近的：AutoCAD 自定最近的对象为镜像面。

④ Z 轴：以由指定的点和平面的法线方向确定的平面为镜像面。

⑤ 视图：可通过指定视图上的一点来确定镜像面。

⑥ XY 平面：以 UCS 中 XY 平面为镜像面。

⑦ YZ 平面：以 UCS 中 YZ 平面为镜像面。

⑧ ZX 平面：以 UCS 中 ZX 平面为镜像面。

⑨ 点(3)：以空间三点来确定镜像面（默认）。

三维镜像效果如图 12.26 所示。

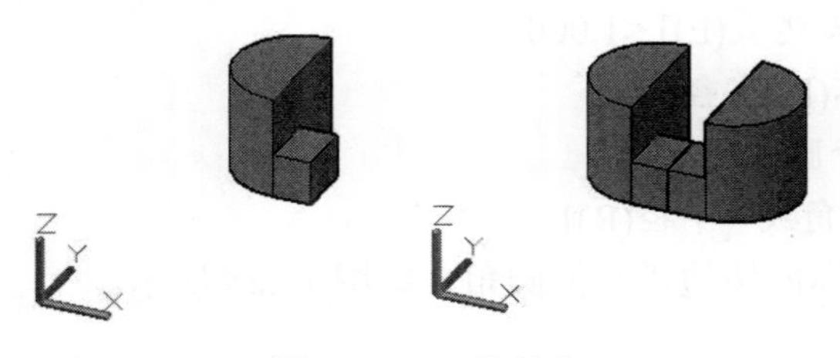

图 12.26　三维镜像

12.4.5　对三维实体倒角

1．命令

（1）菜单命令："修改→实体编辑→倒角边"。

（2）工 具 栏："实体"工具栏→实体编辑→倒角边按钮。

（3）命 令 行：CHAMFEREDGE。

2．格式

命令: _CHAMFEREDGE 距离 1 = 1.0000，距离 2 = 1.0000

选择一条边或 [环(L)/距离(D)]:
选择同一个面上的其他边或 [环(L)/距离(D)]:
按 Enter 键接受倒角或 [距离(D)]:D
指定基面倒角距离或 [表达式(E)] <10.0000>: 20
指定其他曲面倒角距离或 [表达式(E)] <1.0000>: 20
按 Enter 键接受倒角或 [距离(D)]:
可对任意棱边进行倒角，如图 12.27 所示。

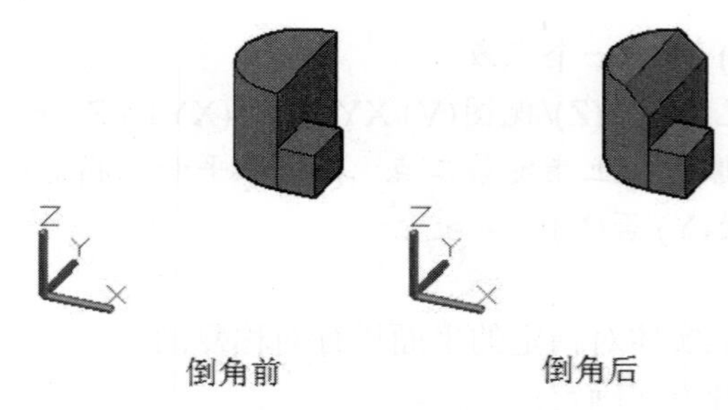

图 12.27 对三维实体倒角

12.4.6 对三维实体倒圆角

1．命令
（1）菜单命令："修改→圆角"。
（2）工 具 栏："修改"工具栏 按钮。
（3）命 令 行：FILLET。
2．格式
选择边或 [链(C)/环(L)/半径(R)]:
选择边或 [链(C)/环(L)/半径(R)]: r
输入圆角半径或 [表达式(E)] <1.0000>: 20
选择边或 [链(C)/环(L)/半径(R)]:
已选定 1 个边用于圆角。
按 Enter 键接受圆角或 [半径(R)]:
该命令可对三维实体的棱边进行倒圆角，如图 12.28 所示。

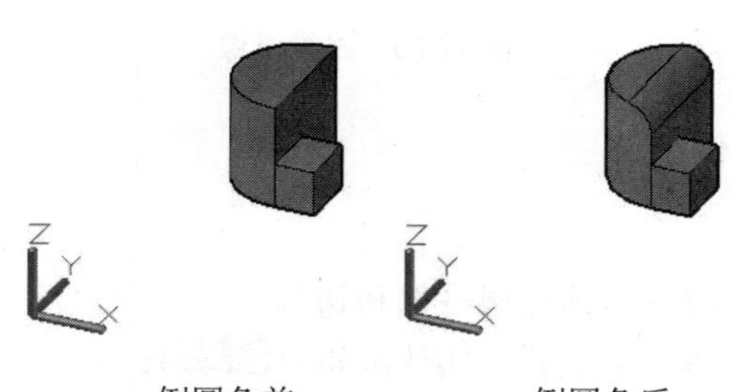

图 12.28 对三维实体倒圆角

12.5　使用 SOLIDEDIT 编辑实体对象

使用三维实体编辑命令 SOLIDEDIT 对实体进行编辑，可实现实体的面、边或体的拉伸、移动、旋转、偏移、倾斜、删除、复制、着色、抽壳等操作。

（1）菜单命令：“修改→实体编辑→子目录”。

（2）命 令 行：SOLIDEDIT。

输入 SOLIDEDIT 命令后，出现如下提示：

实体编辑自动检查:　SOLIDCHECK=1

输入实体编辑选项 [面(F)/边(E)/体(B)/放弃(U)/退出(X)] <退出>:

如输入 e，选择编辑边，则进入边编辑操作。格式如下：

输入边编辑选项 [复制(C)/着色(L)/放弃(U)/退出(X)] <退出>:

选择边或 [放弃(U)/删除(R)]:

可对实体的边进行复制和着色操作。下面介绍三维实体的面编辑和体编辑。

12.5.1　三维实体的面编辑

如输入 f，选择编辑面，则进入面编辑操作。格式如下：

输入面编辑选项

[拉伸(E)/移动(M)/旋转(R)/偏移(O)/倾斜(T)/删除(D)/复制(C)/颜色(L)/材质(A)/放弃(U)/退出(X)] <退出>:

1．拉伸

用来拉伸面。

（1）命令。

1）菜单命令：“修改→实体编辑→拉伸面”。

2）工 具 栏：“实体编辑”工具栏按钮。

（2）格式。

选择面或 [放弃(U)/删除(R)]:

选择面或 [放弃(U)/删除(R)/全部(ALL)]:

指定拉伸高度或 [路径(P)]:

指定拉伸的倾斜角度 <0>:

已开始实体校验。

已完成实体校验。

（3）解释。

1）可用该命令把所选择的面拉伸指定高度。也可沿路径所选面拉伸一个高度。

2）可把面拉伸出一个倾斜角度（如拔模斜度）。

3）如选取的是一条棱边，则会提示选取了该棱边的相邻两个面，拉伸时会同时拉伸两个面，如图 12.29 所示。

2．移动

用来移动面。

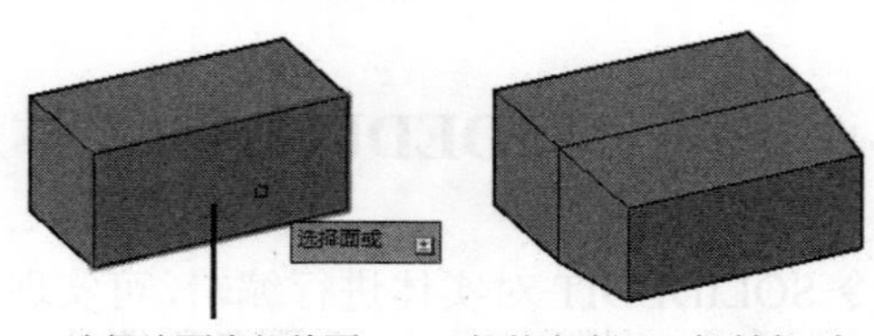

图 12.29 拉伸面

（1）命令。

菜单命令：“修改→实体编辑→移动面”。

（2）格式。

选择面或 [放弃(U)/删除(R)]:

选择面或 [放弃(U)/删除(R)/全部(ALL)]:

指定基点或位移:

指定位移的第二点:

已开始实体校验。

已完成实体校验。

（3）解释。

可用该命令把所选择的面移动到指定位置（实体的尺寸发生了变化），如图 12.30 所示。

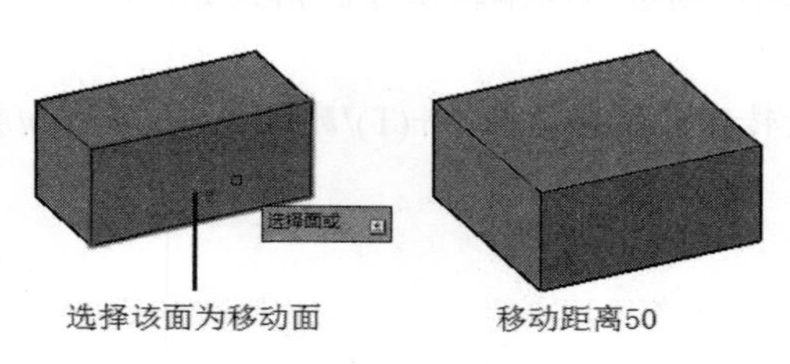

图 12.30 移动面

3．旋转

用来旋转面。

（1）命令。

菜单命令：“修改→实体编辑→旋转面”。

（2）格式。

选择面或 [放弃(U)/删除(R)]:

选择面或 [放弃(U)/删除(R)/全部(ALL)]:

指定轴点或[经过对象的轴(A)/视图(V)/X 轴(X)/Y 轴(Y)/Z 轴(Z)]<两点>:

指定旋转原点 <0,0,0>:

指定旋转角度或 [参照(R)]:

已开始实体校验。

已完成实体校验。

（3）解释。

可用该命令把所选择的面旋转命令角度，如图 12.31 所示。

4．偏移

用来偏移面。

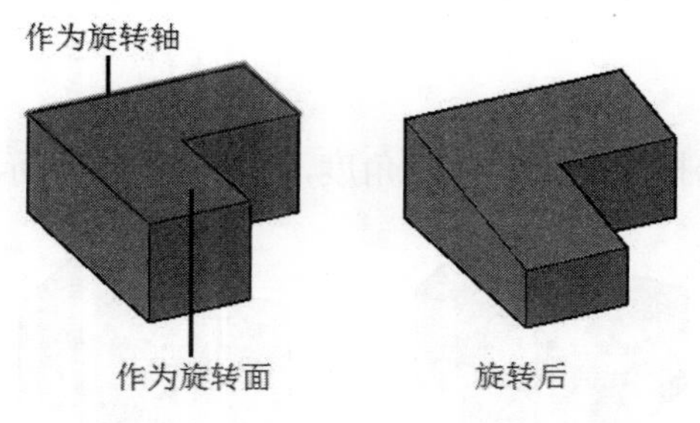

图 12.31　旋转面

（1）命令。

1）菜单命令：“修改→实体编辑→偏移面”。

2）工 具 栏：“实体编辑”工具栏偏移面按钮。

（2）格式。

选择面或 [放弃(U)/删除(R)]:

选择面或 [放弃(U)/删除(R)/全部(ALL)]:

指定偏移距离:

已开始实体校验。

已完成实体校验。

（3）解释。

1）可用该命令把所选择的面偏移一个距离，如图 12.32 所示。

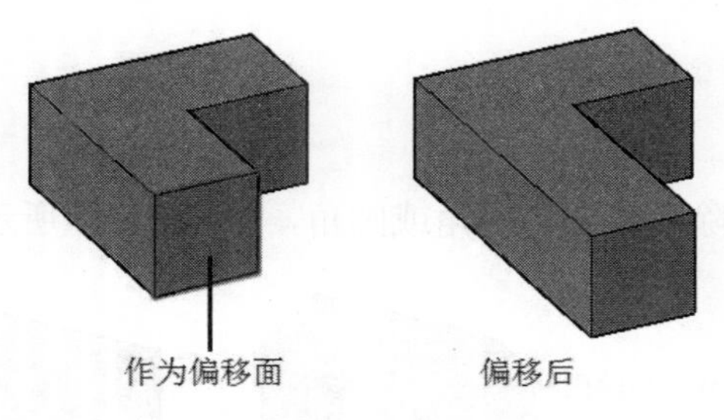

图 12.32　偏移面

2）偏移平面时，所选面沿棱边偏移；偏移圆柱面时，圆柱半径会增大一个偏移值。

5．倾斜

用来倾斜面。

（1）命令。

1）菜单命令：“修改→实体编辑→倾斜面”。

2）工 具 栏：“实体编辑”工具栏倾斜面按钮。

（2）格式。

选择面或 [放弃(U)/删除(R)]:

选择面或 [放弃(U)/删除(R)/全部(ALL)]:

指定基点:

指定沿倾斜轴的另一个点:

指定倾斜角度:

已开始实体校验。

已完成实体校验。

（3）解释。

1）可用该命令把所选择的面倾斜一个角度，如图 12.33 所示。

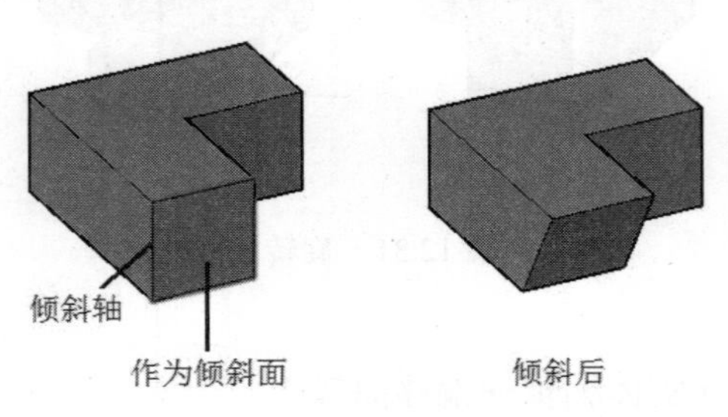

图 12.33 倾斜面

2）倾斜圆柱面时，圆柱会变为圆台或圆锥。

6. 删除

用来删除面。

（1）命令。

菜单命令："修改→实体编辑→删除面"。

（2）格式。

选择面或 [放弃(U)/删除(R)]:

选择面或 [放弃(U)/删除(R)/全部(ALL)]:

已开始实体校验。

已完成实体校验。

（3）解释。

从三维实体对象上删除内表面、倒角或圆角，如图 12.34 所示。

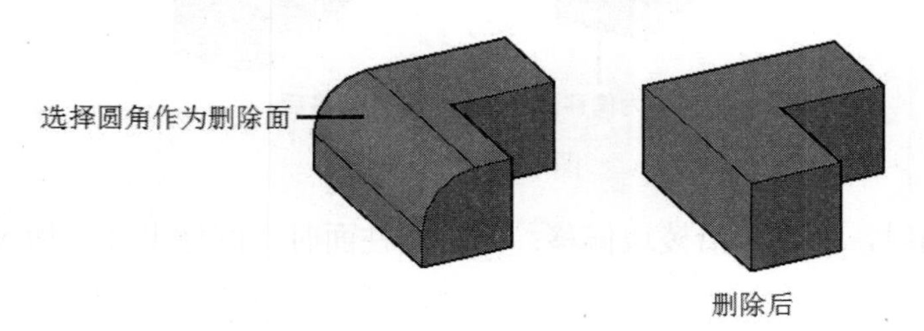

图 12.34 删除面

7. 复制

用来复制面。

（1）命令。

菜单命令："修改→实体编辑→复制面"。

（2）格式。

选择面或 [放弃(U)/删除(R)]:

选择面或 [放弃(U)/删除(R)/全部(ALL)]:

指定基点或位移:

指定位移的第二点:

（3）解释。

从三维实体对象上复制面，如图 12.35 所示。

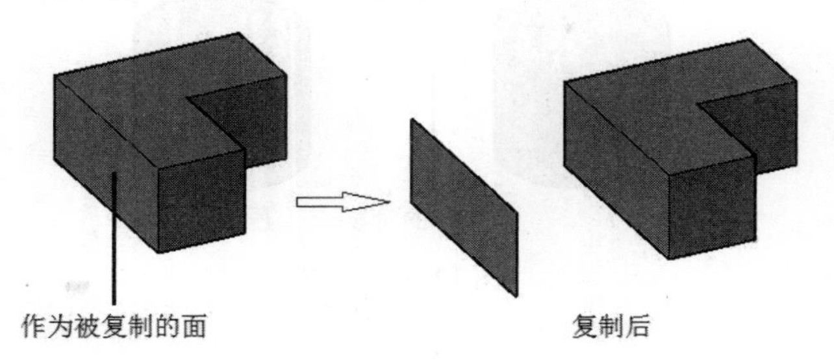

图 12.35　复制面

8．着色

用来对面着色。

（1）命令。

1）菜单命令：“修改→实体编辑→着色面”。

2）工 具 栏：“实体编辑”工具栏按钮。

（2）格式。

选择面或 [放弃(U)/删除(R)]:

选择面或 [放弃(U)/删除(R)/全部(ALL)]:

（3）解释。

在三维实体上对所选面进行着色。

12.5.2　三维实体的体编辑

如在 SOLIDEDIT 命令后所提供的选项中输入 b，选择编辑体，则进入体编辑操作。格式如下：

输入体编辑选项

[压印(I)/分割实体(P)/抽壳(S)/清除(L)/检查(C)/放弃(U)/退出(X)] <退出>:

选择三维实体:

1．压印

（1）命令。

1）菜单命令：“修改→实体编辑→压印边”。

2）工 具 栏：“实体编辑”工具栏压印按钮。

（2）格式。

选择三维实体:

选择要压印的对象:

是否删除源对象 [是(Y)/否(N)] <N>:

选择要压印的对象:

（3）解释。

1）在三维实体上对所选面进行压印操作。

2）要压印的对象必须处于所选表面，压印与实体成为一整体。

3）可删除或不删除源对象。

压印效果如图 12.36 所示。

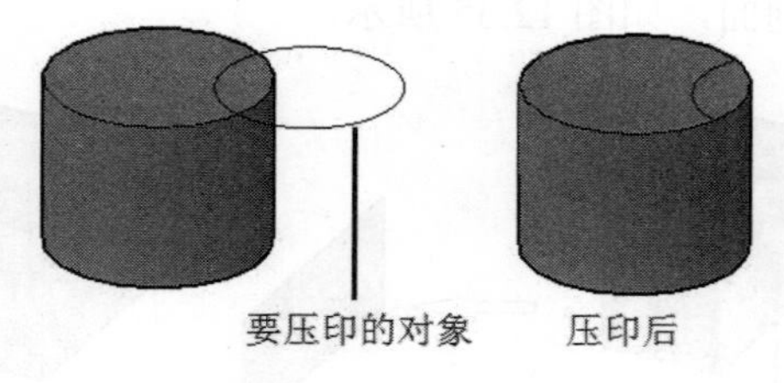

图 12.36　压印

2．分割实体

（1）命令。

1）菜单命令："修改→实体编辑→分割"。

2）工 具 栏："实体编辑"工具栏按钮。

（2）格式。

选择三维实体:

（3）解释。

可以将三维实体对象分解成原来组成三维实体的部件。

3．抽壳

（1）命令。

1）菜单命令："修改→实体编辑→抽壳"。

2）工 具 栏："实体编辑"工具栏按钮。

（2）格式。

选择三维实体:

删除面或 [放弃(U)/添加(A)/全部(ALL)]:

输入抽壳偏移距离:

已开始实体校验。

已完成实体校验。

（3）解释。

1）可以从三维实体对象中以指定的厚度创建壳体或中空的薄壁。

2）删除的面将不再显示。抽壳偏移距离就是壳体厚度。

抽壳效果如图 12.37 所示。

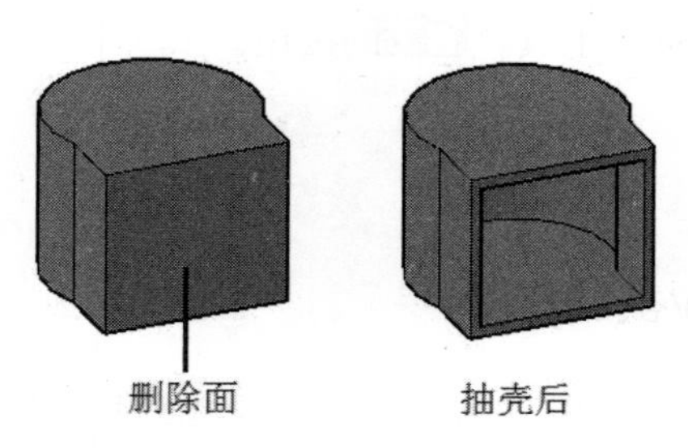

图 12.37　抽壳

4．清除

（1）命令。

1）菜单命令：“修改→实体编辑→清除”。

2）工 具 栏：“实体编辑”工具栏按钮。

（2）格式。

选择三维实体:

（3）解释。

1）可删除三维实体对象上多余的、压印的以及未使用的边。

2）如果边的两侧或顶点共享相同的曲面或顶点定义，那么可以删除这些边或顶点。

5．检查

（1）命令。

1）菜单命令：“修改→实体编辑→检查”。

2）工 具 栏：“实体编辑”工具栏按钮。

（2）格式。

选择三维实体:

（3）解释。

检查实体对象的体、面或边。

12.6　三维图形样式

1．命令

（1）菜单命令：“视图→视觉样式”。

（2）工 具 栏：“可视化”工具栏→视觉样式。

2．格式

通过子菜单选择需要的视觉样式，如图 12.38 所示，或从下拉列表中选择，如图 12.39 所示。

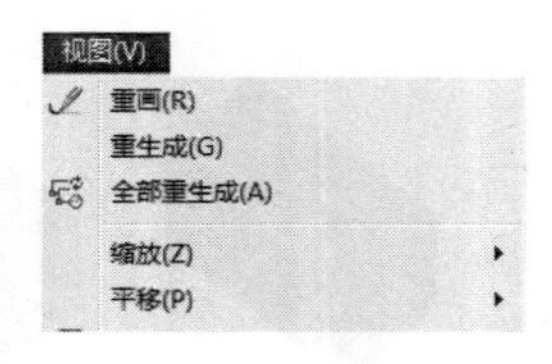

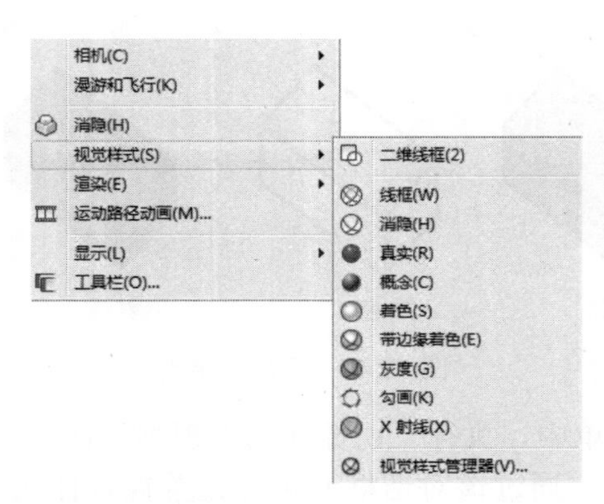

图 12.38　“视觉样式”菜单

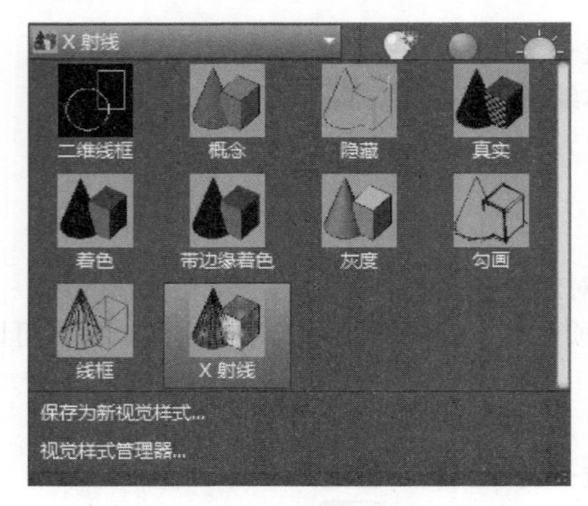

图 12.39　“视觉样式”下拉列表

3．解释

（1）二维线框：通过使用直线和曲线表示边界的方式显示对象。

（2）概念：使用平滑着色和古氏面样式显示对象。古氏面样式在冷暖颜色而不是明暗效果之间转换。效果缺乏真实感，但是可以更方便地查看模型的细节。

（3）消隐：使用线框表示法显示对象，而隐藏表示背面的线。

（4）真实：使用平滑着色和材质显示对象。

（5）着色：使用平滑着色显示对象。

（6）带边缘着色：使用平滑着色和可见边显示对象。

（7）灰度：使用平滑着色和单色灰度显示对象。

（8）勾画：使用线延伸和抖动边修改器显示手绘效果的对象。

（9）线框：通过使用直线和曲线表示边界的方式显示对象。

（10）X 射线：以局部透明度显示对象。

各视觉样式效果如图 12.40 所示。

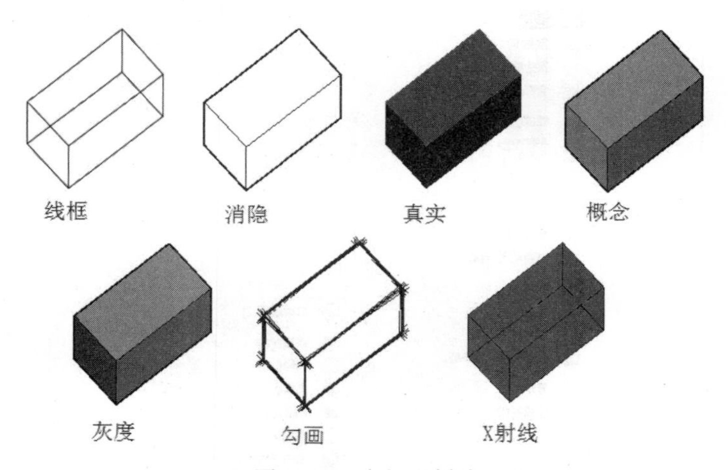

图 12.40　各视觉样式

在“视觉样式”子菜单中，执行“视觉样式管理器”命令，弹出“视觉样式管理器”对话框，如图 12.41 所示。通过该对话框，可以设置视觉样式的面设置、光源、环境设置等。

图 12.41　视觉样式管理器

12.7　实体造型示例

下面以绘制图 12.42 所示零件图的三维图形为例，介绍实体造型的方法和步骤。

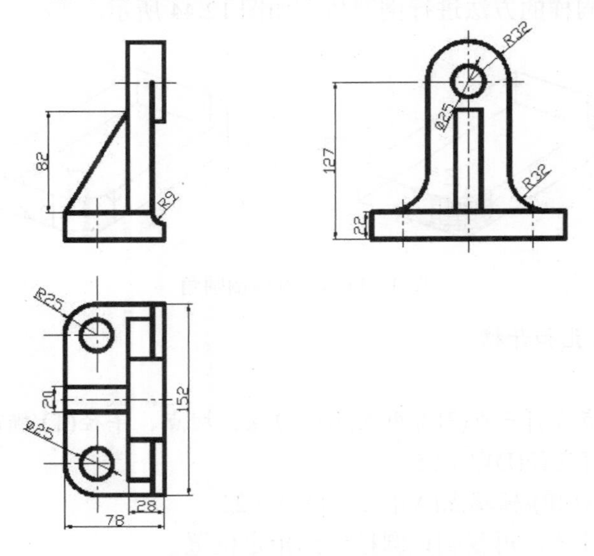

图 12.42　支架零件图

12.7.1　绘制底板

1．绘制长方体

命令: _box

指定第一个角点或 [中心(C)] <0,0,0>:（选择任意一点）

指定其他角点或 [立方体(C)/长度(L)]: @78,152,22

如图 12.43 所示。

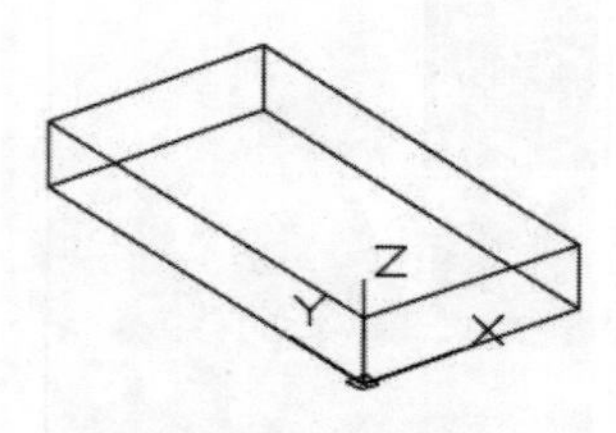

图 12.43 长方体

2．给长方体倒圆角

命令: _FILLETEDGE

半径 = 25.0000

选择边或 [链(C)/环(L)/半径(R)]: R

输入圆角半径或 [表达式(E)] <25.0000>:25

选择边或 [链(C)/环(L)/半径(R)]:

选择边或 [链(C)/环(L)/半径(R)]:

选择边或 [链(C)/环(L)/半径(R)]:

已选定 2 个边用于圆角。

按 Enter 键接受圆角或 [半径(R)]:

选择两条棱线用同样的方法进行倒圆角，如图 12.44 所示。

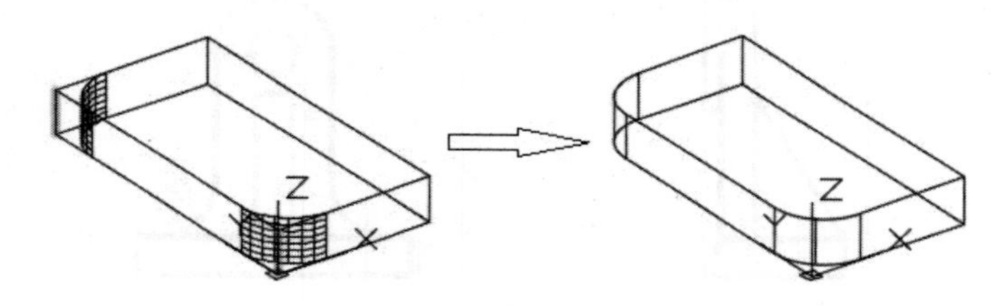

图 12.44 长方体倒圆角

3．在长方体上打孔和开槽

命令: _cylinder

指定底面的中心点或 [三点(3P)/两点(2P)/切点、切点、半径(T)/椭圆(E)]:

指定底面半径或 [直径(D)]: 12.5

指定高度或 [两点(2P)/轴端点(A)] <22.0000>: 22

绘制一 ø25 的圆柱体，再复制该圆柱体到指定位置。

命令: COPY

选择对象: 找到 1 个（ø25 的圆柱体）

选择对象: （直接回车）

当前设置: 复制模式 = 多个

指定基点或 [位移(D)/模式(O)] <位移>: （选取圆柱体的底面中心）

指定第二个点或 [阵列(A)] <使用第一个点作为位移>: （到第二个圆角中心）

指定第二个点或 [阵列(A)/退出(E)/放弃(U)] <退出>:

绘制一 ø18 的圆柱体。
命令: _ucs
当前 UCS 名称: *世界*
指定 UCS 的原点或 [面(F)/命名(NA)/对象(OB)/上一个(P)/视图(V)/世界(W)/X/Y/Z/Z轴(ZA)] <世界>: _x
指定绕 X 轴的旋转角度 <90>: 90
命令: _cylinder
指定底面的中心点或 [三点(3P)/两点(2P)/切点、切点、半径(T)/椭圆(E)]:
（捕捉长方体顶点）
指定底面半径或 [直径(D)] <9.0000>: 9
指定高度或 [两点(2P)/轴端点(A)] <66.9086>:（捕捉长方体对应的另一角顶点）
圆柱体如图 12.45 所示。然后用差集组合实体进行打孔。

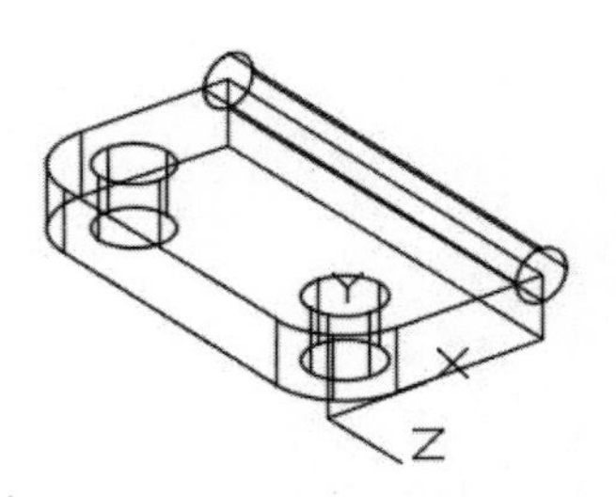

图 12.45　绘制圆柱体

命令: _subtract 选择要从中减去的实体、曲面和面域...
选择对象: 找到 1 个（选取长方体）
选择对象: （直接回车）
选择要减去的实体、曲面和面域...
选择对象: 找到 1 个（选取 ø25 圆柱体）
选择对象: 找到 1 个，总计 2 个（选取另一 ø25 圆柱体）
选择对象: 找到 1 个，总计 3 个（选取 ø18 圆柱体）
选择对象: （直接回车）
底板如图 12.46 所示。

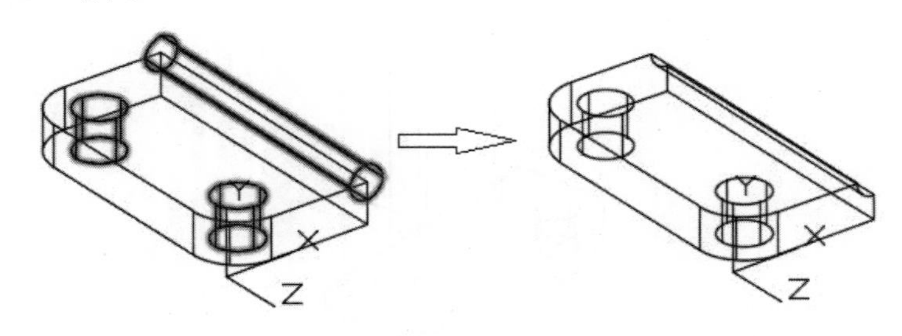

图 12.46　完成绘制底板

12.7.2　绘制立板

1．设置 UCS
命令: _ucs
当前 UCS 名称: *没有名称*
指定 UCS 的原点或 [面(F)/命名(NA)/对象(OB)/上一个(P)/视图(V)/世界(W)/X/Y/Z/Z轴(ZA)] <世界>: _x
指定绕 X 轴的旋转角度 <90>: -90

命令: UCS
当前 UCS 名称: *没有名称*
指定 UCS 的原点或 [面(F)/命名(NA)/对象(OB)/上一个(P)/视图(V)/世界(W)/X/Y/Z/Z 轴(ZA)] <世界>:（选取右上棱边中点为新 UCS 的原点）
指定 X 轴上的点或 <接受>:
UCS 如图 12.47 所示。

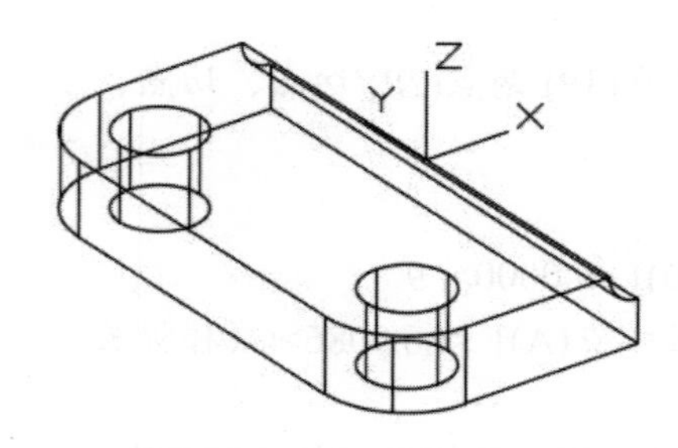

图 12.47 设置 UCS

2．绘制长方体和圆柱体
命令: _box
指定第一个角点或 [中心(C)]: 0,32,0
指定其他角点或 [立方体(C)/长度(L)]:
>>输入 ORTHOMODE 的新值 <0>:
正在恢复执行 BOX 命令。
指定其他角点或 [立方体(C)/长度(L)]: @-19,-64,105
效果如图 12.48 所示。

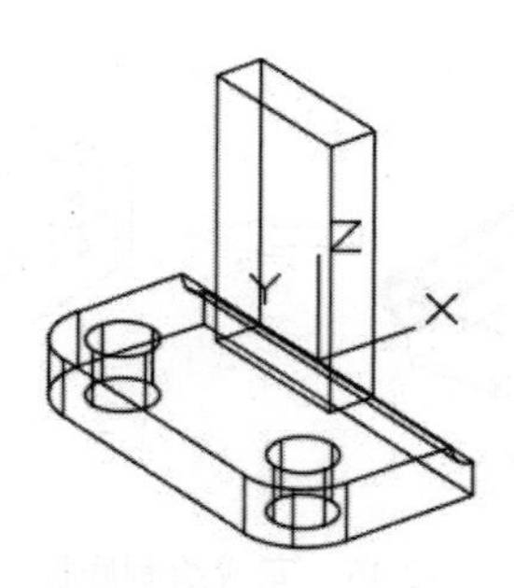

图 12.48 绘制长方体

先绘制长方体，再绘制 ø64 圆柱体和 ø25 圆柱体。
命令: _ucs
当前 UCS 名称: *没有名称*
指定 UCS 的原点或 [面(F)/命名(NA)/对象(OB)/上一个(P)/视图(V)/世界(W)/X/Y/Z/Z 轴(ZA)] <世界>: _y
指定绕 Y 轴的旋转角度 <90>: -90

命令: _cylinder

指定底面的中心点或 [三点(3P)/两点(2P)/切点、切点、半径(T)/椭圆(E)]:（取支撑板上部左棱边中点为圆柱体底面的中心点）

指定底面半径或 [直径(D)] <32.0000>: 32

指定高度或 [两点(2P)/轴端点(A)] <28.0000>: 28

命令: _cylinder

指定底面的中心点或 [三点(3P)/两点(2P)/切点、切点、半径(T)/椭圆(E)]:
（取 ø64 圆柱体底面中心为 ø25 圆柱体底面的中心点）

指定底面半径或 [直径(D)] <32.0000>: 12.5

指定高度或 [两点(2P)/轴端点(A)] <-28.0000>:（取 ø64 圆柱体的另一中心为 ø25 圆柱体的另一中心点）

效果如图 12.49 所示。

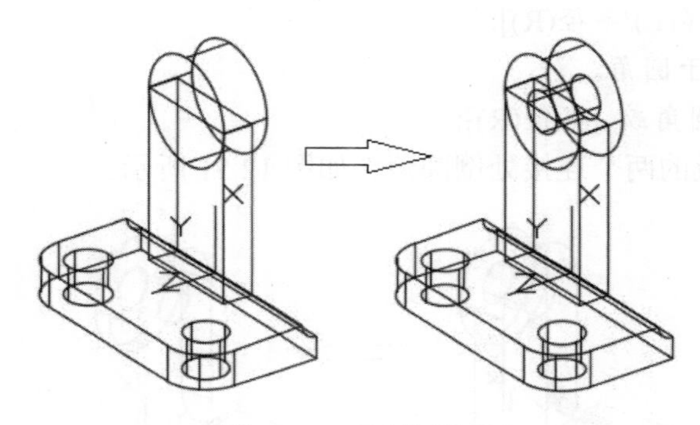

图 12.49　绘制圆柱体

3．组合实体

命令: _subtract 选择要从中减去的实体、曲面和面域...

选择对象: 找到 1 个（选取长方体）

选择对象: 找到 1 个，总计 2 个（选取 ø64 圆柱体）

选择对象:

选择要减去的实体、曲面和面域...

选择对象: 找到 1 个（选取 ø25 圆柱体）

选择对象:

命令: _union

选择对象: 找到 1 个（选取底板）

选择对象: 找到 1 个，总计 2 个（选取立板）

选择对象:

效果如图 12.50 所示。

4．圆角

命令: _FILLETEDGE

半径 = 25.0000

选择边或 [链(C)/环(L)/半径(R)]: R

输入圆角半径或 [表达式(E)] <25.0000>: 32

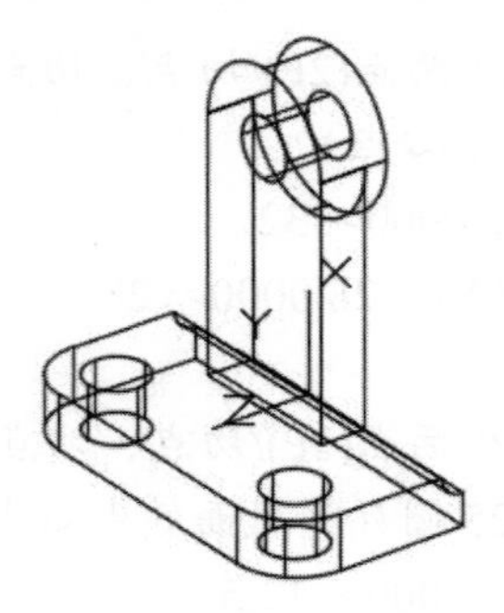

图 12.50 组合实体

选择边或 [链(C)/环(L)/半径(R)]:
选择边或 [链(C)/环(L)/半径(R)]:
选择边或 [链(C)/环(L)/半径(R)]:
已选定 2 个边用于圆角。
按 Enter 键接受圆角或 [半径(R)]:
先后在立板与底板的两个连接处倒圆角，如图 12.51 所示。

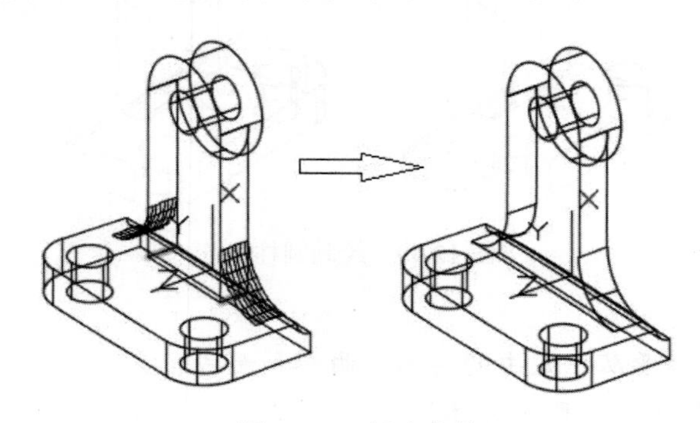

图 12.51 组合实体

5．绘制筋板
命令: _ucs
当前 UCS 名称: *没有名称*
指定 UCS 的原点或 [面(F)/命名(NA)/对象(OB)/上一个(P)/视图(V)/世界(W)/X/Y/Z/Z 轴(ZA)] <世界>: _y
指定绕 Y 轴的旋转角度 <90>: 90

命令: WEDGE
指定第一个角点或 [中心(C)]: -19,-10,0
指定其他角点或 [立方体(C)/长度(L)]: @-50,20,82

命令: _union
选择对象: 找到 1 个
选择对象: 找到 1 个，总计 2 个
选择对象:

把筋板与之前所绘实体合并，如图 12.52 所示。

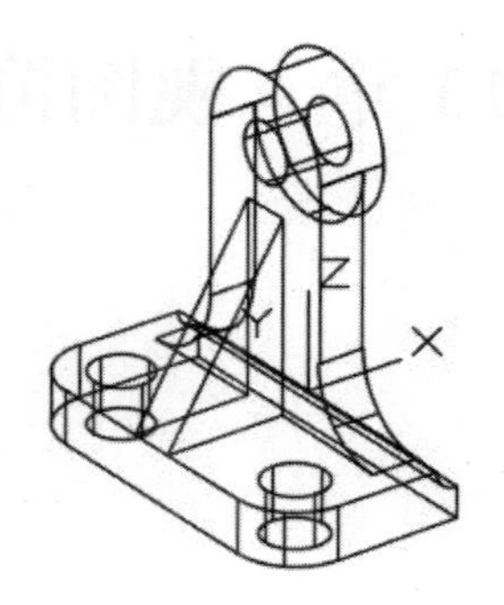

图 12.52　绘制筋板

选择“可视化”工具栏→视觉样式→灰度。
完成该实体如图 12.53 所示。

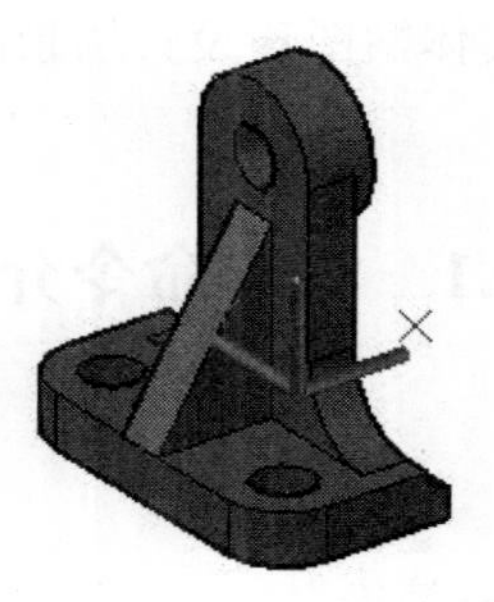

图 12.53　完成实体

第 13 章　视图渲染

- 熟悉渲染
- 熟悉材质、灯光设置
- 熟悉贴图和相机

渲染三维实体，可以得到具有一定的颜色、纹理和光照效果的图像。渲染处理可设置实体的材质、灯光，还可以将实体贴图和设置场景的背景，得到极为逼真的渲染效果图像。

13.1　渲染命令介绍

13.1.1　基本渲染

（1）菜单命令：“视图→渲染→渲染”。

（2）工 具 栏：“渲染”工具栏按钮。

（3）命 令 行：RENDER。

弹出“渲染”窗口，CAD 自动对模型进行渲染，按 Esc 键可退出渲染窗口，如图 13.1 所示。

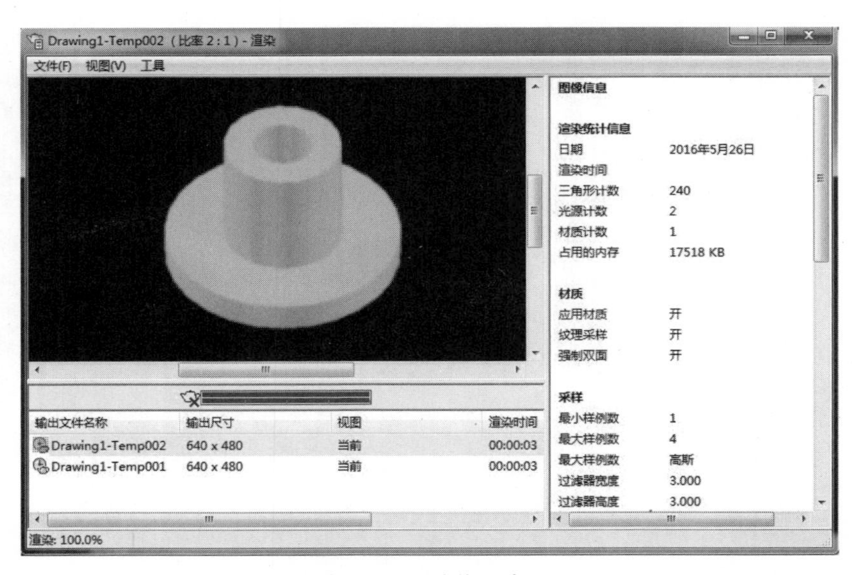

图 13.1　“渲染”窗口

13.1.2　渲染预设管理器

命 令 行：RENDERPRESETS

可以使用渲染预设管理器来指定渲染时要使用的主设置。也可以使用功能区上的控件来更改一些常规渲染设置或将命名渲染预设置为当前，如图 13.2 所示。

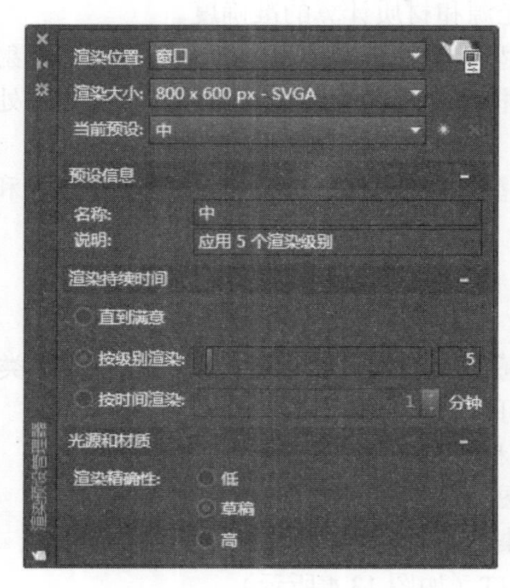

图 13.2　渲染预设管理器

1．渲染位置

确定渲染器显示渲染图像的位置。

（1）窗口：将当前视图渲染到“渲染”窗口。

（2）视口：在当前视口中渲染当前视图。

（3）面域：在当前视口中渲染指定区域。

2．渲染大小

指定渲染图像的输出尺寸和分辨率。选择“更多输出设置”以显示“‘渲染到尺寸’输出设置”对话框并指定自定义输出尺寸。

仅当从“渲染位置”下拉列表中选择“窗口”时，此选项才可用。

3．渲染

创建三维实体或曲面模型的真实照片级图像或真实着色图像。

4．当前预设

指定渲染视图或区域时要使用的渲染预设。

注：修改标准渲染预设的设置时会导致创建新的自定义渲染预设。

5．预设信息

显示选定渲染预设的名称和说明。

（1）名称：指定选定渲染预设的名称。可以重命名自定义渲染预设而非标准渲染预设。

（2）说明：指定选定渲染预设的说明。

6．渲染持续时间

控制渲染器为创建最终渲染输出而执行的迭代时间或层级数。增加时间或层级数可提高渲染图像的质量。

（1）直到满意为止：渲染将继续，直到取消为止。

（2）按级别渲染：指定渲染引擎为创建渲染图像而执行的层级数或迭代数。

（3）按时间渲染：指定渲染引擎用于反复细化渲染图像的分钟数。

7．光源和材质

控制用于渲染图像的光源和材质计算的准确度。

（1）低：简化光源模型；最快但最不真实。全局照明、反射和折射处于禁用状态。

（2）草稿：基本光源模型；平衡性能和真实感。全局照明处于启用状态，反射和折射处于禁用状态。

（3）高：高级光源模型；较慢但更真实。全局照明、反射和折射处于启用状态。

13.2 光线设置

在采用“照片级真实感渲染”或“照片级光线追踪渲染”类型进行渲染时，可以设置灯光效果。合理设置灯光可以大大加强模型的真实感。

1．打开“光源”对话框

（1）菜单命令：“视图→渲染→光源”（如图 13.3 所示）。

（2）工 具 栏：“渲染”工具栏。

（3）命 令 行：LIGHT（如图 13.4 所示）。

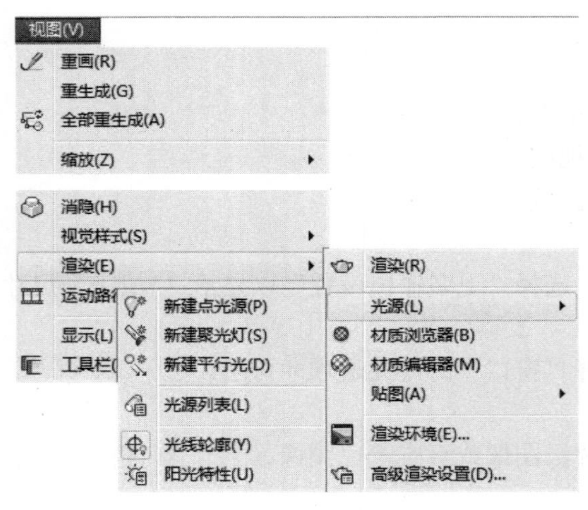

图 13.3 “菜单栏”光源

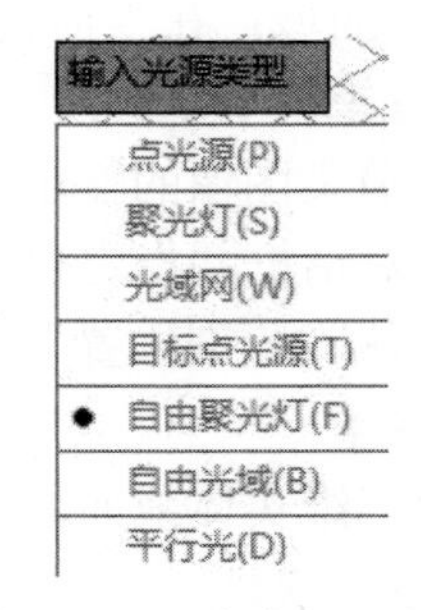

图 13.4 “命令行”光源

2．设置光源类型

可以设置的光源有四种：点光源、聚光灯、平行光和光域网灯光。

（1）点光源：是向所有方向发射光，且发射光的强度是相同的。可以将一个灯泡想象成一个点光源。

（2）聚光灯：可以向指定方向发射一个圆锥形的光束。光的方向和圆锥的大小可以确定。

（3）平行光：仅向一个单一方向发射相同的平行光束。光束的强度不随距离而变。

（4）光域网灯光：自然光，可均匀照亮对象的所有表面。它不是光源，所以没有位置和方向。

13.3　渲染材质的使用

渲染时，如果给模型赋予合理的材质，可以使模型具有一定的颜色和纹理，增加模型的真实感。

（1）菜单命令："视图→渲染→材质浏览器"。

（2）命 令 行：MATBROWSEROPEN。

打开"材质浏览器"对话框，如图 13.5 所示。

图 13.5　"材质浏览器"对话框

使用材质来为三维模型提供真实外观。

可以将材质应用于三维模型来为对象提供真实外观。可以调整材质的特性来增强反射、透明度和纹理。

13.4 贴图

渲染模型时，贴图可以使模型的表面具有特定的图案，以增强渲染效果。

（1）命 令 行：MATERIALMAP。

（2）菜单命令："视图→渲染→贴图"（如图 13.6 所示）。

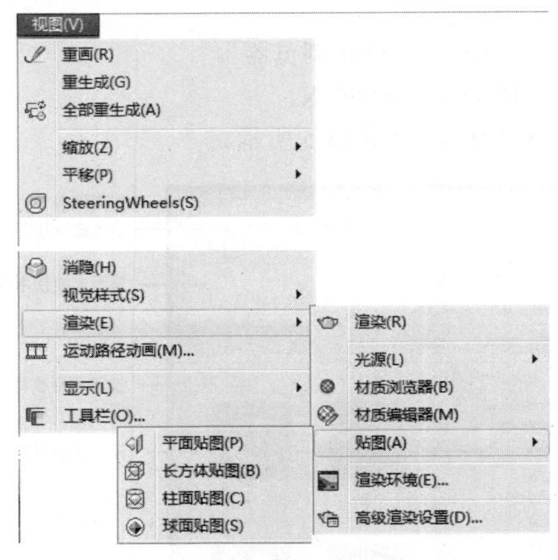

图 13.6 "贴图"对话框

通过更改对齐或贴图来调整纹理环绕不同形状的方式。可以指定与使用纹理的形状相似的贴图形状，然后使用纹理贴图小控件来手动调整对齐。

命令行输入命令后选项如下：

（1）长方体：用于环绕正方形的盒状形状。

（2）平面：将纹理与单个平面对齐而无环绕。

（3）柱面：将纹理与圆柱体形状对齐。

（4）球面：将纹理与球体形状对齐。

（5）复制贴图至：将贴图从对象或面应用到选定对象。

（6）重置贴图：使用此选项可反转先前通过贴图小控件对贴图的位置和方向所做的所有调整。

13.5 相机

13.5.1 相机理论

可以将相机放置到图形中以定义三维视图。可以在图形中打开或关闭相机并使用夹点来编辑相机的位置、目标或焦距。可以通过位置 XYZ 坐标、目标 XYZ 坐标和视野/焦距（用于确定倍率或缩放比例）定义相机。还可以定义剪裁平面，以建立关联视图的前后边界。

（1）位置：定义要观察三维模型的起点。

（2）目标：通过指定视图中心的坐标来定义要观察的点。

（3）焦距：定义相机镜头的比例特性。焦距越大，视野越窄。

（4）前向和后向剪裁平面：指定剪裁平面的位置。剪裁平面是定义（或剪裁）视图的边界。在相机视图中，将隐藏相机与前向剪裁平面之间的所有对象。同样隐藏后向剪裁平面与目标之间的所有对象。

默认情况下，保存的相机将按顺序命名；如 Camera1、Camera2 等。可以重命名相机以更好地描述相机视图。“视图管理器”列出了图形中现有的相机以及其他命名视图。

13.5.2　创建相机

工 具 栏：“可视化→相机→创建相机”。

在图形中单击以指定相机位置来创建相机，按 Enter 键完成创建相机，如图 13.7 所示。

通过单击鼠标右键并从选项列表中选择可进一步定义相机特性，如图 13.8 所示。

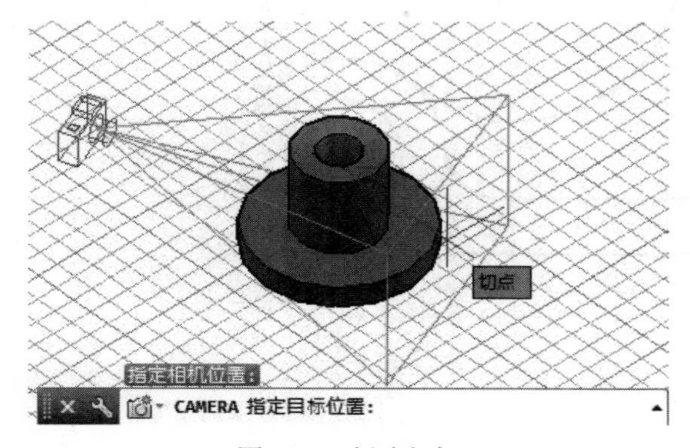

图 13.7　创建相机

图 13.8　相机特性

附录　图形练习

1

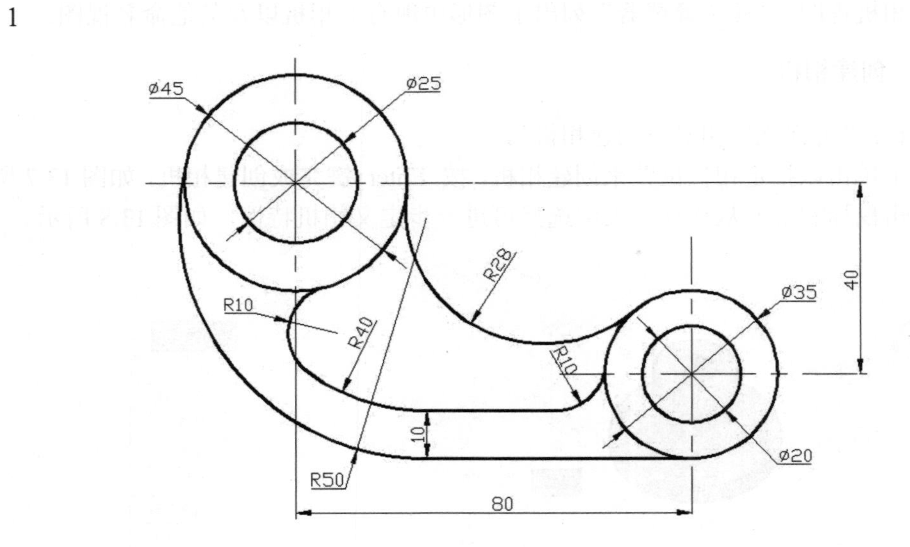

ø45
ø25
R28
40
ø35
R10
R40
R10
10
ø20
R50
80

2

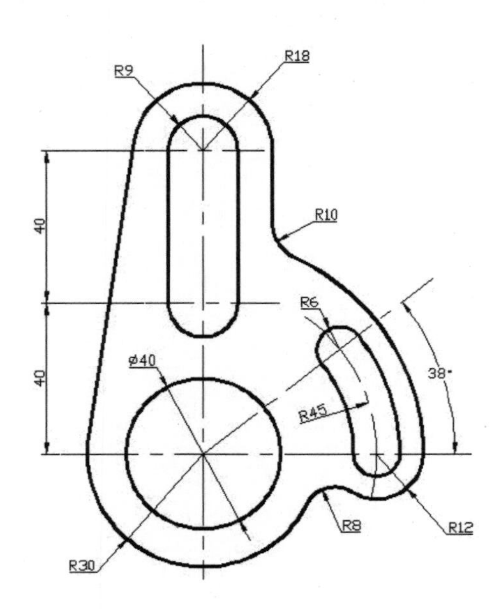

R9
R18
40
R10
R6
40
ø40
38°
R45
R8
R12
R30

3

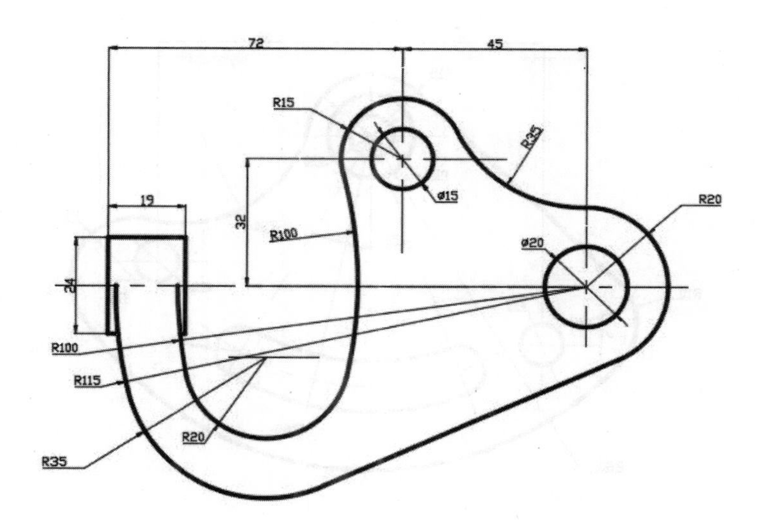
72
45
R15
R35
19
32
ø15
R20
R100
ø20
24
R100
R115
R20
R35

4

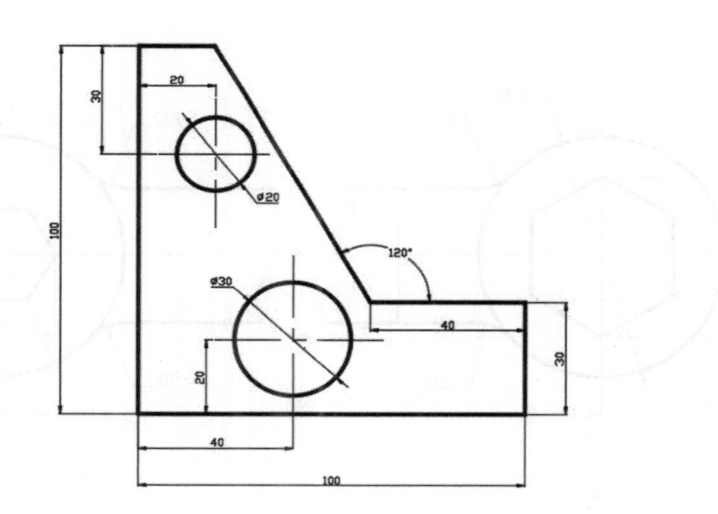
30
20
ø20
100
120°
ø30
40
30
20
40
100

5

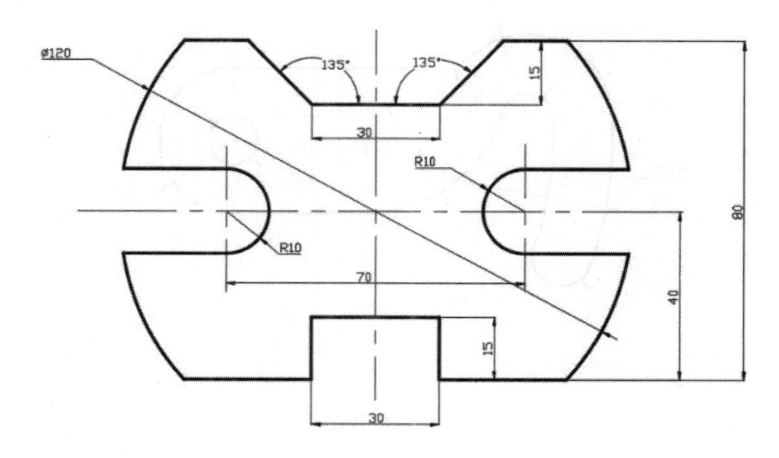
ø120
135°
135°
15
30
R10
80
R10
70
40
15
30

6

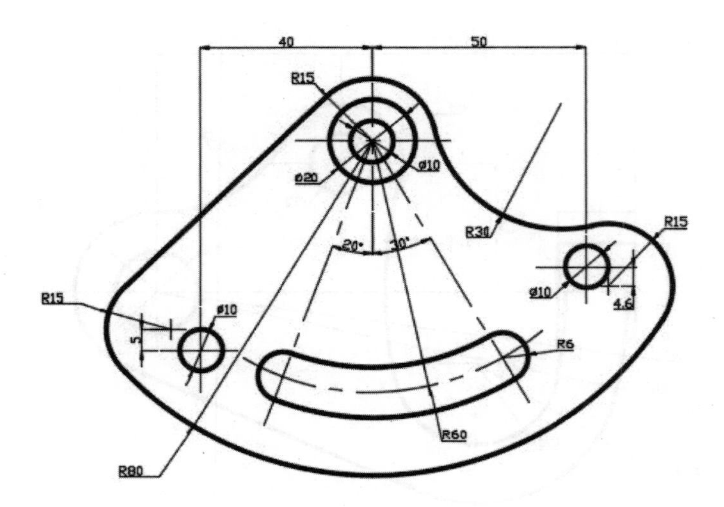
40
50
R15
ø20
ø10
R30
R15
20°
30°
R15
ø10
ø10
4.6
5
R6
R60
R80

7

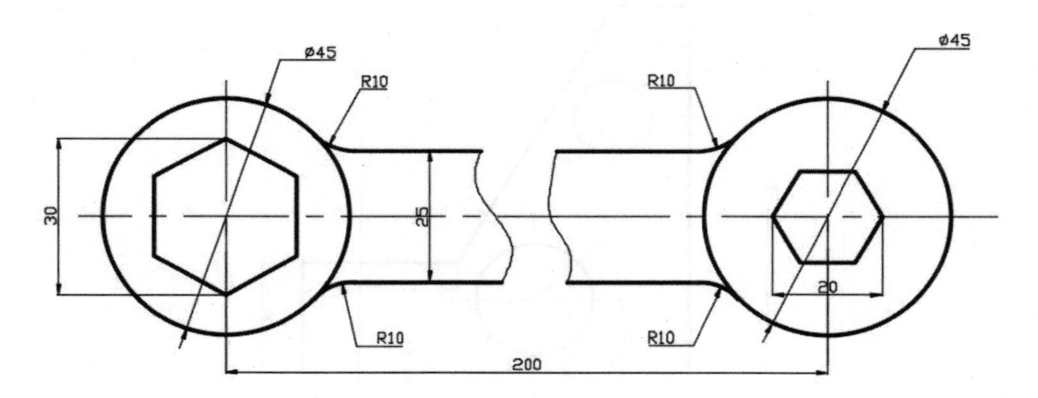
ø45
R10
R10
ø45
30
25
20
R10
R10
200

8

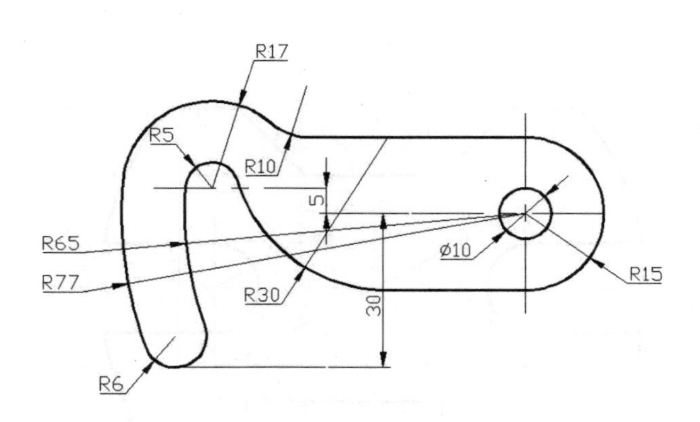
R17
R5
R10
5
R65
ø10
R77
R30
R15
30
R6

9

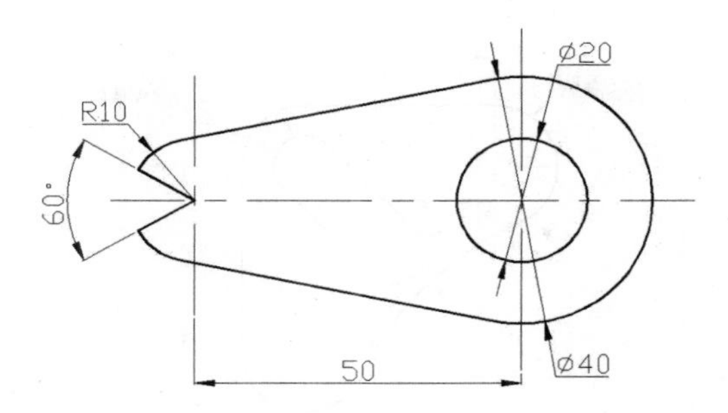
R10
60°
⌀20
⌀40
50

10

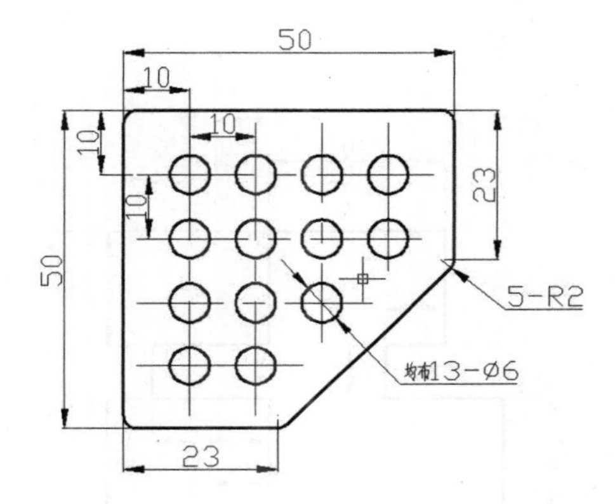
50
10
10
10
10
23
50
5-R2
均布13-⌀6
23

11

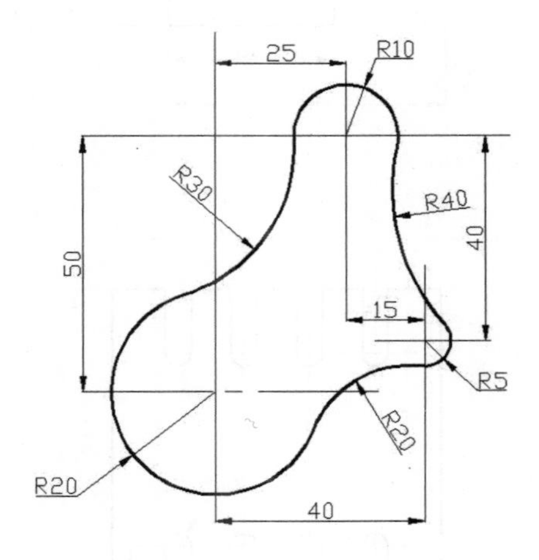
25
R10
R30
R40
50
40
15
R5
R20
R20
40

12

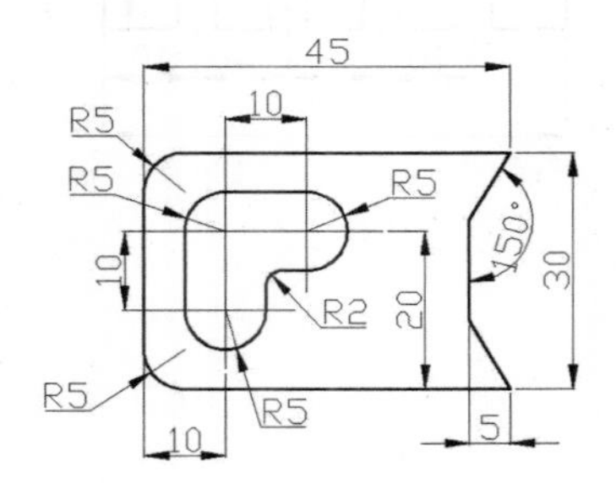
45
10
R5
R5
R5
150°
10
R2
20
30
R5
R5
5
10

13

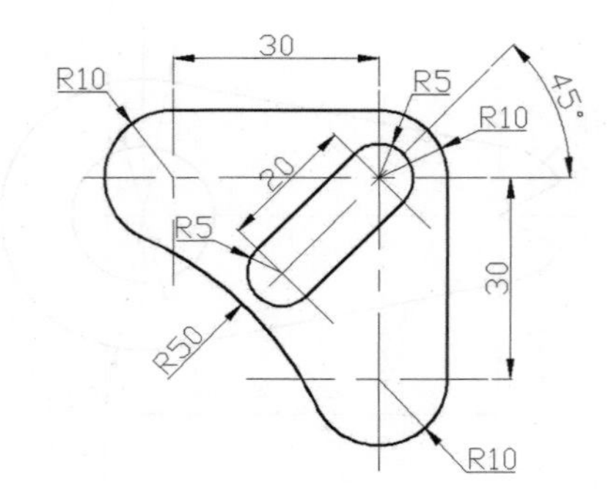
30
R10
R5
45°
R10
20
R5
30
R50
R10

14

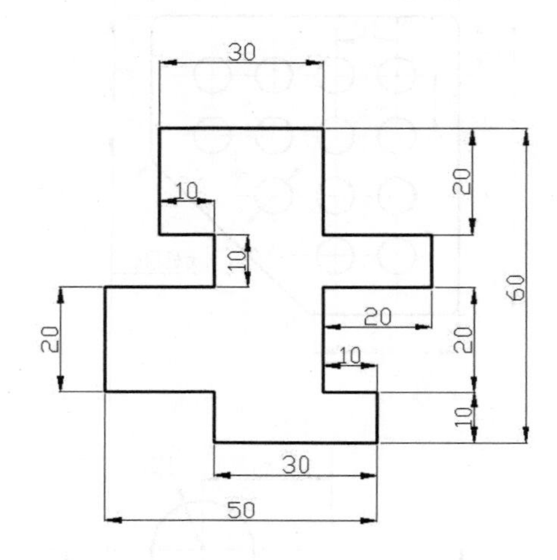
30
10
20
10
60
20
20
20
10
10
30
50

15

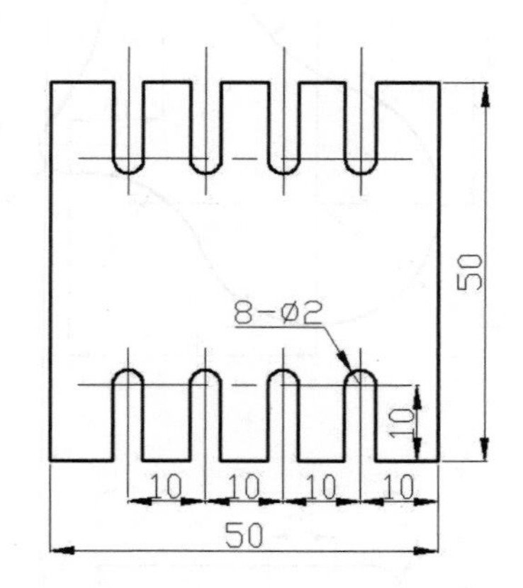
50
8-Ø2
10
10
10
10
10
50

16

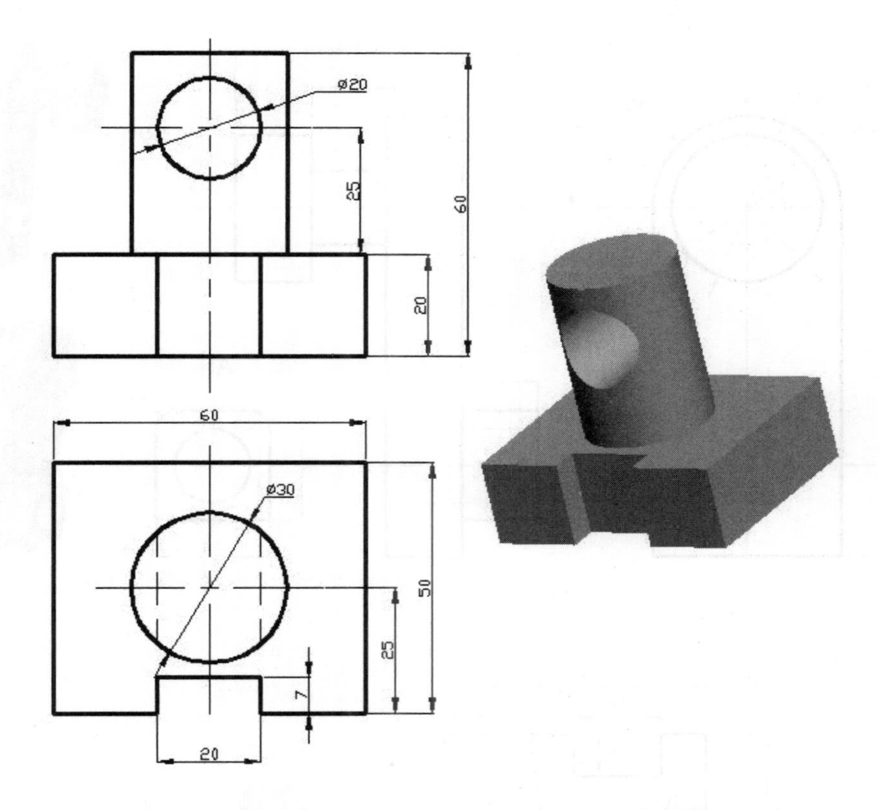

17

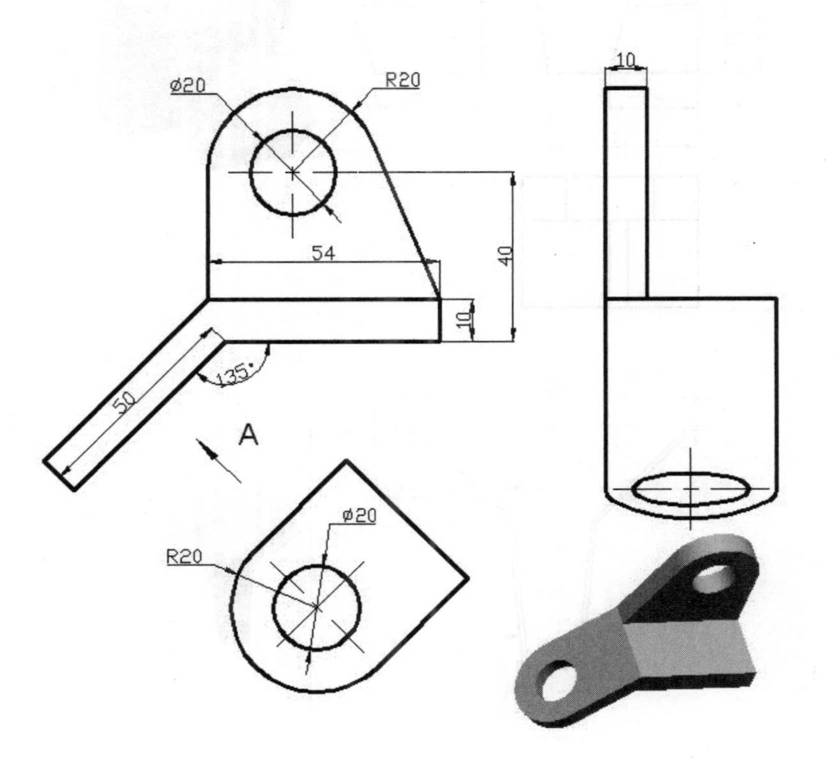

18

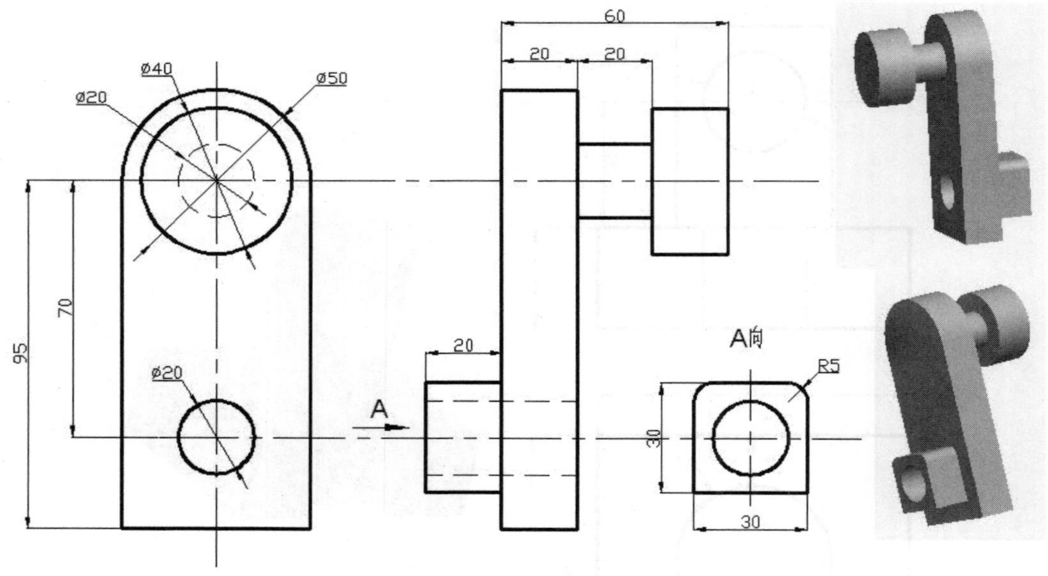
60
20
20
Ø40
Ø50
Ø20
70
95
Ø20
20
A
A向
R5
30
30

19

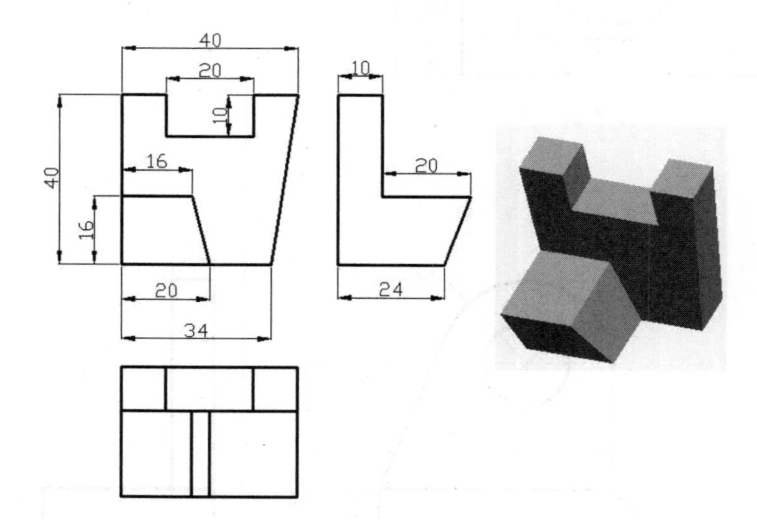
40
20
10
40
16
16
20
34
10
20
24

20

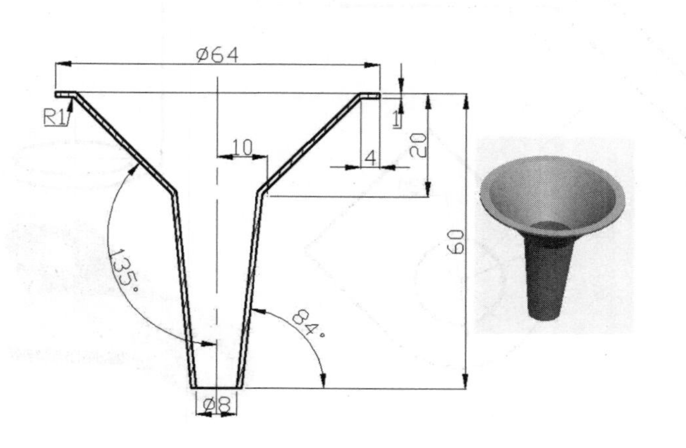
Ø64
R1
1
10
4
20
60
135°
84°
Ø8

21

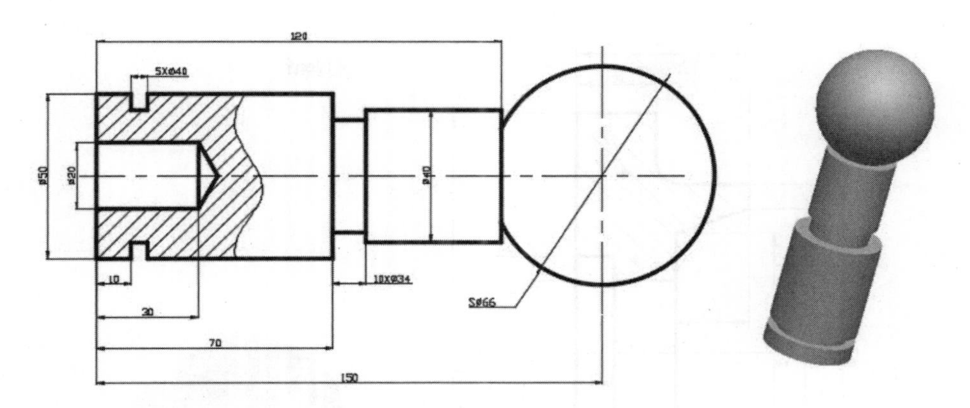
120
5X⌀40
⌀50
⌀20
⌀40
10
10X⌀34
30
S⌀66
70
150

22

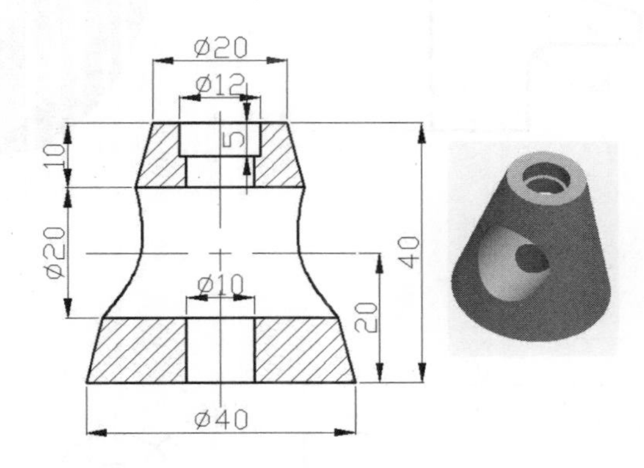
⌀20
⌀12
5
10
⌀20
⌀10
20
40
⌀40

23

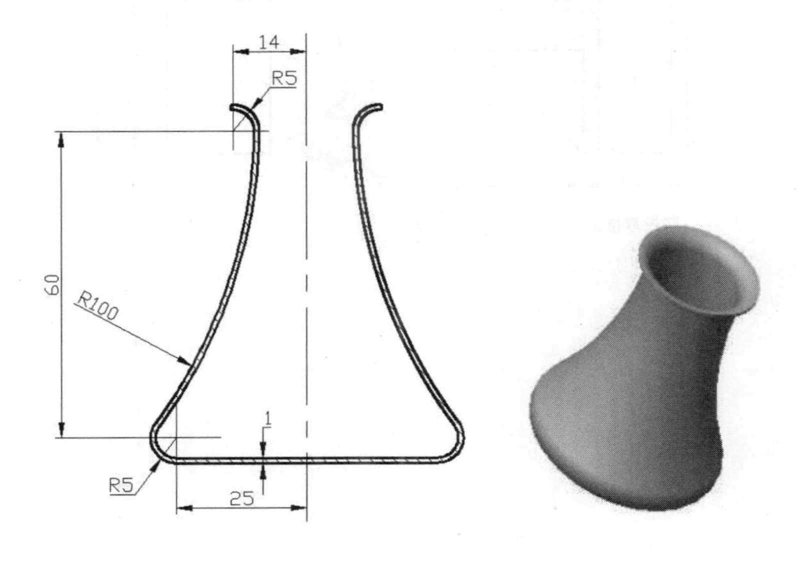
14
R5
60
R100
1
R5
25

24

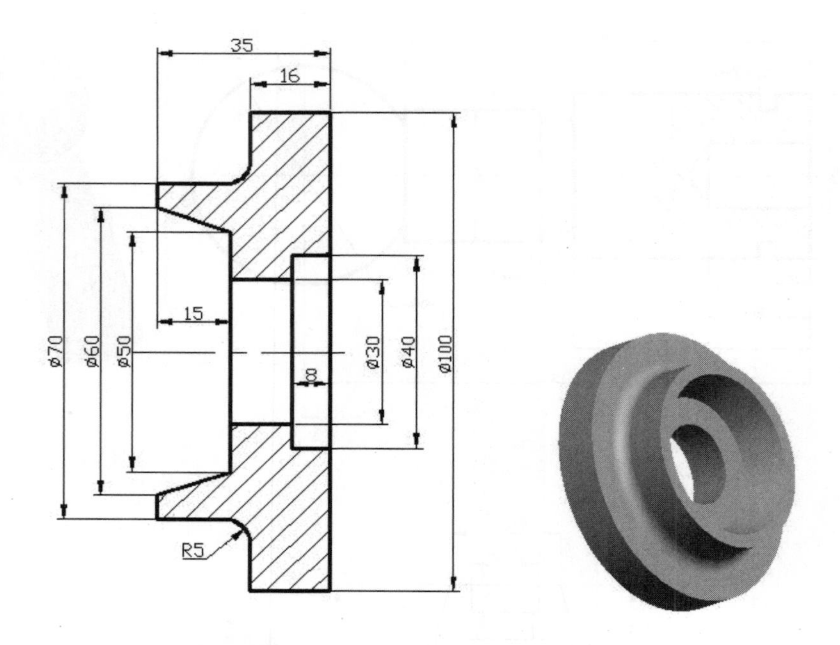
35
16
15
8
ø70
ø60
ø50
ø30
ø40
ø100
R5

25

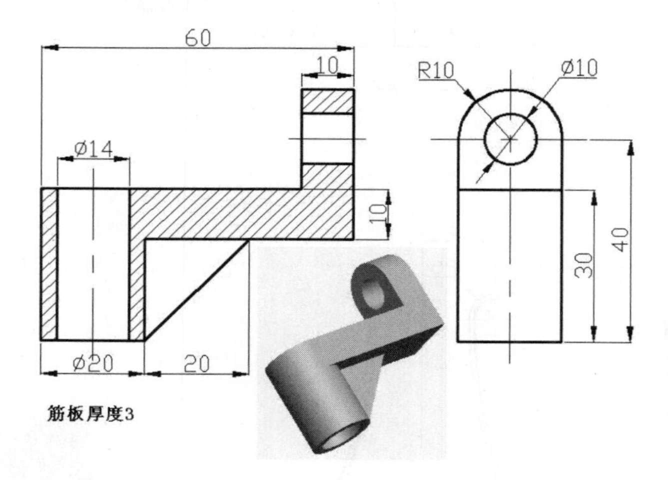
60
10
R10
Ø10
Ø14
10
30
40
Ø20
20
筋板厚度3

26

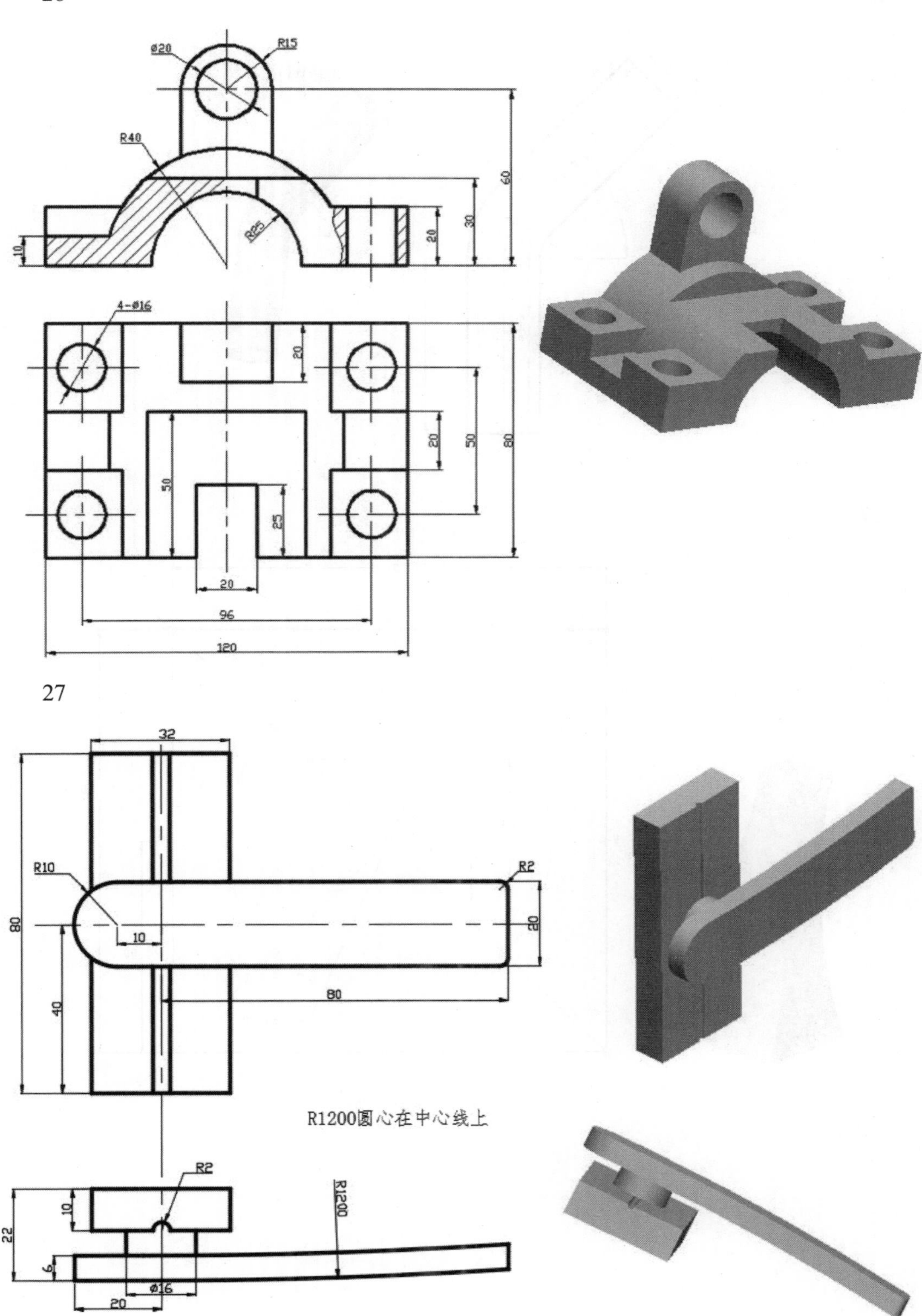
Ø20
R15
R40
R25
60
30
20
10
4-Ø16
20
50
80
20
50
25
20
96
120
27
32
R10
R2
80
10
20
80
40
R1200圆心在中心线上
R2
R1200
10
22
6
Ø16
20

28

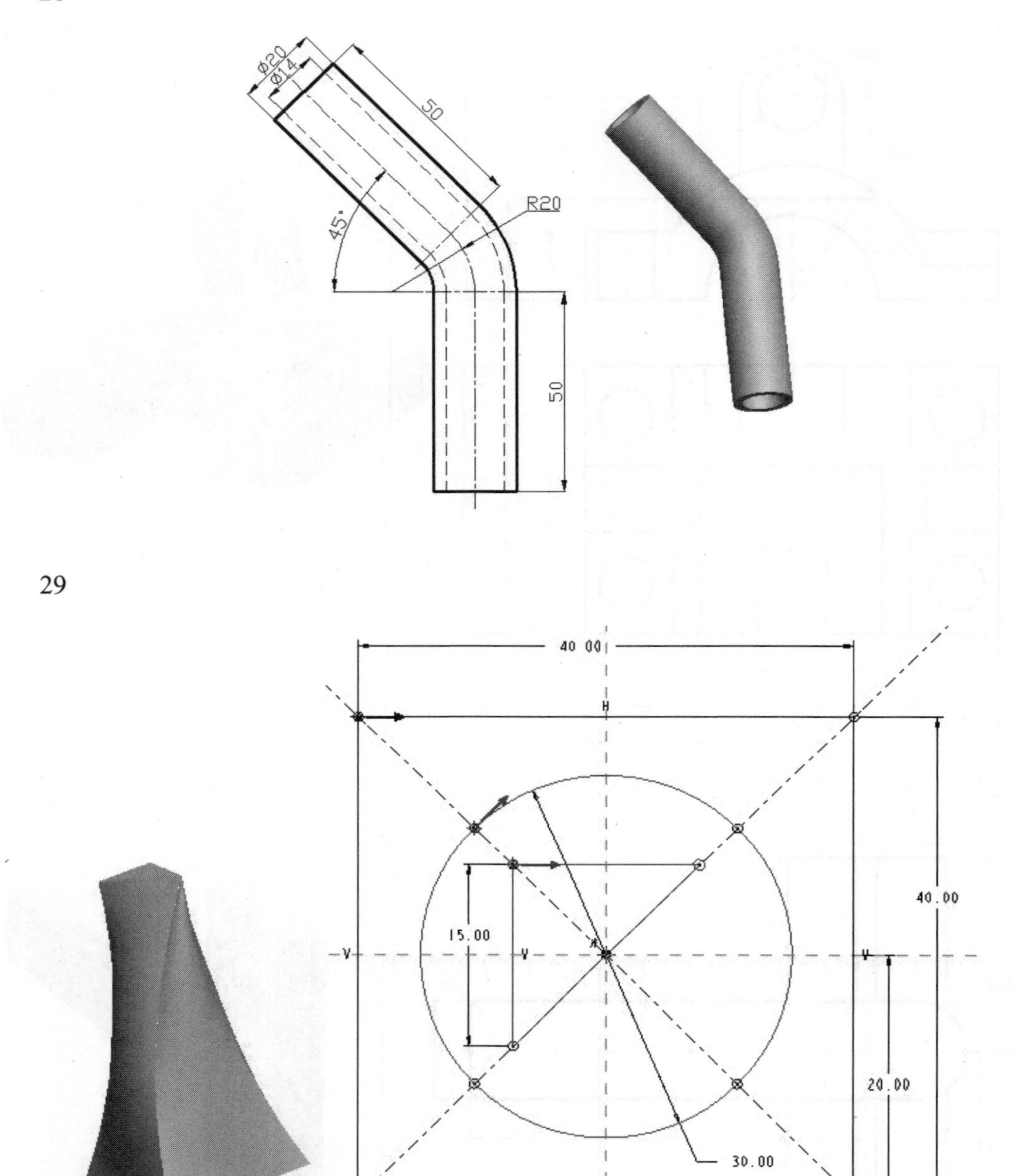

29

30

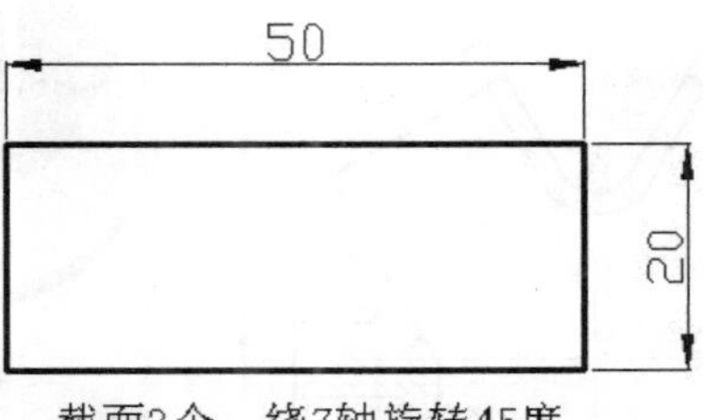

截面3个，绕Z轴旋转45度。

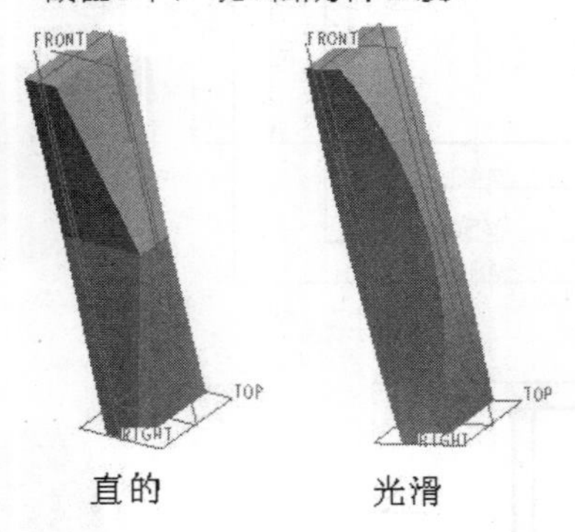

直的　　　　光滑

31

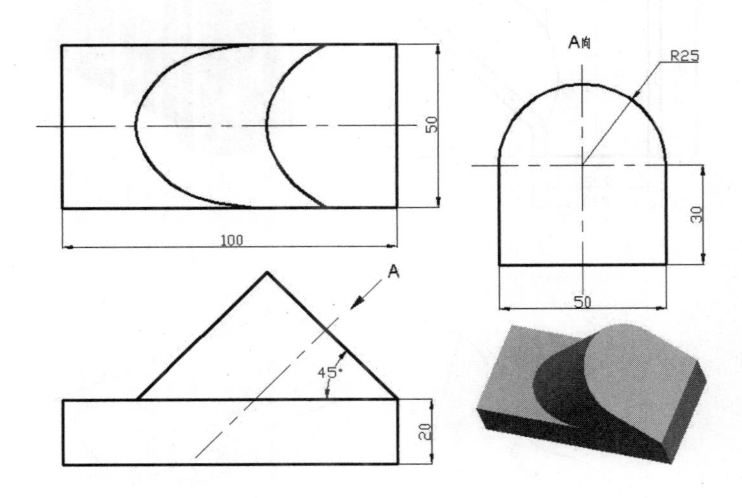

32

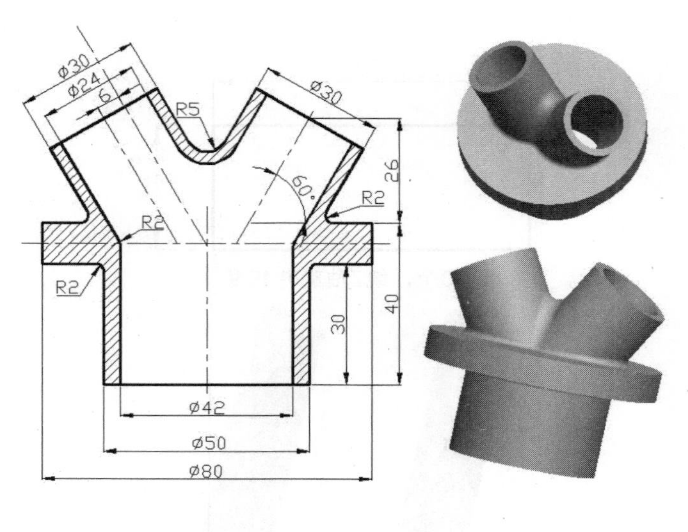
Ø30
Ø24
6
R5
Ø30
26
60°
R2
R2
R2
40
30
Ø42
Ø50
Ø80

33

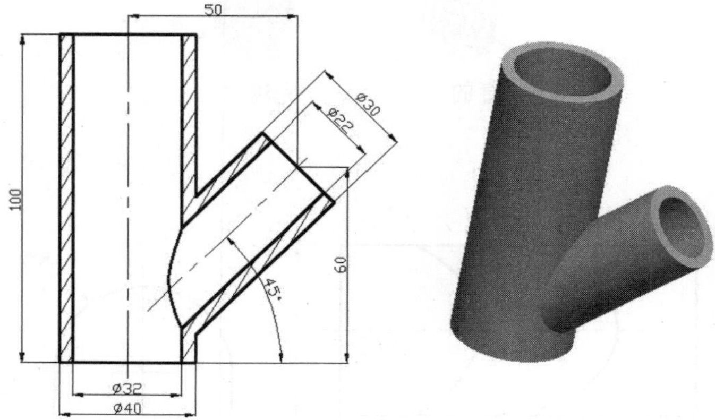
50
Ø30
Ø22
100
60
45°
Ø32
Ø40

34

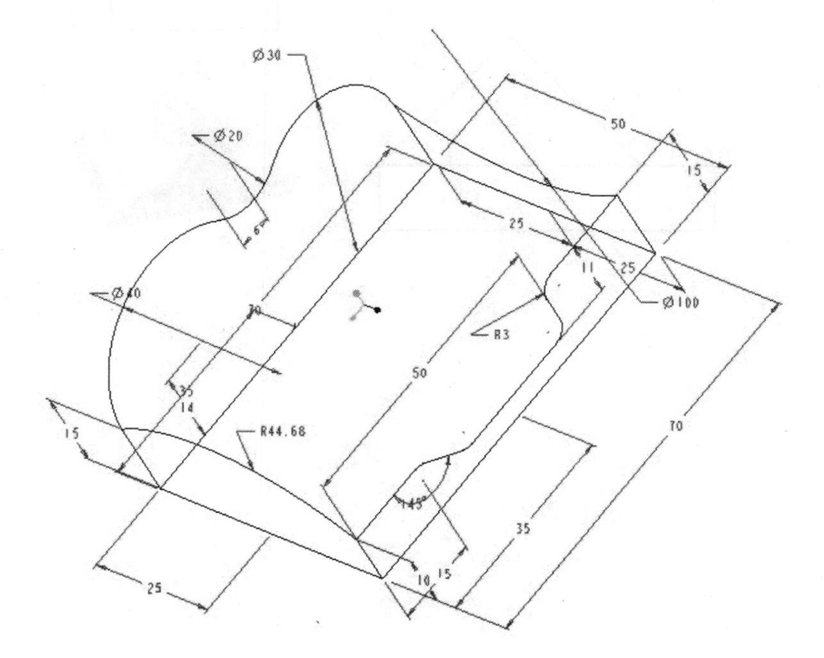
Ø30
Ø20
6
50
15
25
11
25
Ø100
Ø40
30
R3
50
35
14
R44.68
15
70
145°
35
25
10
15

35

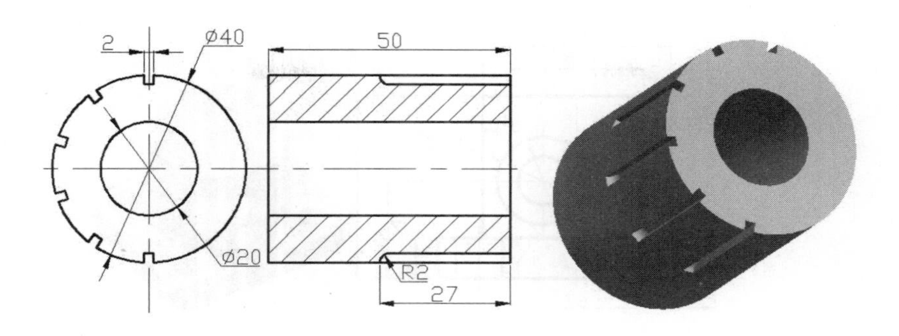

36

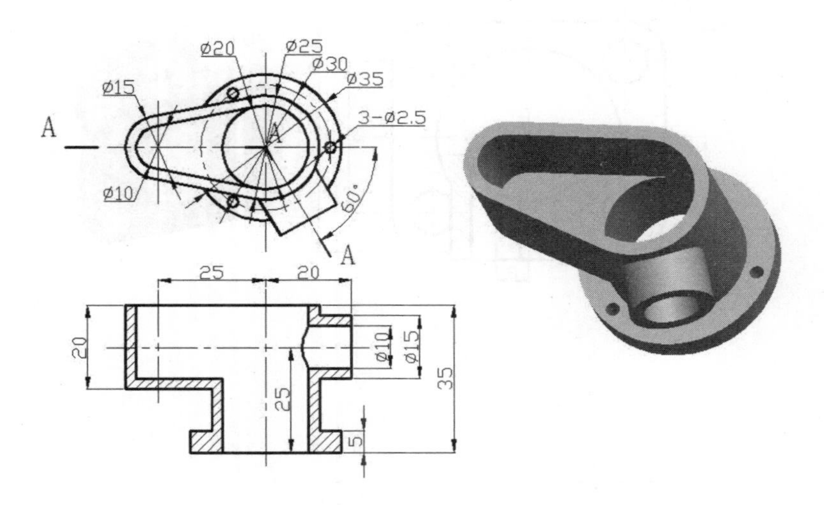

37

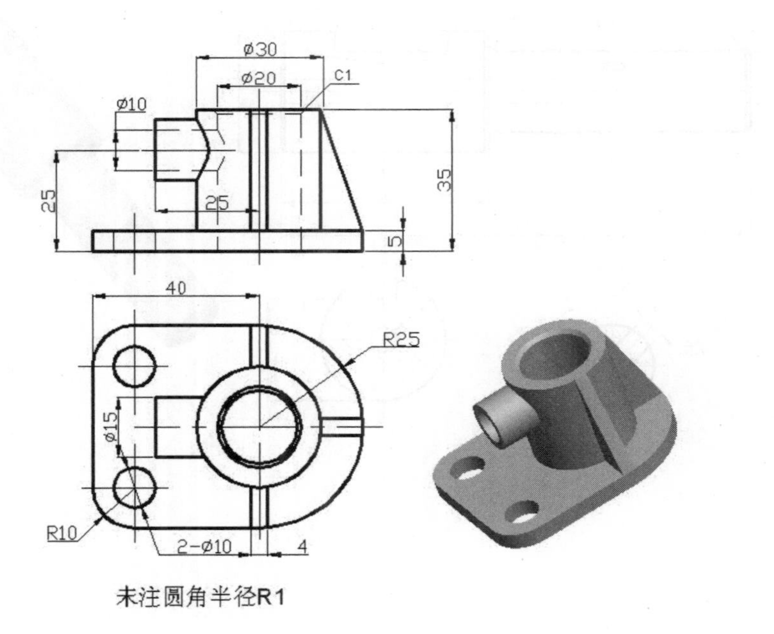

未注圆角半径R1

38

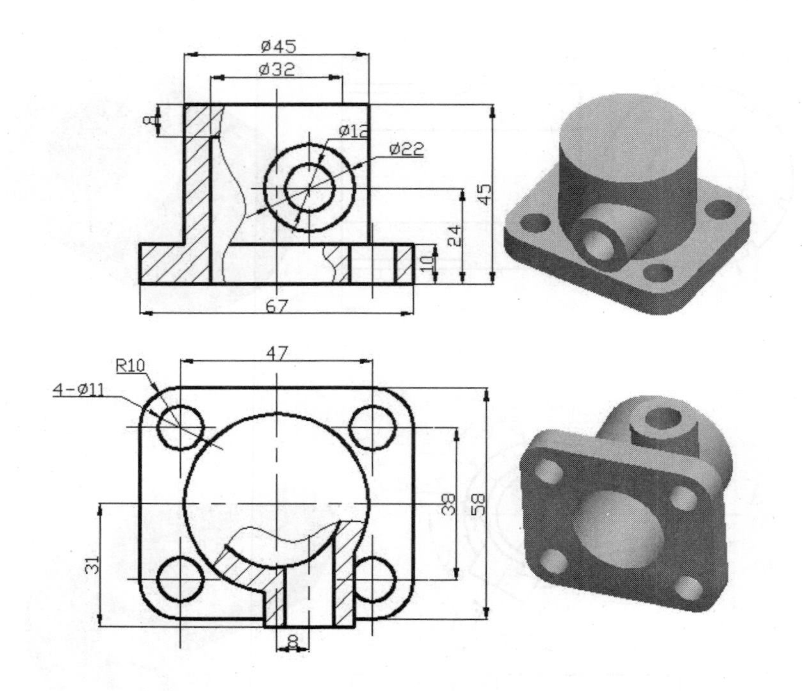
Ø45
Ø32
8
Ø12
Ø22
45
24
10
67
47
R10
4-Ø11
38
58
31
8

39

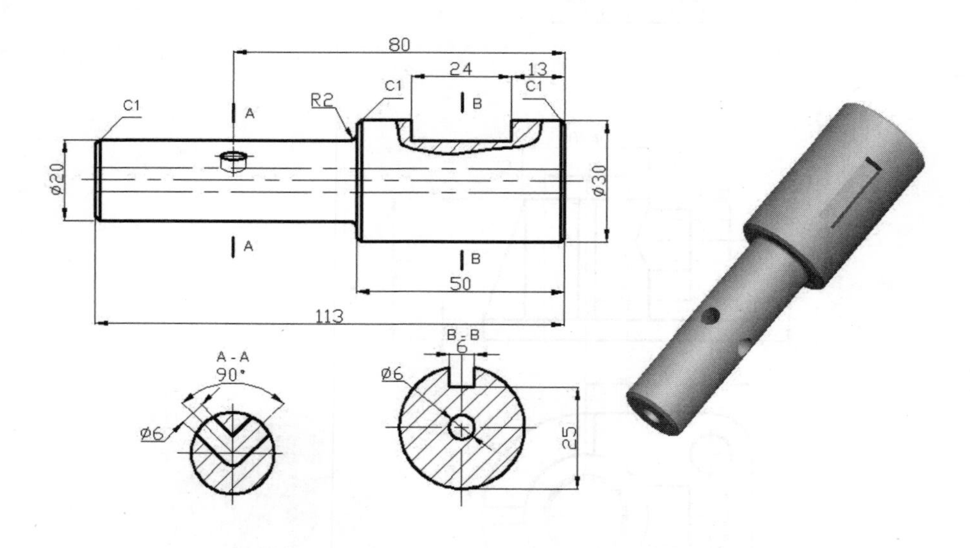
80
24
13
C1
R2
C1
C1
A
B
Ø20
Ø30
A
B
50
113
A - A
90°
Ø6
B - B
6
Ø6
25

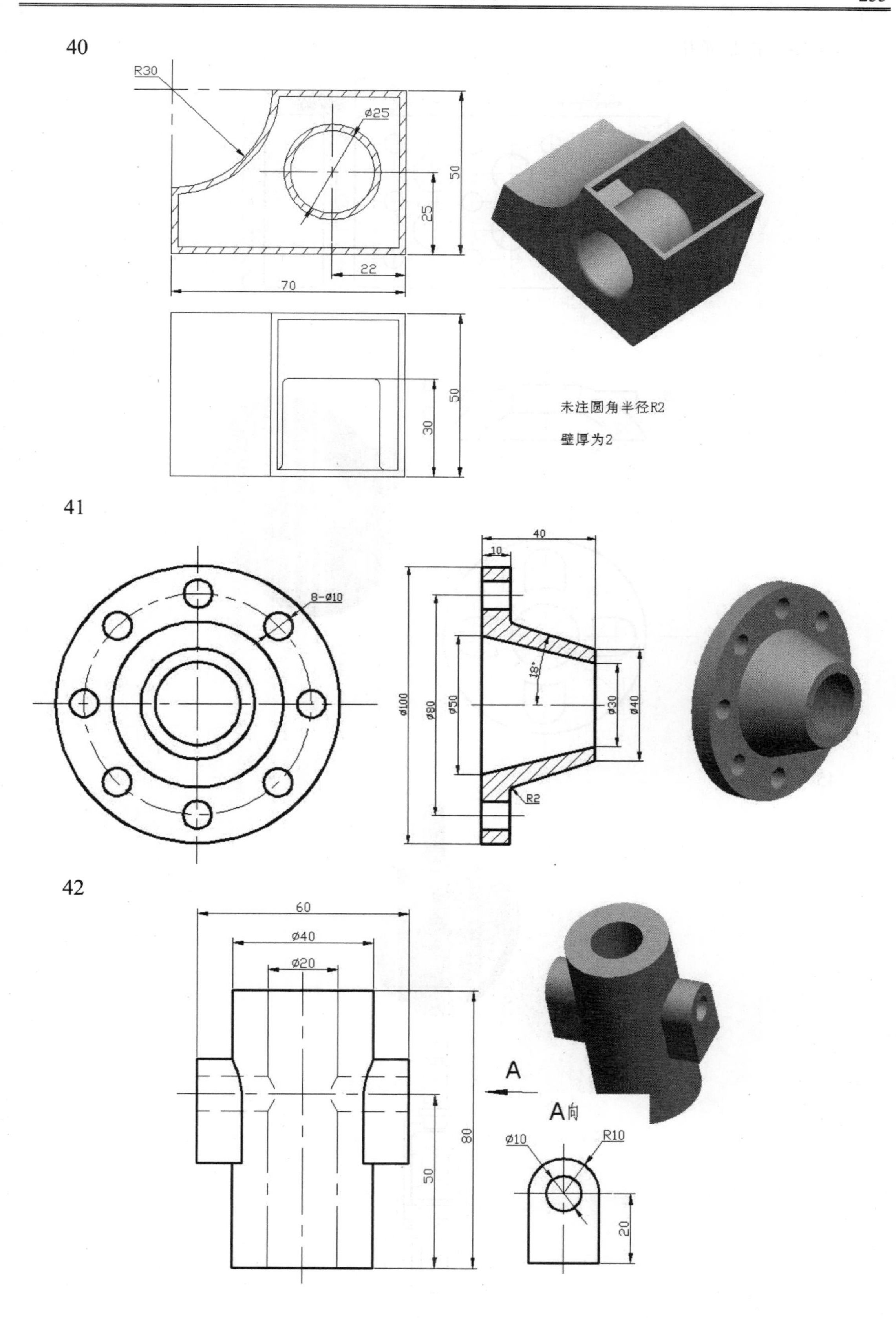
40
R30
ø25
50
25
22
70
50
30
未注圆角半径R2
壁厚为2
41
8-ø10
40
10
ø100
ø80
ø50
18°
ø30
ø40
R2
42
60
ø40
ø20
A
80
50
A向
ø10
R10
20

43 图中都是通孔。

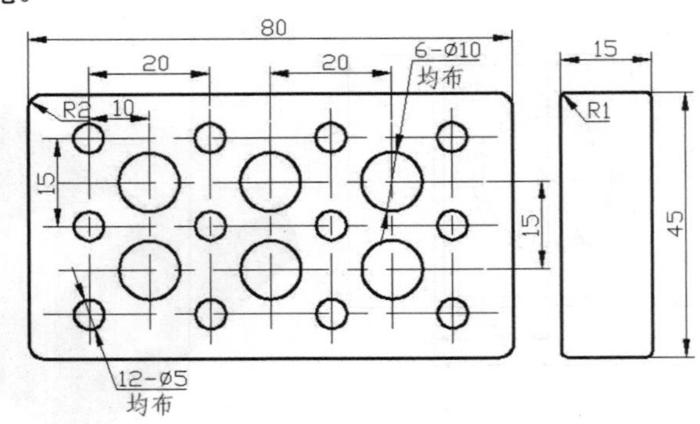

44

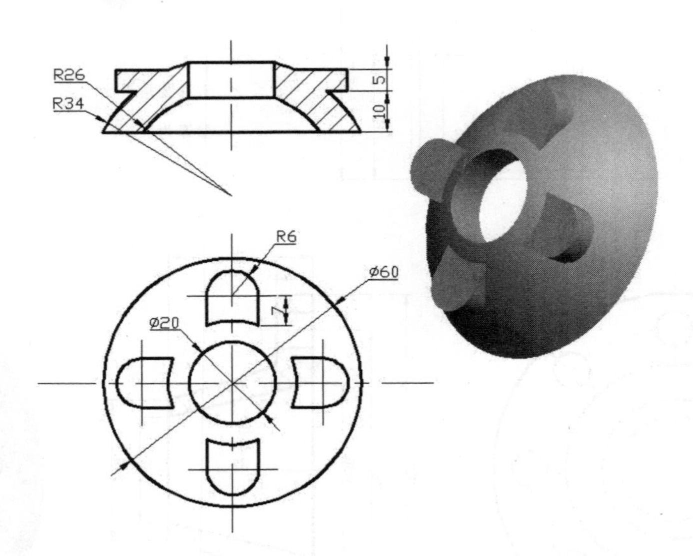

45

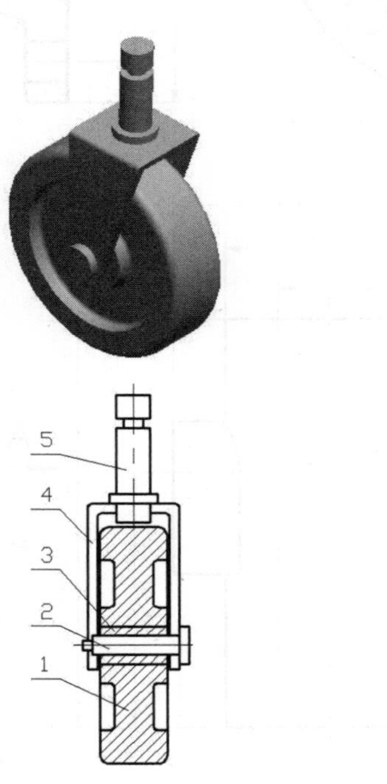

45-1

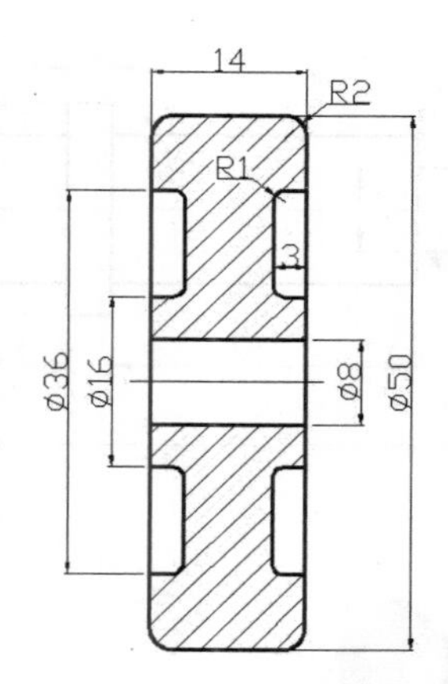

45-2

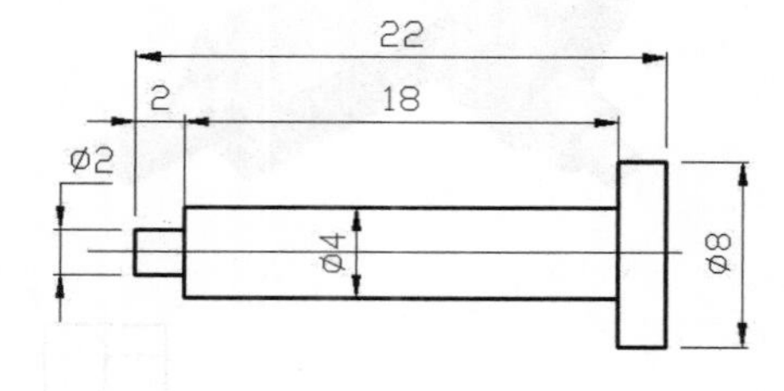

45-3

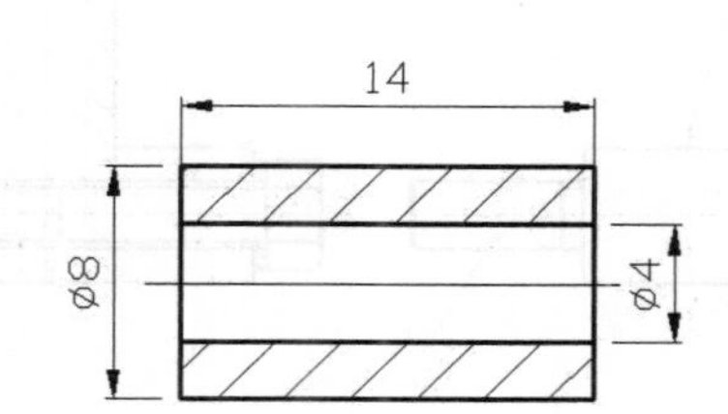

45-4

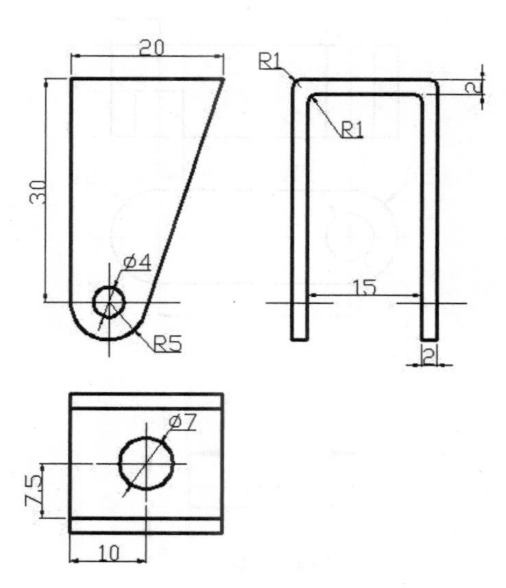

45-5

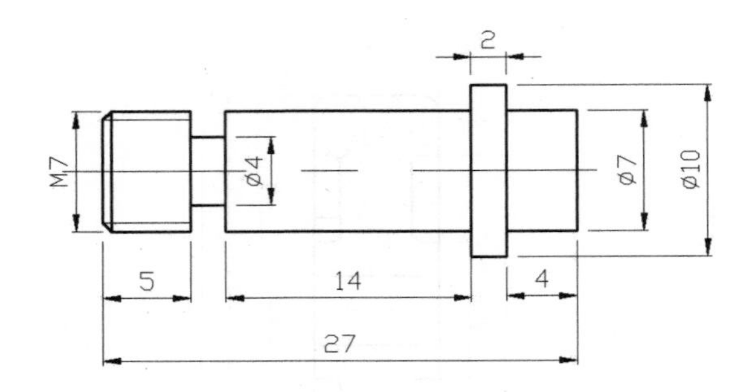

46

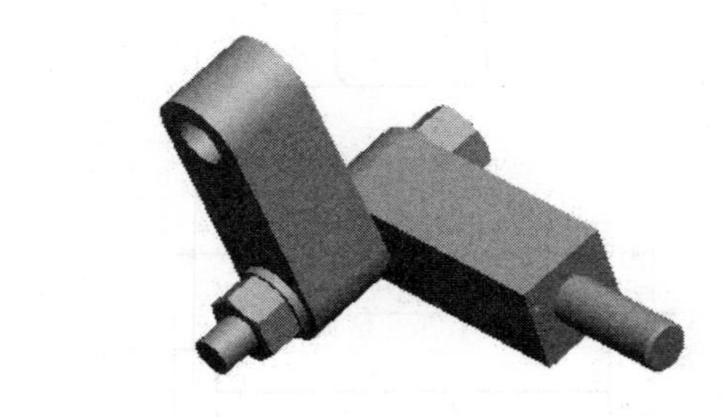

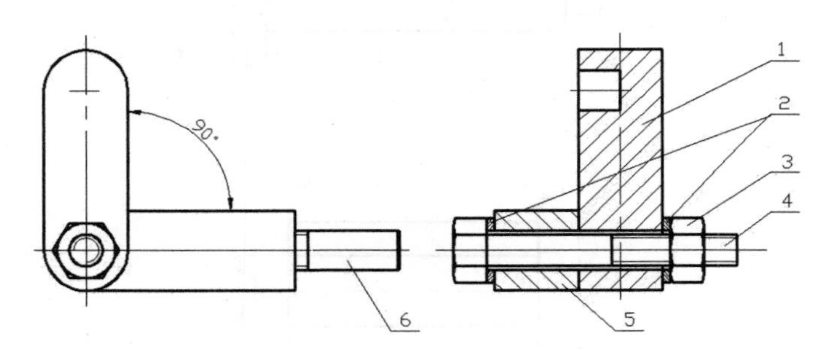

46-1

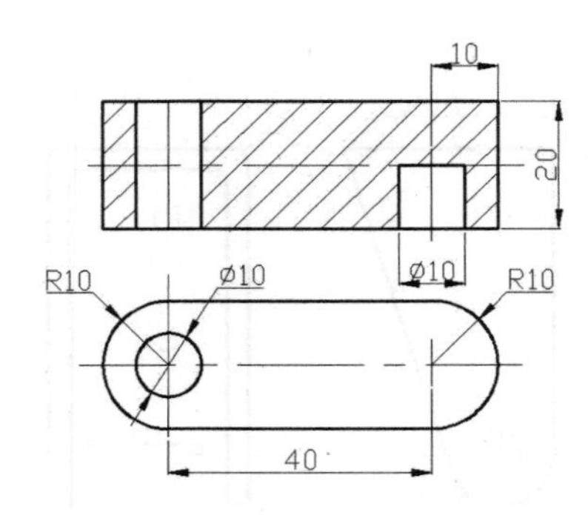

46-2

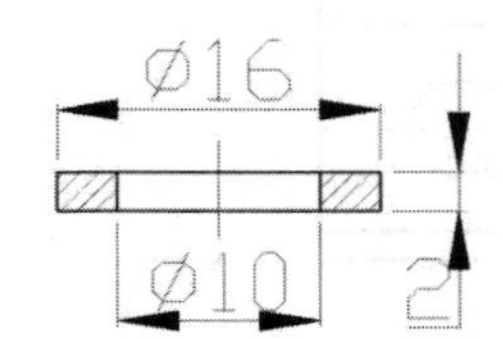

46-3

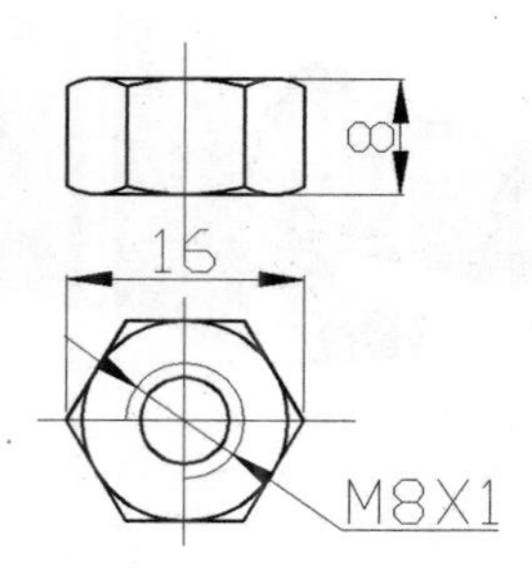

46-4

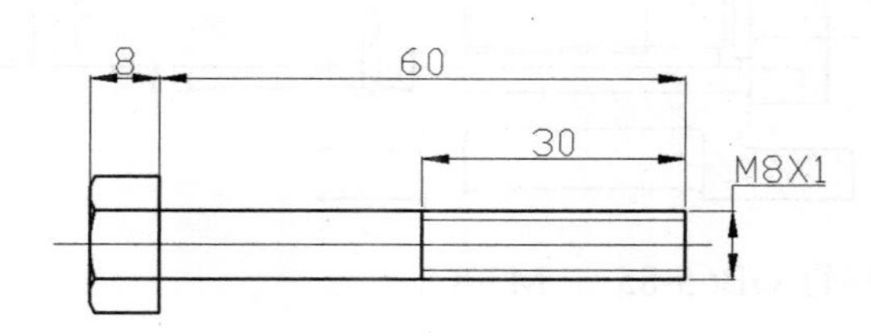

46-5

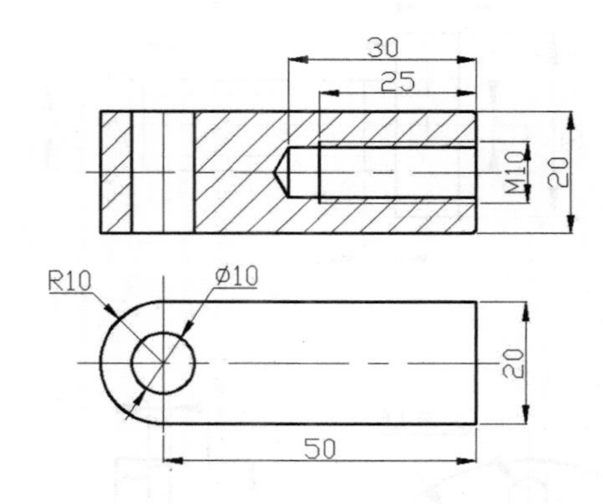

46-6

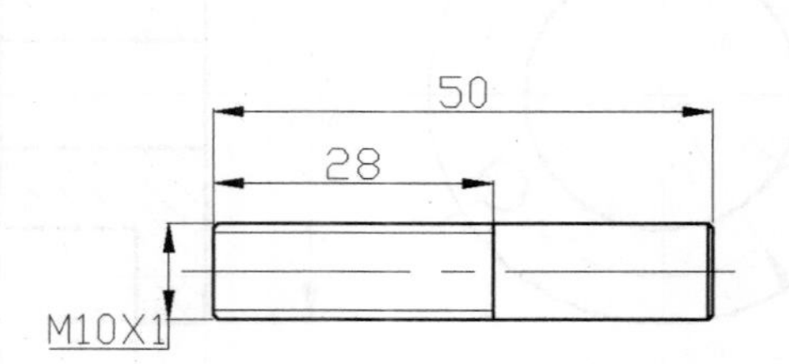

47

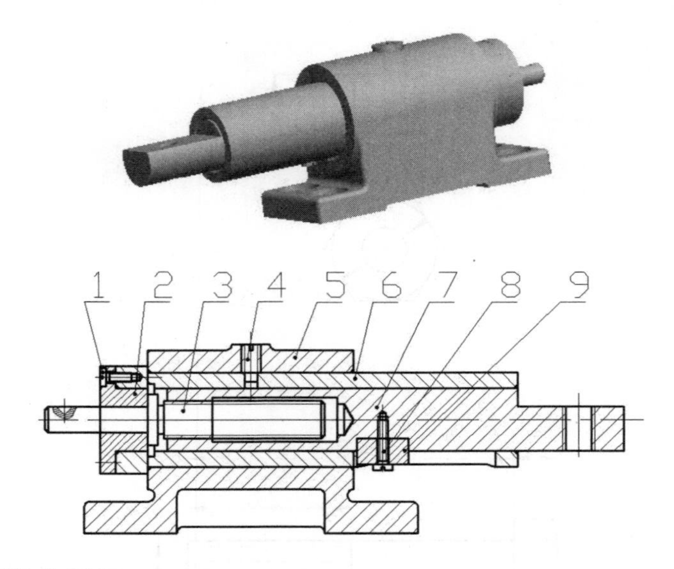

47-1　开槽圆柱头螺钉 GB65-85　M3×8

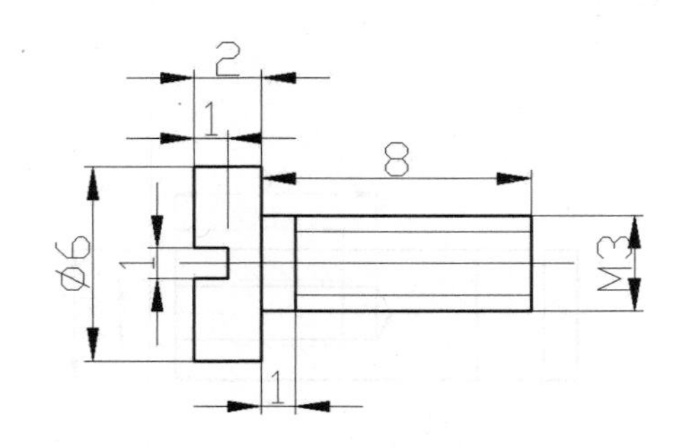

47-2　轴套

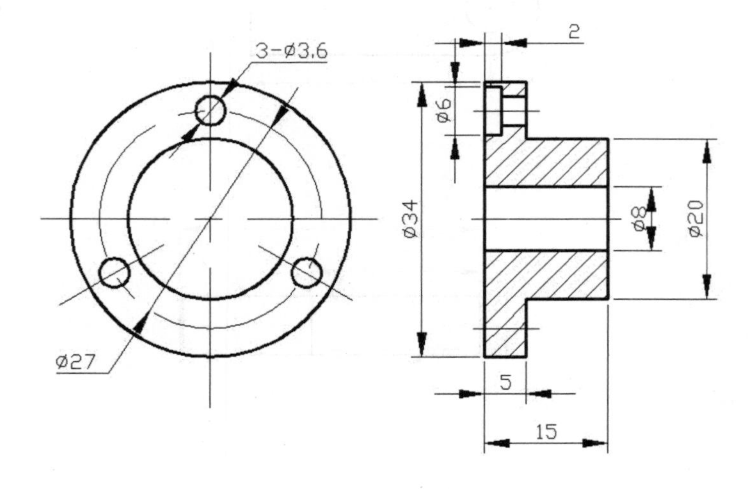

47-3　螺杆

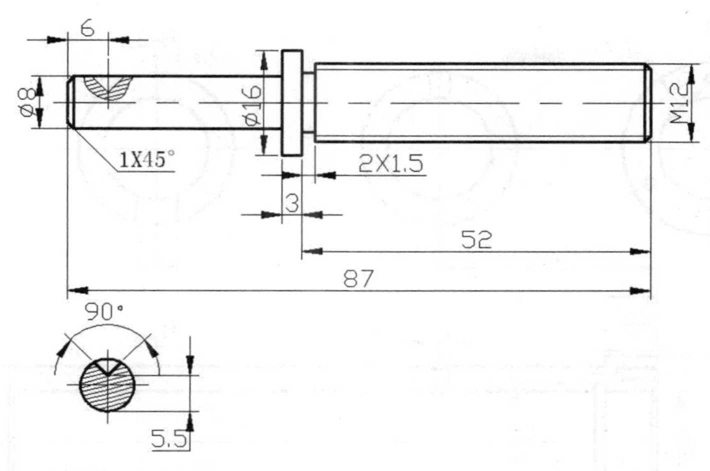

47-4　开槽长圆柱端紧定螺钉 GB75-85　M2×12

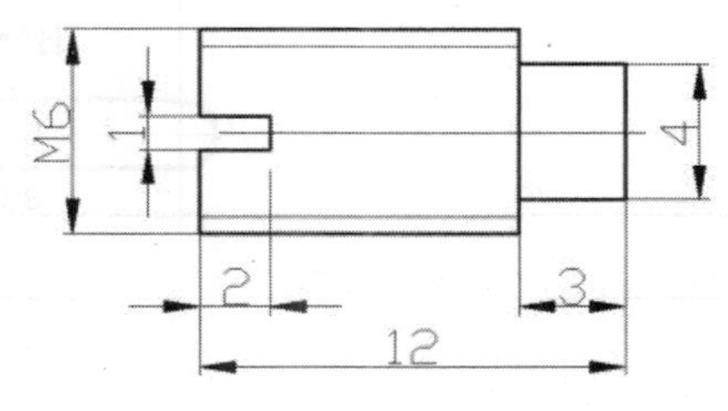

47-5　支座（未注圆角半径 R2）

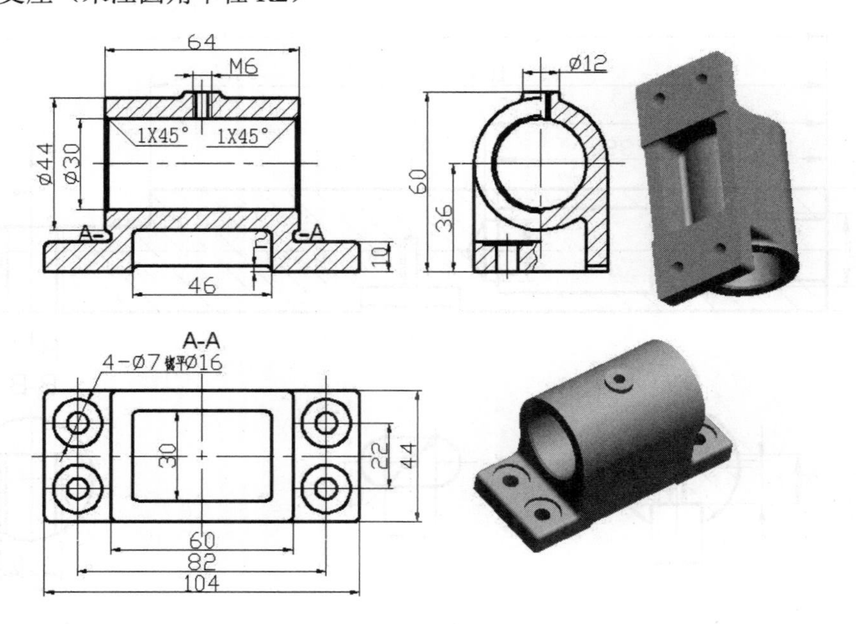

47-6 导套

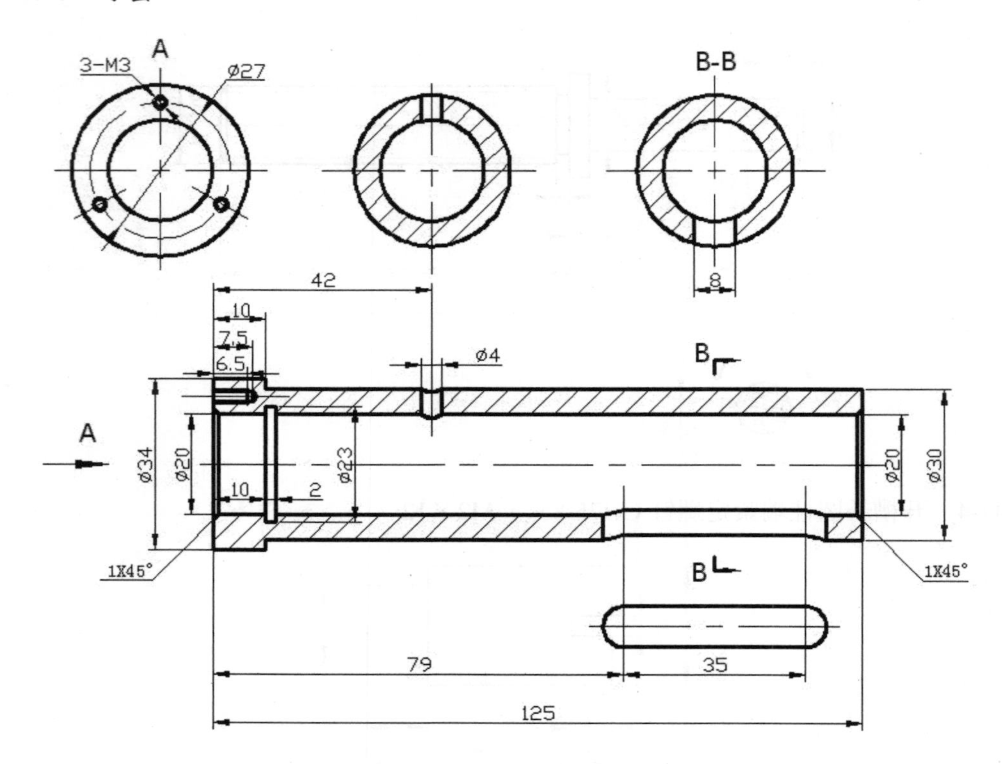
A
3-M3
Ø27
B-B
8
42
10
7.5
6.5
Ø4
B
A
Ø34
Ø20
10
2
Ø23
Ø20
Ø30
1X45°
B
1X45°
79
35
125

47-7 导杆

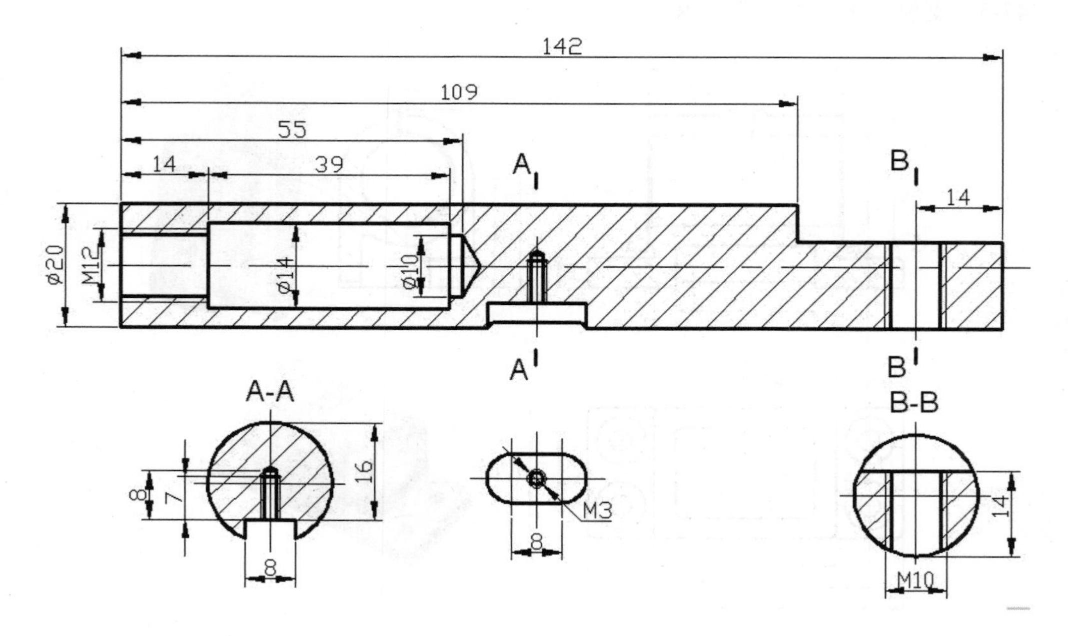
142
109
55
14
39
A
B
14
Ø20
M12
Ø14
Ø10
A
B
A-A
B-B
8
7
16
8
M3
8
14
M10

47-8　开槽圆柱头螺钉 GB65-85　　M3×14

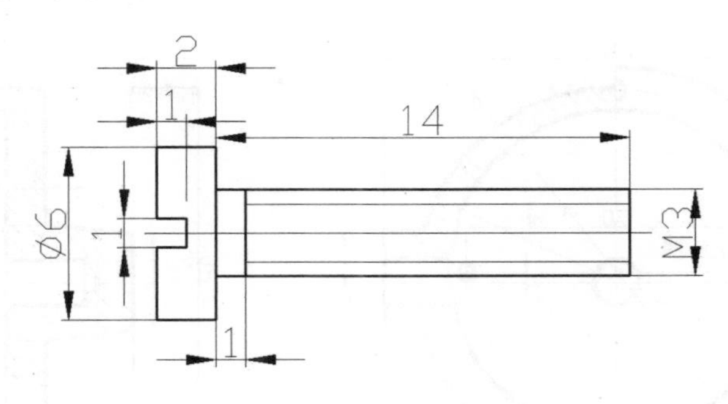

47-9　键

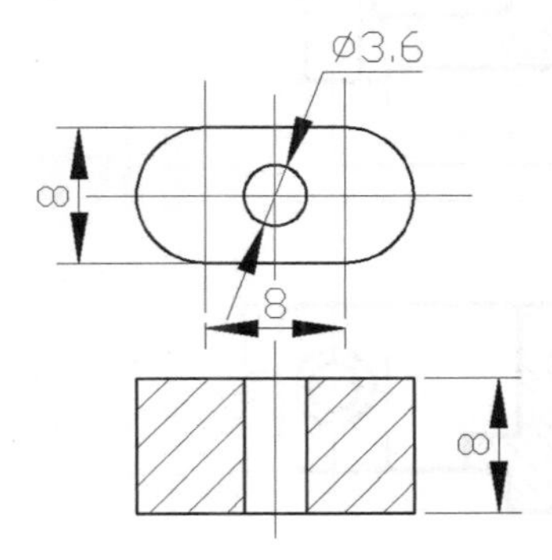

48

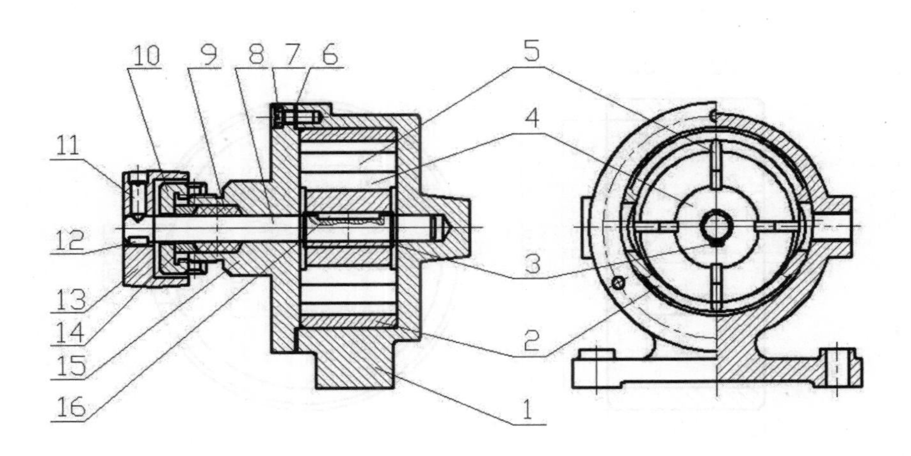

48-1

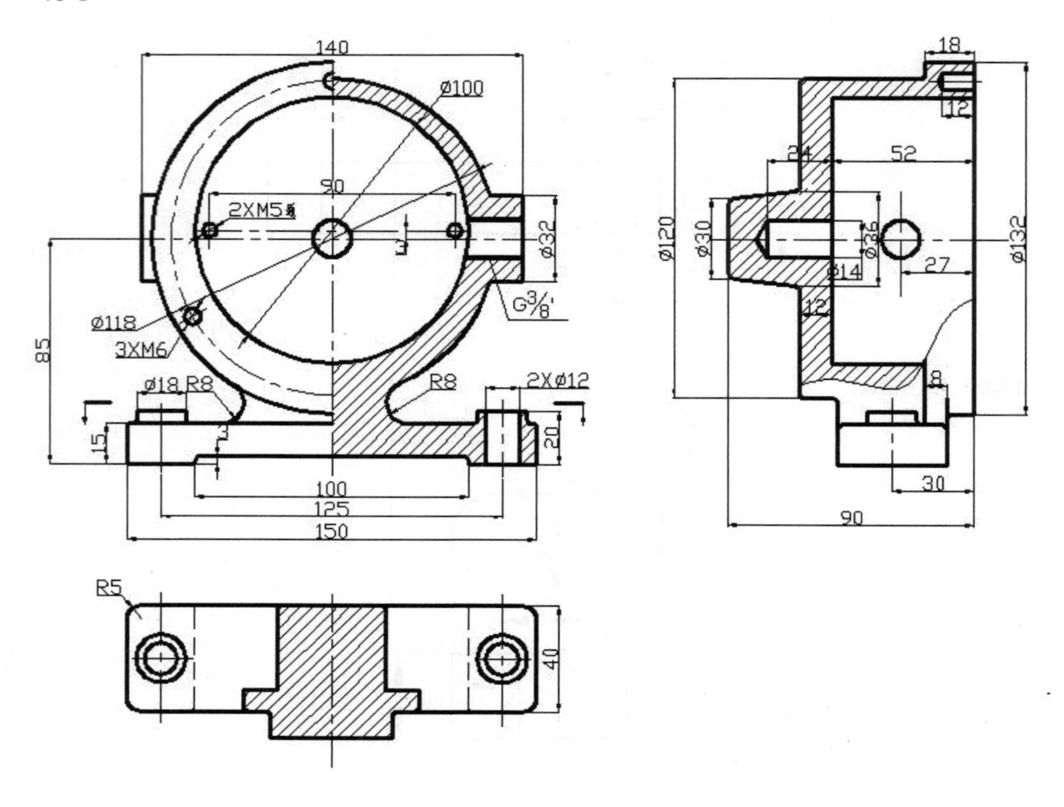
140
Ø100
90
2XM5
Ø32
G3/8
Ø118
3XM6
85
Ø18
R8
R8
2XØ12
15
20
100
125
150
18
12
24
52
Ø120
Ø30
Ø14
Ø132
27
12
8
30
90
R5
40

48-2

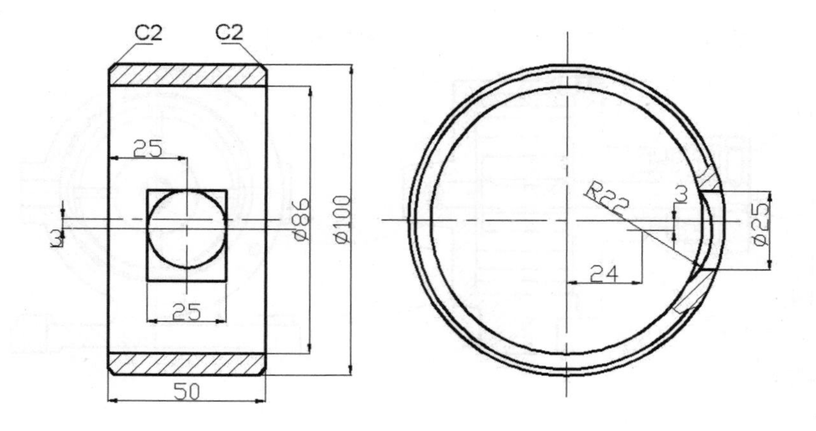
C2
C2
25
Ø86
Ø100
25
50
R22
3
Ø25
24

48-3

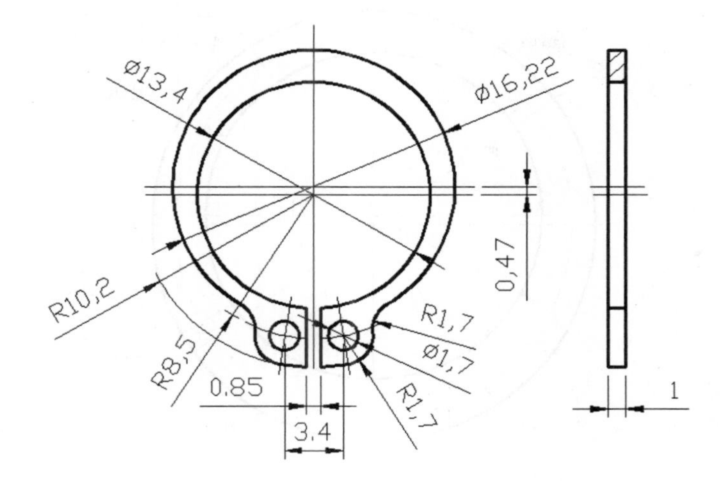
Ø13,4
Ø16,22
0,47
R10,2
R1,7
Ø1,7
R8,5
0.85
R1,7
3.4
1

48-4

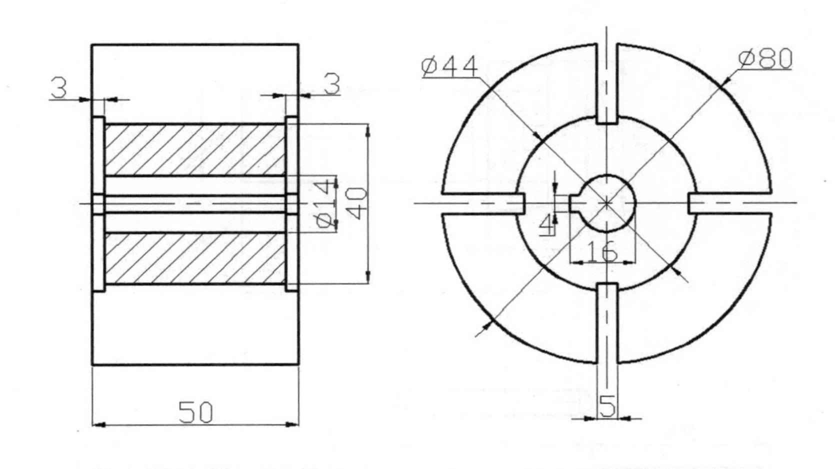
3
3
Ø14
40
50
Ø44
Ø80
4
16
5

48-5

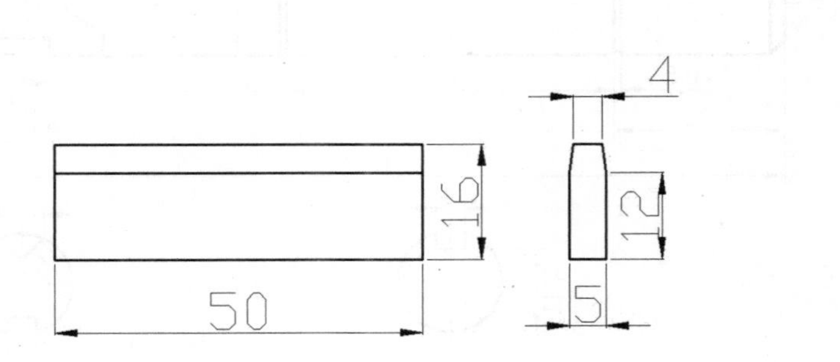
4
16
12
50
5

48-6 垫片（工业用纸）

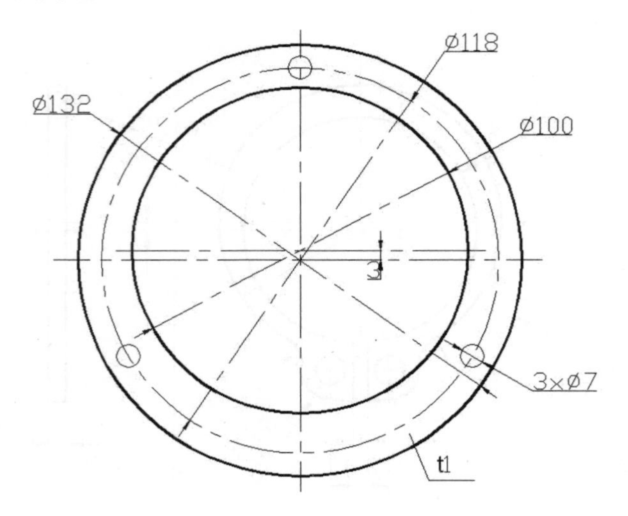

48-7

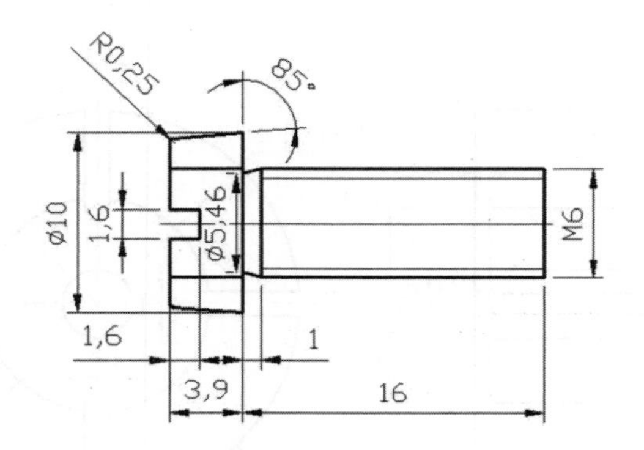

48-8

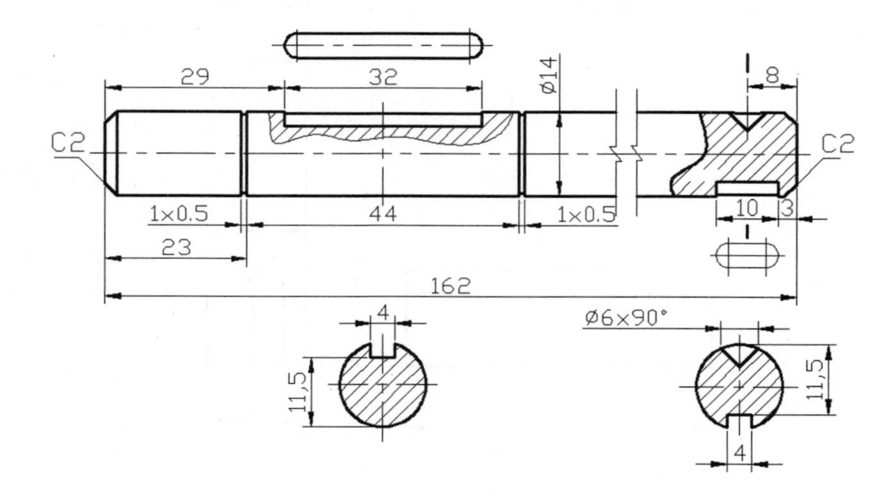

48-9

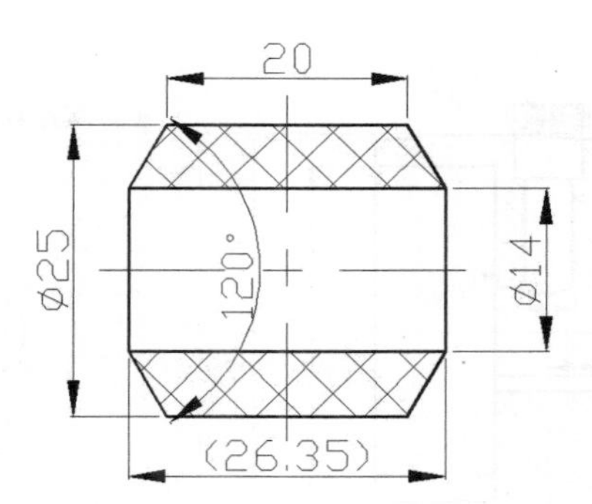

48-10

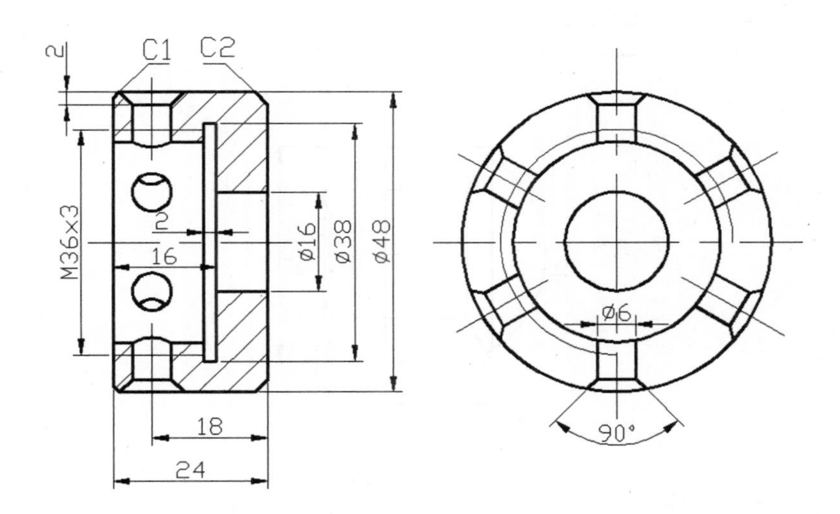

48-11

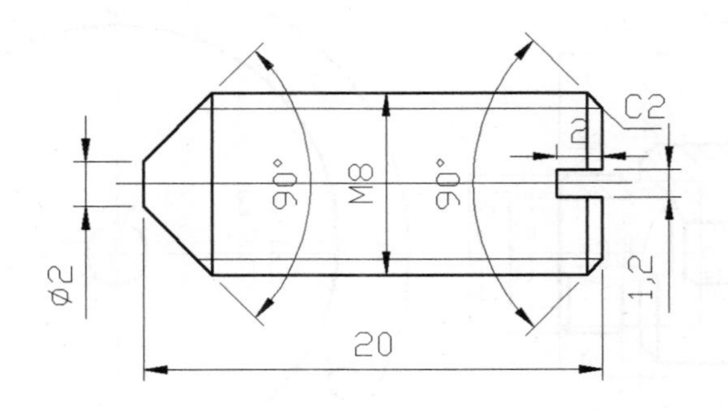

48-12

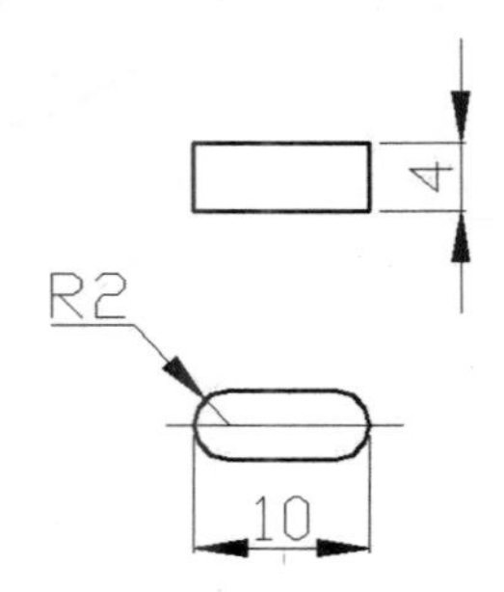

48-13

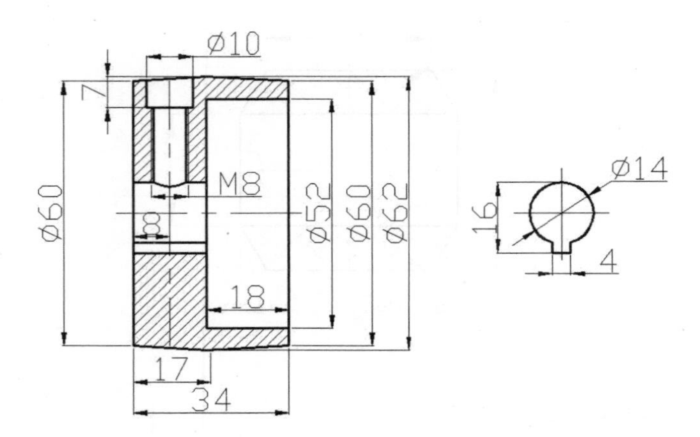

48-14

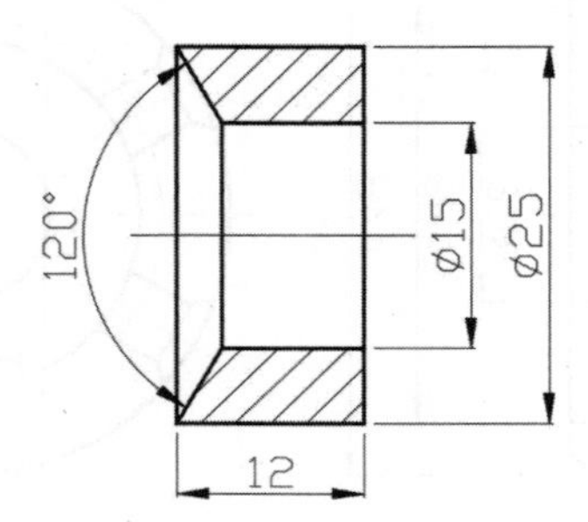

48-15

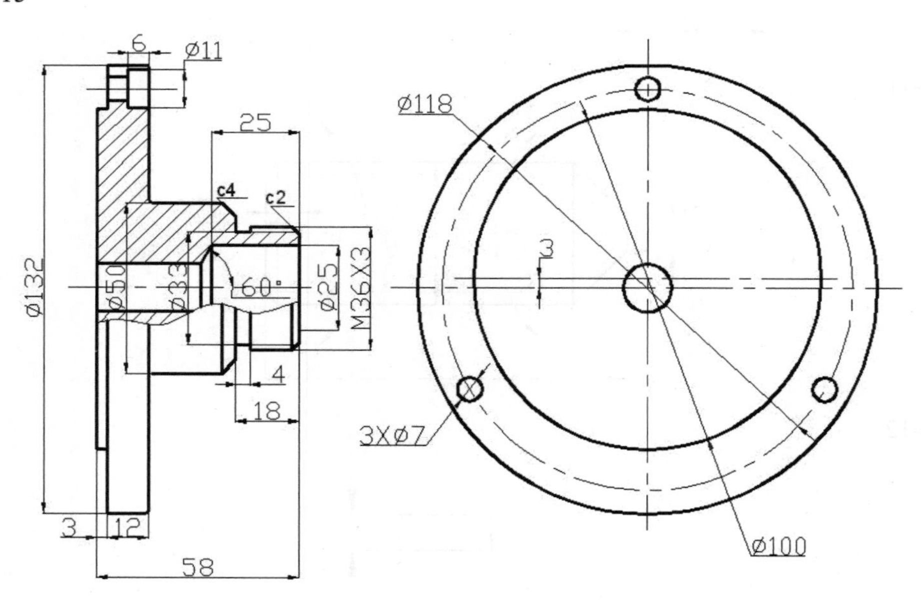

48-16

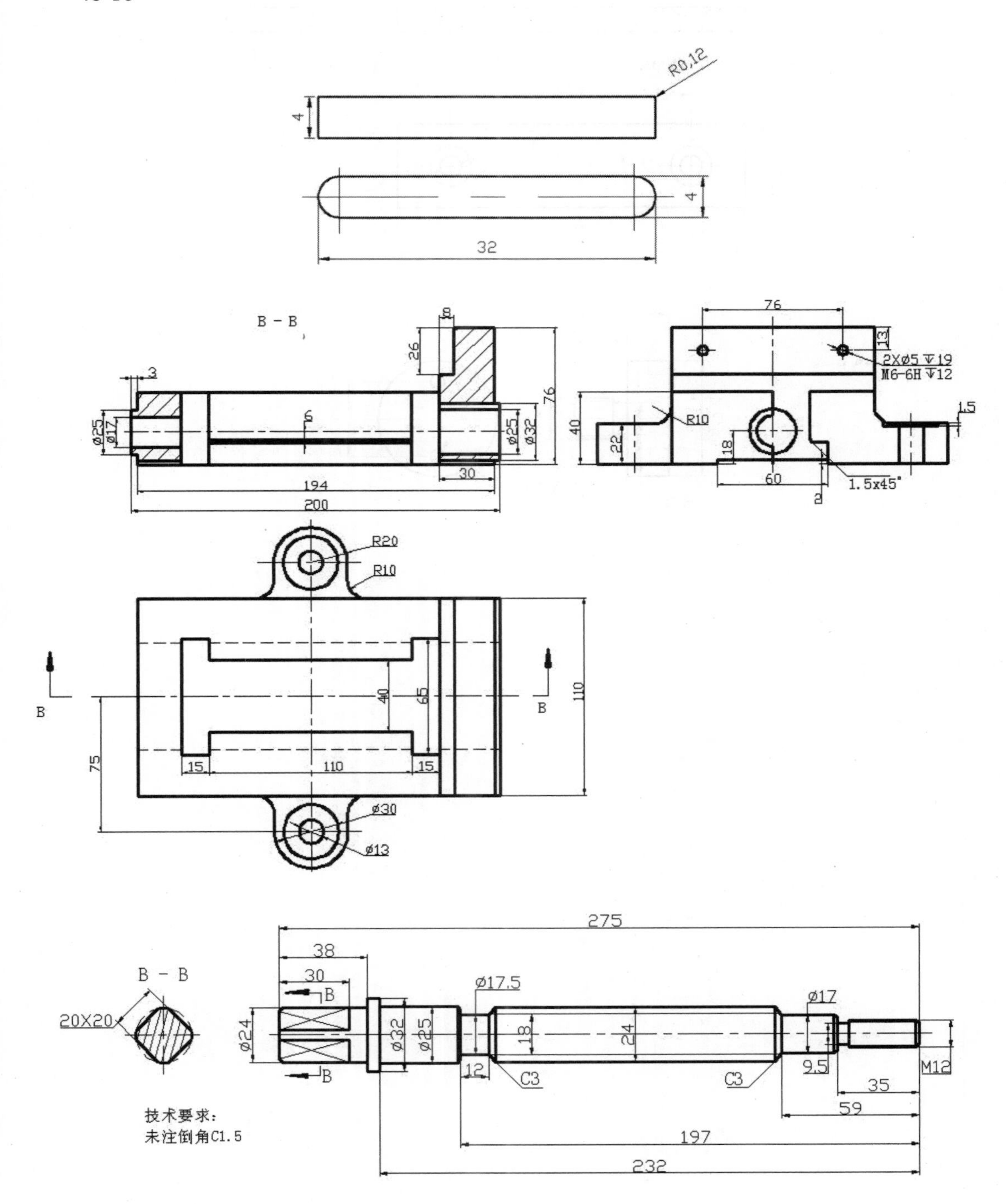
R0.12
4
4
32
B - B
8
26
3
76
ø25
ø17
6
ø25
ø32
30
194
200
76
13
2Xø5 ↧19
M6-6H ↧12
1.5
40
R10
22
18
60
1.5x45°
2
R20
R10
B
B
40
65
110
75
15
110
15
ø30
ø13
275
38
30
B - B
B
20X20
ø24
ø32
ø25
ø17.5
18
24
ø17
9.5
M12
B
12
C3
C3
35
59
197
232
技术要求:
未注倒角C1.5

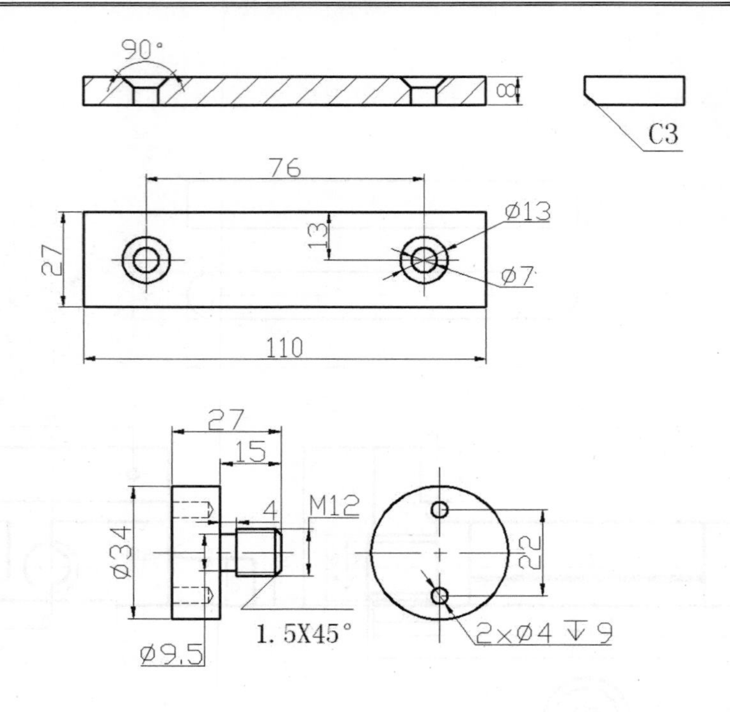
90°
8
C3
76
Ø13
13
27
Ø7
110
27
15
4
M12
Ø34
22
1. 5X45°
Ø9.5
2×Ø4 ↧ 9